中國印刷發展史

史梅岑／著

臺灣商務印書館 發行

張序

中國文化學院創立的宗旨，以教育、研究、服務三者並重，故設有研究所甚多，俾與有關學系收相輔相成之效，印刷學研究所與大學部籌設中的印刷學系卽其一例，本所並附設印刷廠，則為服務機構，兼備學生實習之用。

各研究所之任務，大致有下列數種：

㈠設立文庫，卽專門性圖書室，為總圖書館之分館，搜羅有關之圖書刊物與參考資料，力求完善，此實為大學之生命線。

㈡設立陳列室，無論是人文學科，或自然科學，應用科學，都需要有內容美備之圖片模型及實物展覽。如印刷陳列室則表示世界印刷術最新之進展。是為大學博物館之分館，乃現代大學必不可少者。

㈢出版專門學術著作與學術期刊。研究所之任務，在於集中人才，從事於有計畫有組織之研究，經常有個別的或集體的貢獻，質量並重，作為研究所工作成績的考驗。

㈣募集研究基金。我們希望每一研究所每年至少能有新臺幣十萬至二十萬元之研究經費，因此研究基金最低限度需要一百萬元至二百萬元。

以印刷研究所為例，本所為全國印刷界的共業，取之於印刷界，用之於印刷界，總望羣策羣力，共襄盛舉，俾以研究成果，共謀中國印刷業不斷的進步。基金利息，一部分供奬學金之用，奬勵優秀青年，培養後起人才，此為任何事業先急之務。本所附設印刷廠經營之盈餘，亦可充研究基金之用。

印刷研究成立時間最短，確能朝着上述方向，努力進行，至堪欣慰。本所理事長史梅岑先生新著「中國印刷發展史」出版，列為本所叢書之一，承囑撰述序言。中國印刷史之源流實不待作者辭費，特就作者建校之理想進一言，希望本所同人更加努力，共同創造中國印刷史嶄新的一頁。

張其昀於華岡

民國五十五年四月一日

中國印刷發展史

史梅岑著

自序

民國四十四年十月，國立藝專成立，延余執教並講中國印刷史。余維印刷術，為中國人所發明，亦為中國最珍貴的文化遺產。但遍找史乘典籍，苦無成書可考，更乏有系統有條理的印刷發展記載。無已，姑取有關印刷的文字、金石、印墨、碑刻、摹拓、雕造以及筆墨紙張等之沿進，纂為講稿。資料雖已粗具，雅不敢冒然執筆。良以史學任巨責重，誠惶誠恐也。

客歲拙著「印刷學」書成，曾將「印刷史」闢為一章，但辭義簡泛，語馬不詳。近又承國內外友人之鼓勵與敦促，爰於民國五十四年夏，利用漫長之暑假，將搜集史料及其有關資材，自殷商甲骨文字起，歷經周秦漢魏晋隋唐宋元明清以至民國五十四年止。對照西曆公元，編成中國印刷發展史。並另選有關新舊圖片百餘幀，隨文附入，藉資識悉。

史以記事，亦即記述人間過去之事實。惟世界學術，日有新進，故近世史家本分，與前代不同。前代史家，不過記載事實，近代史家，必說明其事實之關係，與其原因結果。前代史家，不過記述人間一二有權力者興亡隆替之事，雖名為史，實不過一人一家之譜諜。近世史家，必探察人間全體之運動進步，即國民全部之經歷，及其相互之關係。此乃梁任公論史學界說之觀點，要亦為近世治史之新趨勢。本書雖為印刷專史，但仍基此原則，探索其沿革發展之跡。

梁氏又以「史學，在敘述人羣進化之現象，而求得其公理公例。認為歷史者，以過去之進化，導未來之進化。吾輩食今日文明之福，是為對于古人已得之權利。而繼續此文明，增長此文明，孳殖此文明，又對于後人而不可不盡之義務也。史乎！史乎！其責任至重，而其成就至難。」治史責任，在於繼往開來，觀于梁氏之言，豈不彰彰明甚。所謂繼往，重在紹基先哲遺旨，發微顯幽，排比整理，冀以有所啓發。至於開來，則應瞭解今世情況，針對時勢需要，在現實中求進步，在研究中圖發展。積年累月，熟能生巧。對文明之孳衍增殖，自將有所貢獻。治史巨任，庶乎近矣。

國父手訂建國方略，在心理建設篇七事為證一文中有言：

「自古製器尚象，開物成務，中國實在各國之先。而創作之物，大有助于世界文明之進步者，不一而足；如印版也……皆為人類所需要者也。」

又在實業計劃第五計劃言：「當關鍵及根本工業發達，人民有許多工事可為，而工資及生活程度皆增高。工資既增多，生活必需品及安適品之價格亦增高。故發達本部工業之目的，乃當中國國際發展進行之時，使多數人民既得較高工資，又得許多生活必要品安適品，而減少其生活費用也。據近世文明言，生活之物質原件，共有五種，卽食、衣、住、行及印刷是也。吾故定此類計劃如下：第一部為糧食工業；第二部為衣服工服；第三部為居室工業；第四部為行動工業；第五部為印刷工業。」

關於印刷工業，遺教所示要略：

一則曰，此項工業為以智識供給人民，是為近世文明進步之一大因素，人類非此無由進步。一切人類大事，皆以印刷記述之；一切人類智識，皆以印刷蓄積之。

再則曰，世界諸民族文明之進步，每以其每年出版物之多少衡量之。

三則曰，中國民族雖為發明印刷術者，而印刷工業發達，反甚遲緩。

四則曰，吾所訂國際發展計劃，亦須兼及印刷工業。若中國依予實業計劃發達，則四萬萬人所需印刷物必甚多。須於一切大城鄉中設立大印刷所，印刷一切自報紙以至百科全書。各國所出新書，以中文翻譯，廉價售出，以應中國公衆之所需。一切書市，由一公設機關管理，結果乃廉。

五則曰，欲印刷事極低廉，尚須同時設立其他輔助工業，其最重要者為紙工業。中國所有製紙原料不少，如西北部之天然森林，揚子江附近之蘆葦，皆可製為最良之紙料。

最後又曰，除紙工場外，如墨膠工場、印模工場、印刷機工場等，皆須次第設立，歸中央管理，產出印刷工場所需諸物。

國父在四十年前，根據世界文化發展情勢，在建國方略中，特闢專節，剴切囑望於國人者如此。

總統蔣公，在中國之命運一書中昭示：「推行實業計劃，第一期所需各類工業人才，為數甚多。印刷工業，在最初十年內，所需基本技術幹部人才，為一萬七千人。」

基於以上所舉，可知印刷工業，發展至今，已與人生關係極為密切。同時又為國家建設，社會繁榮的必要條件。亟待謀求學術之鑽研，技術之改良，促其長足邁進，以適社會之需。

印刷技術迄於近代，日新月異，形成多種工業之綜合。在基本工業發達之國家，斯項技術，更見新穎精進。蓋工業昌明，人民有許多工事可為。工資收入及生活程度，勢必提高。生活日常用品及享受安適物品，需用自多。在消費刺激生產，生產鼓舞消耗的循環情勢下，民生水準日漸增高，社會經濟日臻繁榮。所有日用工業，勢必愈益發達。印刷工業，自亦不能例外。近年美國印刷工業，列為八大工業之一（註一），日本印刷工廠規模，（註二）冠於遠東者以此。

惟是印刷工業，何以為綜合性工業？蓋因其製作過程，極為繁複，偶有一環欠佳，勢必影響整體。例如印刷製版材料，必賴化學、物理。而電氣、光學與光電、光化，以及熱力學、色彩學等，尤為製作彩色印版所必需。有了印版以後，從事印刷，必有適當壓力之機械。關於機械之種類，甚為繁多，每因用途不同，性能各異。其次為油墨的適性，紙張的張力，均須以化學功能，達成展舒吸着之任務。既有多種版材，復有各類機械，更須有油墨紙張，濟以適當技術，方能完成其所需之印品。索其發展之跡，時時不斷前進，由人力而自動，由單色而彩印，由平面而立體，由按鈕而電子。舉凡電晶體形、衛星導線，無不利賴印刷，方期理想。吾所謂印刷工業，係綜合性工業者，自益信而有徵。惟此種工業之成長發展，範圍廣汎，因素繁雜。但均為科學精進的產物。落後地區，難有精良印品，自為世人所共知。

觀於上述，可知印刷物品的優美與否，適足表現其國家的科學水準與文化程度，亦卽其文野的分際。印刷工業之良窳，乃其民族智識之測量儀計。堂堂發明印刷之國，寧容落人後塵！

第發展賴於研究、進化有其公例。介紹新知與流傳古籍，其重要相等。拾遺補藝，整理文化遺產，認識前代矩矱，實爲後學津梁。發先民之潛德，述往正所以知來。印刷發展之源流，國人豈可漠視！

本編範圍，名爲中國印刷發展史，實則不得不在世界史中，有所尋羅。蓋世界文明之進步，原有其自然體系。但兩國文明之相遇，則其文明力愈有發現。今日歐美文明，固可左右世界，然自歐美文明與東方文明相會合以後，亦每有激發。中國爲東方文明之柱石，故在世界史中，常佔一強有力之位置（註三）。本編雖名中國印刷發展史，但其範圍，不只限於中國，每在國外與印刷有關者廣肆搜採，以爲參證。

著者執教藝專，十載有奇。深懷於印刷發展與文明進步，關係極爲密切；同時，印刷史之重要性，亦與日俱進。毅然姑就所知，加以銓次。雖係舊聞，兼亦蘄合新義。因其範圍廣泛，故本編所述，容有未盡。又本編纂輯，前無所承。因敘發展史跡，自上古起，迄於今世。全篇結構，共列十五章，祇以學慙淹雅，才謝宏通。雖已勤於仰屋，終難免訥覆瓿。正謬補闕，始終條理，時間恐尚有待。倘異日有暇，重為釐定，當能更為詳盡。大雅同好，幸督教之。

（註一）中國勞工半月刊第三三八期載有「美國勞工與印刷工業」。其要略：①美國印刷工業列爲全國第八大工業。②印刷工廠全國有四萬家，僱有九十萬以上員工。③全美國有一萬一千家報社，其所設印刷工廠，最具影響力量。④書籍雜誌出版，亦佔重要地位。美國出版商，每年要出版一萬八千種圖書，發行總數在十億本以上。⑤承印各式卡片工廠，共有二百五十家，其中最大的，達百餘家。每家每日可出版卡片四百萬張。全美每年印刷卡片總數，共達六十億張之多。⑥印刷工業有各種工會組織。如國際排字工人工會，國際印報人及助理人員工會，北美國際製版工會及紐約報業工人與郵差工會等。

（註二）日本凸版印刷公司，擁有一萬二千名員工及六十餘家衛星工廠，一九六四年營業總額，達三百億日元之鉅。財政部印刷局，規模亦甚可觀，其他如東京機械製作所，大日本印刷株式會社元慶印刷公司等，設備均甚完善，出版印刷品，種類數量品質，亦均佳尚。

（註三）採自飲冰室文集第四册

中國印刷發展史目錄

史梅岑著

序言

第一章 上古的書契……一
總論……一
文字的功用……二
甲骨文出土概況……三
殷墟發掘的成就……三
甲骨文字的價值……四
書體與文風……四
書契的工具……六
毛筆的起源……七

第二章 雕板印刷的成長（上）……九
殷商的書繪雕刻……九
周代的郁郁文物……一〇
秦代的雕造……一三
漢代以石刻經……一六

筆墨的應用……二五
紙張發明在漢代……二七
魏晉南北朝的雕刻……三〇

第三章　雕板印刷的成長（下）……三六
隋唐碑書與雕刻……三六
印章摹拓與雕板印刷……四三
五代刻印經傳……四七

第四章　宋代雕印與活字板……五〇
宋代書籍的雕印……五〇
宋代學院公署的鏤版……五五
南宋雕板的興盛……五七
畢昇發明活字板……六二

第五章　元代的雕板印刷……六八
元代的官刻板本……六八
元代的家塾刻書……七一
元代的書坊刻板……七三
王楨對活板的貢獻……七六

第六章　明代的雕刻印刷……八〇
明代的朝廷官刻……八〇
明代各藩府的刻書……八三
明代的私刻坊板……八五
明代的活板字印書……九四
明代邸報用活板印刷……九九
第七章　紙張流傳與印刷……一〇一
紙張發明後的應用……一〇一
古代製紙方法……一〇七
紙張的傳播……一一五
第八章　筆墨沿進對印刷的影響……一二四
第九章　宋元明的鈔券印刷……一二八
第十章　十八世紀的清代印刷……一三一
第十一章　清代中葉的官私印刷……一三六
第十二章　元明清至民國的彩色套印……一四三
第十三章　西法東漸後的近代印刷……一四八

西方印刷東漸的肇始……一四八
改良使用的活版印刷……一五〇
熱心改進印刷的商務書館……一五六
適用於新聞事業的排字法……一六四
鑄字製版及印機的演進……一七〇
平版印刷的發展……一八二
第十四章　現階段印刷……一九一
自動排鑄機的類型……一九一
桂氏中文排字機……一七九
美人中文照相排字機……二〇二
聯合報中文自動鑄排機……二〇四
新聞印刷的躍進……二一一
電子照相製印的發展……二一八
第十五章　中國近年印刷教育的發展……二三〇
學校印刷教育的發展……二三〇
社會印刷教育的推廣……二四〇
附印刷發展沿革簡明表……二四七

附圖目次

圖一　殷代甲骨文……三
圖二　董作賓書甲骨文贈著者……四
圖三　殷周時代金文……六
圖四　西周前期金文……一〇
圖五　西周後期金文……一〇
圖六　毛公鼎銘文……一一
圖七　列國金文……一一
圖八　周石鼓文……一二
圖九　秦泰山刻石……一四
圖十　秦權量銘……一四
圖十一　漢代金文……一五
圖十二　漢代塼文……一五
圖十三　漢代刻石八種……一五
圖十四　漢北海相景君碑……一六
圖十五　漢石門頌……一六

圖十六　漢乙瑛碑……一七
圖十七　漢禮器碑……一七
圖十八　漢孔宙碑……一八
圖十九　漢西嶽華山廟碑……一八
圖二十　漢史晨前碑……一八
圖廿一　漢西狹頌……一八
圖廿二　漢尹宙碑……一九
圖廿三　漢曹全碑……一九
圖廿四　漢袁安碑……一九
圖廿五　吳天發神讖碑……一九
圖廿六　漢熹平石經原石陽文拓片……二〇
圖廿七　漢熹平石經原石陰文拓片……二一
圖廿八　石經殘碑精拓……二二
圖廿九　于右任跋漢熹平石經初拓……二二
圖三十　漢碑殘經……二三
圖卅一　漢晉木簡殘紙……三〇
圖卅二　圖卅三　魏晉木簡殘刻……三〇
圖卅四　圖卅五　北魏洛陽龍門二十品……三一

圖卅六 北魏石門銘……三二
圖卅七 張猛龍碑……三二
圖卅八 北魏高貞碑……三二
圖卅九、四十 鄭道昭碑……三三
圖四十一 晉王羲之蘭亭序首尾……三四
圖四十二 王右軍洛神賦……三五
圖四十三 唐金剛經末頁雕印本……三七
圖四十四 唐金剛經首頁雕印本……三八
圖四十五 唐樊賞家刻曆書……三九
圖四十六 五代觀音像印本……四〇
圖四十七 五代刻本毗沙門天王像……四〇
圖四十八 宋版論語註疏……五一
圖四十九、五十 元代王楨設計之活動字盤……七九
圖五十一 明代九行活字本……八二
圖五十二 元明通行線裝書……八四
圖五十三、五十四、五十五、五十六、五十七 古代製紙程序……一〇八—一一二

圖五十八　察世俗每月統計傳封面……一五〇
圖五十九　察世俗每月統計傳發刊詞……一五〇
圖六十、六十一　世新專校之字架……一六九
圖六十二、六十三、六十四　世新專校之字盤……一七〇
圖六十五　各種鉛字體形之字樣……一七二
圖六十六　人工印刷圖……一七八
圖六十七　初期輸入中國之印刷機……一七八
圖六十八　手搖圓盤機……一七九
圖六十九　足踏圓盤機……一七九
圖七十　電動圓盤機……一八〇
圖七十一　圓壓式凸版印刷機……一八〇
圖七十二　高速新聞輪轉機……一八一
圖七十三　高速書籍輪轉機……一八一
圖七十四　手工落版機……一八五
圖七十五　電動試印機……一八五
圖七十六　電動彩色試印機……一八六
圖七十七　單色平版印刷機……一八六

圖七十八　雙色平版印刷機……一八七
圖七十九　全自動快速單色平印機……一八八
圖八十　全自動快速雙色平印機……一八八
圖八十一　多色輪轉平印機……一八九
圖八十二　捲筒紙平版多色印報機……一九〇
圖八十三　立拿自動排鑄機……一九一
圖八十四　中文單字自動排鑄機……一九二
圖八十五　蒙諾排鑄機……一九三
圖八十六　福通照相排字機……一九七
圖八十七　桂氏中文照相排字機……一九八
圖八十八　日製普通型照相排字機……一九九
圖八十九　日製六十型照相排字機……一九九
圖九十　日製五八型零件專用照相排字機……二〇〇
圖九十一　日製英文照相排字機……二〇〇
圖九十二　日製標題專用照相排字機……二〇一
圖九十三　日製縱橫兩面用照相排字機……二〇三
圖九十四　美人卡氏中文照相排字機……二〇五
圖九十五　聯合報字鍵紙帶鑽孔機……二〇六
圖九十六　聯合報自動鑄排機……二一四

圖九十七　多色輪轉凹印機……二一五
圖九十八　多色聚乙稀塑膠膜印刷機……二一六
圖九十九　自動折紙機……二一六
圖一百　自動裝訂機……二一七
圖一〇一　事務用品印刷機……二一七
圖一〇二　新型自動裁紙機……二二三
圖一〇三　美國飛而釆電子製版機……二二三
圖一〇四　美國飛而釆光電分色機……二二四
圖一〇五　光電修色機……二二四
圖一〇六　萬能式電子製版機……二二六
圖一〇七　電腦機……二二六

中國印刷發展史

史梅岑著

第一章　上古書契總論

印刷爲促進文明的因子，傳播文化的工具。人類進化，有了文字書契以後，爲適應需要，雕刻藝術，應運而生。嗣後漸有筆墨紙張的發明。由初期的簡易繪雕，用之於祭祀卜辭；進而形成摹擬勒拓，逐漸推廣。終能將人類智識，複印大量書册，供應讀者欣賞。迄於今日，運用科學方法，照相鑄製、電子操作。由人力而按鈕，由黑白而彩色，進步之速，出人意想。因此，印刷一術，遂形成人生所不可須臾或離。但回憶此種文化遺產，在先民艱辛締造下，累積無數智慧，始有近代之新穎形態。撫今追昔，頓起飲水思源，温故知新之感。

印刷發展過程，在百科典籍中，俱無完整資料。各類史書，亦乏系統記載。在極端困難環境下，只有搜集各類典册，採擇其有關印刷者，儘量予以選輯，博覽書報雜誌，吸取新進方法。務期新舊兼收，先後連貫。上下數千年，縱深凝會。自發現先民實物的創始，歷歷述起；數經因革損益，以迄現代。既欲求其完備，復擬貫以系列；珍貴可愛之文化遺產，賴以先後有序。印刷發展史之作，雖屬當仁不讓；而挂漏之處，尚待高明之惠指也。

文字的功用

中國史書、史記始於黃帝，尚書起自堯舜，依此推論，我國五千年前，即有璀燦光華的文化。同時，中國民族的學術思想，亦奠基於此。蓄積傳播此學術思想之工具，厥爲文字。文字的功用，在民族文化上，貢獻至爲偉大。

中國文字，是中國人獨特創造而又別具風格的一種藝術品。它有二種特徵：第一，文字最初，首重象形。但很快又能象意與象事。第二，利用曲綫，描繪輪廓。較巴比倫之楔形文字及埃及實體象形文，都爲便利。不僅可以控制語言，促成民族文化之統一，且能追隨語言，適應新的環境需要。錢穆謂爲：「中國文字，具有簡易和穩定兩個條件，這是中國人文化史上一種大成功，一種代表中國特徵的藝術性的成功。卽以簡單的駕馭繁複，以空靈的象徵具體的藝術之成功。」對中國文字的功用，申述極爲透澈。（採自中國文化史導論）

中國文字，究起何時，邈矣遠矣，甚難考證。就殷墟發掘所獲的甲骨文字，不論在形製上，數量上，對殷代文物，均爲地下最寶貴的實物資料。同時，亦爲漢唐迄于近世的稀有史料。出土之後，舉世認爲瓌寶。

探求古代文化，一方面有賴書册紀載，所謂紙上材料；一方面則靠甲骨金文上所載的史實，所謂地下材料。紙上材料是舊史料，地下的則是新史料。新舊對證，多有發現，且甲子符合，相得益彰，殷曆譜經董作賓完成後，殷商文物，予世人以新猷。

吾國考訂文字，以許愼說文解字爲最古。甲骨文字，遠在其前，今人生於許氏後一千八百餘年，而能見許氏未見之文字，識者謂爲快事，良可信然。

甲骨文出土概況

殷墟甲骨文字，率爲殷代卜辭。刻於龜甲及獸骨（牛骨）之上。淸光緒二十四、五年間（公元一八九八至一八九九年），始出土於河南安陽之小屯村。該村臨洹水南岸，三面環水。岸崖被水沖齧，露出甲骨，土人以爲龍骨，拾取療病。後被古董商發現，由山東濰縣估人，攜數片於北京。王懿榮君先後購

殷代甲骨文　圖一

藏甚多。王歿後，所有千餘片，悉歸丹徒劉鶚（字鐵雲）持有。小屯居民，每於農隙掘地，屢有所得，均由劉氏收購，數年間，近三四千片。光緒三十二年（公元一九〇七年）羅振玉至京，廣爲搜集，又派人至小屯采掘。迄宣統三年（公元一九一一年）共得甲骨近三萬片。其散失者亦多。如教會牧師明義士，加拿大人，因駐彰德，亦得五六千片。

民國十七年起，中央研究院歷史語言研究所，組織殷墟發掘團，先後由董作賓、李濟主持其事，直至抗戰軍興，於民國廿八年，河南陷敵，被迫停止。民國廿六年夏月（公元一九三七年），董作賓仍奉命親到安陽，視察發掘狀況。在此一階段，發掘所得至夥。合計約達十萬片。有陶瓷、銅器、箭鏃等物。又有大龜四版、白麟頭骨。民國二十三年以後之發掘，則全由董氏主持其事。

殷墟發掘的成就

發掘殷墟，自組團開始起，歷時十年，先後到安陽工作，達十五次之多。所獲甲骨文計有十餘萬片，除已散失外，悉存中央研究院，現已輾轉來台，鄭重珍藏。幷仍時常展覽，以供欣賞。

在中央研究院發掘前，該批珍寶，即有散失。美國教士查爾芬（F. H. Chalfant）美商人福開森

(Ferguson) 加拿大敎士明義士 (James me llon menzies) 英人哈同 (Hardoon) 日本學者林泰輔、三井深衛右門、河井全蘆等，均先後在我國搜購甲骨甚多，幷均有專著發表。

有關甲骨學的著述，自劉鶚「鐵雲藏龜」問世後，中外學者羣起研究。五十年來，著述如林。但多屬于考釋方面。孫貽讓就日、月、貞卜、卜事、鬼神、卜人、官氏、方國、典禮、文字、雜例等十子目，輯爲「契文舉例」一書。此爲第一本研究甲骨學的專著。同時，亦爲中國史學，闢新領域。厥後董作賓氏，躬親發掘，多得實證。其所研究現地，有房基、有石礎、有居人之穴、有藏器物之窖。每就一窖所出之器物，判斷其時代。如在大版四龜中，發明龜卜，有一事兩法，左右對貞之法，且謂卜辭中，卜下貞上之一字，爲貞人名。凡此均爲甲骨學又進一步的研究成就。

圖二

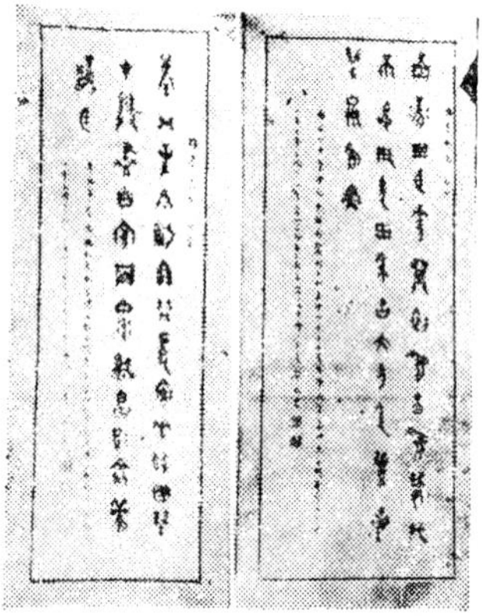

董作賓書甲骨文贈著者

甲骨文字的價值

民國二十二年，董氏發表「甲骨文斷代研究例」就甲骨文字的本身，鑒定其標準有十：

一爲世系，二係稱謂，三爲貞人，四爲坑位，五爲方國，六爲人物，七爲事類，八爲文法，九爲字形，十爲書體。

依上列十項標準，可斷定某片屬於某一時代。蓋除文字有年月人名地名可推斷外，此爲最切實的鑒定一法。方法之精密，舉證之明確，已成學人公認之定論。

書體與文風

殷墟二百七十年間，文字書法，頗多變遷。董作賓就現存甲骨文，考訂研究。斷定殷代二百餘年文風的盛衰，共分爲五個時期。早期武丁時代，多作大字、史官書契文體，壯偉雄放、極有精神。中朝史官書體，（包括二、三、四期）拘拘謹謹，維持前人成軌，無所進益。末期書契文字，嚴密整飭、文風丕變，制作一新。雖則蠅頭小字，行款整麗，甚爲美觀。

今日所見者，皆契刻之字。有少數書寫未刻者，其筆鋒宛然，皆足證明爲毛筆所寫。尚書多士篇，周公誡殷遺民曰：「殷先人有冊有典，殷革夏命。」柳詒徵註謂：「編集竹片，則名曰冊，重要之冊，以丌閣藏，則名曰典。」證明典冊爲中國最古之圖書。

現存甲骨卜辭，在最早武丁時代卜辭中，常見冊字。由此推想，在西元前十四世紀，已用竹簡爲書寫工具。

董作賓云：「十項標準，予以精密研究，相信可獲以下結果。」

一、可以編著一部帝王傳記。

二、可作各種專史研究，如禮制、曆法、地理等。

三、從各期史實中，可看出殷代社會發展的程序。

四、從各期文字上，可看出殷代文化演進的階段。

五、可印證古代記載裏的眞實材料。

六、可糾訂前此混合研究的各種謬誤。

二十世紀初期，甲骨文給我民族文化，帶來光華異彩，啓發全世學人，鑽研古代學術之光。在發掘所得的十萬餘片甲骨中，總計單字，約有二千，經考訂可識者，達一千三四百字。就該文字體例言，可謂六書俱備。其中象形最多，會意，指事次之。形聲正在孳乳，轉注亦有，假借尤爲常見。再就書寫形式言，凡記事文字，悉下行而左。但貞卜文字，往往左右對貞，正反並書。僅從文字表面看，殊足證明中國文字之早及其應用之廣。

書契的工具

董作賓氏，考訂殷代書契方法，分工具、款式、作風三項。工具項內，爲筆與刀。它說：「筆卽毛筆，殷代已有了毛筆的使用，這似乎要使人驚異。不過這時所謂毛筆，並非現代的竹管兎毫，只要是一支小獸的尾巴，或者一叢捆在一起的細毛，功用同於毛筆的，都可以叫他作毛筆。」後岡所得仰韶期的彩陶，是用毛筆所繪，這證明殷代以前，已使用毛筆，董氏直接所見的毛筆文字，是在三塊骨版上。一版是第二次發掘所得，兩版是第三次所得。毛筆之墨色，因年久沖刷，變爲淡黃，但是淡黃之色，侵入骨裏，永久不退。由此看出毛筆書寫的筆鋒與姿勢，這是使用毛筆的實證。至於刀的發現，則係第三次發掘大連坑附近大龜四版出土之地，得了一把小銅刀，與現今刻字所用的，極爲相似。古人所謂書契，有書不而契的，如竹帛之類；有先書後契的，如甲骨文字，銅器銘識，石刻之類。

殷周時代金文　圖三

董氏認爲，書契是二，不是一；書與契是分工的，卜辭有反用毛筆書寫而未刻的，又有全體反刻有直畫的。先寫後刻，則無庸置疑。

中國文字，在三千年前的殷商時代，已由圖畫，變爲符號，且能用線條書寫，具有雄健柔和的藝術美感。尤以象形字體，更爲美觀，更具有古雅情趣。製作甲骨文時，則必用契刀，在甲骨上刻劃，故名謂「契文」或「契刻」。契刻之前，先用筆寫。其筆與刀，均能適用於縑帛竹簡，自亦適用於龜甲獸骨其書法風格，有肥瘦、有方圓、有勁峭雄放，具立儒廉頑的精神；有阿娜多姿，蘊藻洒飄逸的氣概。

殷代書契之精，文體之美，殊富有先民愛好藝術的情操。

毛筆的起源

我國書法，被視為藝術品，實由於毛筆工具特殊，與埃及用鵝管，西洋近代用鋼筆者不同。毛筆能揮灑自如，運用靈活、足以表現中國文字的形體美。

在西周中葉以前，不論是甲骨文或金文，大都筆畫纖銳、疏落有致，字體大小不一。物原，虞舜造筆，以漆書於方簡。

甲骨文字，先寫後刻，從出土多片之文字中，常發現有寫而未刻者，或只刻已寫的直劃，橫劃尚有未刻者。董作賓輩、均有詳確鑒定，證明殷文已使用毛筆。

小屯村出土白陶瓷片，為帝辛時物，上有毛筆墨書之祀字。又所得龜甲，獸骨、陶片等、其上時有紅黑二色之字。審其筆跡，皆非毛筆不能為。可知筆之起源，不能晚於殷商。

困學紀聞，引御覽太公筆銘曰：毫毛茂茂，陷水可脫，陷文不活。以後毛筆，則屢見於史籍中。

尚書中候云：元龜負圖出，周公援筆以寫之。

孝經援神契云：孔子作孝經，簪縹筆、又絕筆於獲麟。

曲禮：「史載筆」，不言簡牘而云筆者，筆是書之主，則餘載可知。

詩：彤管有煒。

爾雅：不律謂之筆。說文：筆所以書也，楚謂之聿。

吳謂之不律，燕謂之弗，秦謂之筆。

莊子畫者，吮筆和墨。

博物志蒙恬造筆，初學記、秦之前有筆矣，恬更爲損益耳。

淮南本經訓，蒼頡作書，鬼夜哭。高誘注以爲鬼或作兎，兎恐見取毫作筆，害及其軀、故夜哭。（註一）

法言問道篇：孰由書不由筆，言不由舌。吾見天常爲帝王之筆舌也。或曰：刀不利，筆不銛、而獨加諸砥，不亦可乎？曰，人砥則秦尚矣。

以上所舉，僅擇部份古籍，有關述及毛筆者，其他尚多。睹此，證明毛筆起源於殷商以前，至周秦則應用益廣。

（註一）取材自文房四譜

第二章　雕板印刷的成長（上）

殷商的書繪雕刻

殷商時代，政教風尚，漸有改進。流傳文字，亦較夏爲多。書之存者，有湯誓，高宗肜日，西伯戡黎，微子各一篇，及盤庚三篇。詩之存者五篇。以鐘鼎文傳世至多。近世發現之甲骨文字，經考古專家探研，證實爲殷室王朝遺物。文字雖甚簡略，然可正史家之違失。考小學之源流，對殷代文化，有徵實的正確認識。同時經董作賓及諸位考古學人研究，從甲骨上的文字，並證明殷商時代，確已有典有册。

殷代除文字應用外，雕造藝術，亦頗發達。董作賓曾在芝加哥，看到一件銅器，全身花紋，有三十種不同的動物圖案，眞可稱殷代圖案的代表作品。立體雕刻，以殉葬的虎鴞豕象等爲代表。繪畫保存下來的最少，陵墓中有類似盾旗物繪畫龍虎的痕跡。在甲骨上，偶然有史臣厭倦時，作一幅寫生圖象，有一版是二個猿猴，一雄一雌。有一版是畫一大象，腹懷小象。小象不畫眼睛。大象腹下，別畫一鹿，襯托象的高大。另一版畫一鳥和鶉，先畫鳥喙，又畫一喙一眼，三畫乃成全形。可見殷代書家也兼畫家。（註一）

檢閱殷代甲骨文版，不論書與畫，均能以雕刻方法，雕形於甲骨版上。此類骨版，有牛頭骨、鹿頭骨、人頭骨、白陶、灰陶、玉器、石器、角器等，都曾有刻或寫的文字。且雕刻技藝，頗爲精巧。大小字體，均甚美觀。進一步，能從殷代二百七十餘年的骨文中，研判其文風與作風。（註二）

（註一）採自董作賓「中國古代文化的認識」第二十四頁

（註二）採自世界書局版「董作賓學術論著」總四八三頁

周代文物，沿襲殷商，但周初文字與殷商亦有不同。以近世出土甲骨文字，與周初鼎鐘相較，殷商文體，筆畫簡約。初周，則漸變繁飾。其結構體形，亦多不同。蓋周代尙文，由於審美觀念所異。故其形諸應用文體，亦漸趨繁密周詳。

周宣以後，籀文大篆作。遂將一字多形的古文，予以統一，此則爲文字進化的又一階段。

西周初期彝器款識，如大豐敦，令敦、令彝，周公敦、大彝鼎等，筆劃鋒銳，氣魄雄偉。且各器字數，均已增加。一器有多至二百餘字者。迨西周中期，如宗周鐘，遹敦、靜敦、刺鼎等，字體漸趨端整，筆劃亦較初期纖細。西周後期諸器，如史頌敦、頌敦、虢季子白鼎、大克鼎、師寰敦等。則疏密均衡，雍容典雅。大篆雛形，於焉形成。

周代文字，存於今者，有金有石。近代考究金文，鑒定爲周器者，約有數百種。若師旦鼎，鄦專鼎、周寰卣、大盂鼎、毛公鼎等，皆屬西周器物。

圖四　西周前期金文

圖五　西周後期金文

周代毛公鼎銘文拓片　圖六

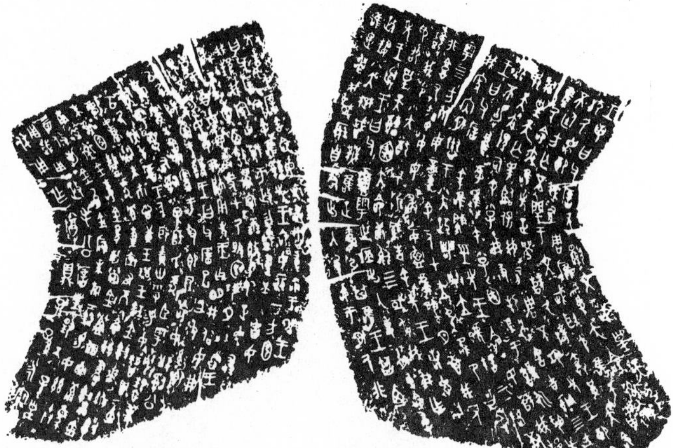

關於毛公鼎之考譯，董作賓著有專籍。他說：「毛公鼎確是一件國寶。從道光末年(公元一八五〇)出土於陝西岐縣。該鼎最奇的，是鼎內一篇銘文。崇澳渾穆，淵雅高古，洋洋灑灑，長五百言。爲傳世數千件銅器中，堪與殷盤周誥媲美的一篇大文章。抗戰勝利後，由中央博物院保存」。今已移置台灣。現已移存台北外雙溪中山博物院。展覽於殷周銅器類中。

又說：「殷商文化，已是相當的高了。周初用了許多殷商舊臣，接受了殷商的文化，我在中國古代文化的認識一文中，曾舉出三個要點：一、文字的繼承，二、成語的沿用，三、禮制的因襲。在毛公鼎中，每項都可以舉出實例，以證明我的推斷。」

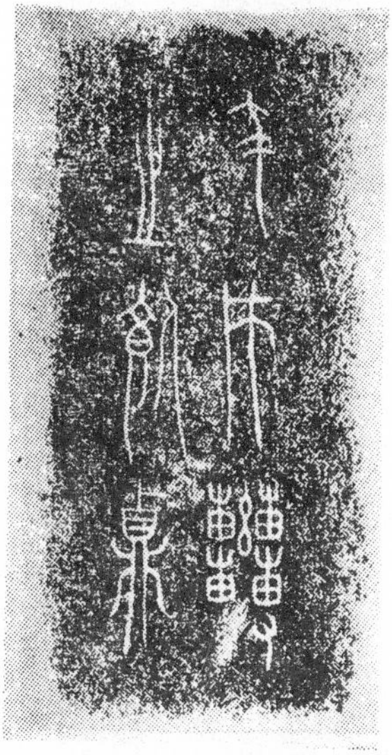

列國金文　圖七

毛公鼎在文字方面，雖上承晚殷，但其寫法用法，均有改進。成語方面，貞卜和册命，事項迥不相同，用詞自然各異。禮制方面，其文書程式則多襲殷制。

鼎中銘文，在腔腹之內，下及底部，傳拓不易。拓本不能平正。在鼎內看之，則行款匀整，極爲美觀。取出後卽成凹面，展之接之，又成下侈上歛，雙鞋之形，且拓時敷紙，須裁開分左右爲上下兩節，故一銘又每成爲四紙。

毛公鼎銘文，單就書寫與雕刻言，已具有極高的藝術價値。遠在西周時代，有此美觀大方之工藝文物，可以想知當時書寫文字與雕刻技巧之進步。

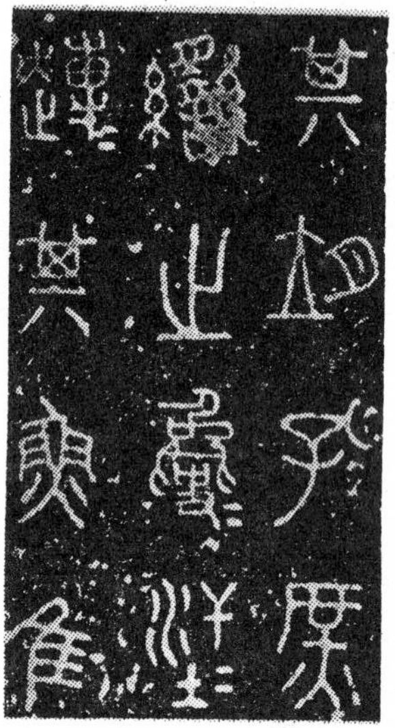

周石鼓文　圖八

石文有壇山石刻，文曰吉日癸巳，相傳爲周穆王時書，然其眞僞未定。惟岐陽石鼓，自唐以來，認爲周代石刻。石鼓文是我國現存石刻中的最古文字，傳爲周宣王太史籀手筆。在唐時發現於陳倉草莽中，後移置於鳳翔孔子廟。以其外形似鼓，故名石鼓。

關於石鼓文字時代的考據，衆說紛紜，有主周代文王、成王、宣王時物（公元前一一八五—八二六）有主春秋時文公、穆公、襄公、靈公時物（公元前六三六—五四五）。姑不論是否出自太史籀手筆，但從石鼓文字體形的嚴整典重看，極類小篆而較繁複，似宗周彝器而較端整。其屬於秦以前物，且係典型大篆，則無庸置疑。

石鼓共有十個，原高約三尺，文字刻於鼓之四週。全文共七百餘字，係四言體，極似詩經體裁。其字高典重遒逕，向爲藝林所寶，傳至宋代，尚存四百五十六字。清代考古風熾，石鼓尤爲書家推重。臨拓摹勒，新舊雜出，但其嚴整韻致，遒古雄拔之氣，仍洋溢於字裡行間。梁啓超氏，丙辰年得石鼓搨片，曾為逐字校記，即其一例。（註二）

有周一代，歷時八百餘年，金石文字的雕鐫，顯有進步。雖其間詳實因革，難以考證。但由毛鼎至石鼓，不但文體有變，其雕刻亦由金屬到石器。且其書寫之巧，雕刻之精，使三千年以後之人，睹之仍欽羨不置。對古代文化發展之貢獻，亦可想知。

（註一）採自柳詒徵中國文化史二四九頁（正中書局出版）

（註二）飲冰室文集碑帖跋石鼓文：石鼓黃帛未損本，久成星鳳。茲拓此二字左側，石花痕雖頗大，尚未蝕及點畫。氏鮮鱄又諸字皆完好。載字尚存泰半，明搨無疑。固不必以梅村藏印鑑古近耳，丙辰秋得自廣州，丁巳臘八日校而記之。

秦代的雕造

秦既一統、始尚文教，使天下文字，皆同於一。「史記始皇本紀」一法度衡量石丈尺車同軌書同文字，「瑯琊刻石」器械一量，同書文字。蓋古代文字，積久則變，籀文通行既久，至春秋而小變，至戰國而大變，秦書統一後，小篆出現，實則戰國變古，為之導機。

秦相李斯，倡改小篆後，時人稱便。惟小篆為數僅三千餘字，似不敷用，據說文序言，計有八體，一曰大篆，二曰小篆，三曰刻符，四曰蟲書。五曰摹印，六曰署書，七曰殳書，八曰隸書。

八書之中，隸書便易，最為通行。隸書傳為秦代程邈所作。程邈原為縣衙獄吏，因罪被囚雲陽獄中。窮十年之研究，將大小篆筆法，融合損益、作隸書三千餘字。被始皇所採用，並封爲御史。

秦皇刻石，凡名山所在，大都立石以刻其文，著其功烈以誇後世。嶧山樹石之高，達三丈一尺，刻工之整，與李斯篆筆同傳不朽。其他各地刻石，時古跡妙，俱爲世珍。

篆隸興而古文廢，未足以爲秦重。最令人注意者，爲其金石碑刻，光耀環宇，文字之美，雕刻之精，傳之近世，稱爲中華瓌寶。史記始皇本紀，載秦始皇刻石凡六，近世尚有泰山石刻殘字瑯琊台銘文。他石拓本摹印者，世亦有之。姑不論其眞跡或摹拓，二千二百年之古刻，至今尚存人間，稀矣珍矣。

秦泰山刻石　圖九

三代金文最多，至秦始尚石刻。大書深雕，悉李斯王綰等之意匠。文體之美，至今仍被傳頌。石刻以外，復善鏤金，其權量刻文，尤極精美。學小篆者，爰由秦石，進習秦金。是知秦代之文學美術，賴雕造以傳後，非惟不遜於三代，抑又有過之矣。顧亭林論秦刻石，大有坊民正俗之意，是秦代已賴石刻，爲推行教化之工具矣。

秦權量銘　圖十

所謂隸書，通常以秦隸漢隸幷論。但就字體沿革言，秦隸漢隸，顯有不同。蓋秦隸雖用方筆書寫，結體仍存篆意。漢隸則多逆筆突進，字體波磔、人每稱爲古隸。

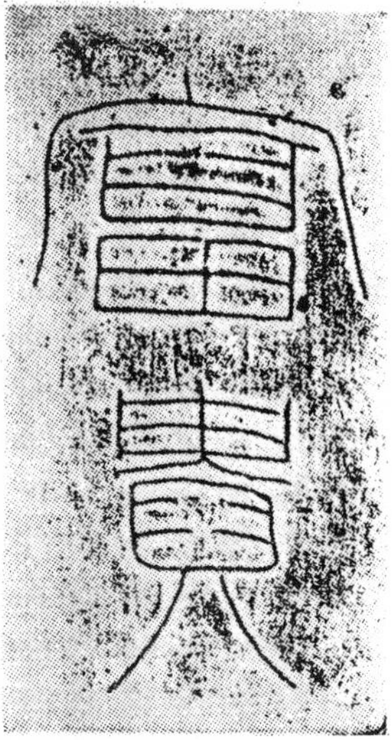

漢代金文　圖十一

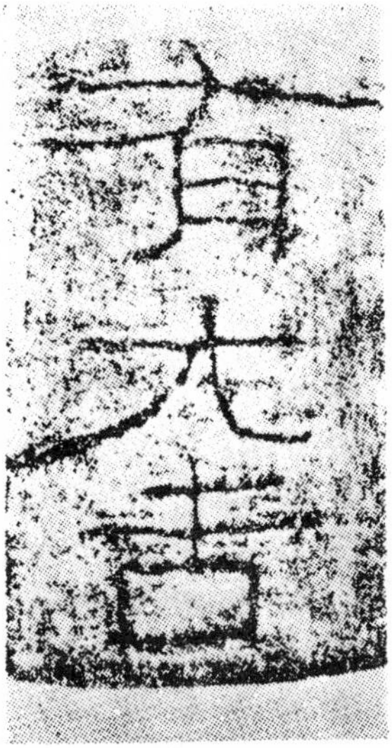

漢代塼文　圖十二

自古隸出現後，字體又爲一變。變圓爲方，變劃爲點，變曲線爲直線，使文字趨於簡省實用。自漢以迄魏晉隋唐，其間字體雖迭有變革，但都循此途徑發展。

傳世的秦漢金石碑刻，最能代表古隸神情者，爲秦權，秦斤、秦量、及漢代五鳳刻石。萊子侯刻石，

漢代刻石八種　圖十三

三公山碑，陶陵鼎蓋銘、杜陵壺等。

秦代雕造之最重要者有二，一爲刻石，已如上述。二爲造璽。自秦以前，有中國者，無所謂傳國之璽。所世守者，九鼎而已。秦既統一中國，九鼎缺而不全。於是有玉璽之雕製。其原物蓋爲楚璧。初楚以卞和所獻之璞，璞成璧後，求婚於趙，用以納聘。秦昭

王曾謀以十城相易，終不可得。秦併六國後始得之。命李斯篆文，玉工孫壽，刻其上八字曰「受命於天，旣壽永昌」。後子嬰奉降劉邦者，亦爲此物。推想孫壽其人，必爲當時之雕刻專家，爲秦始皇雕傳國玉璽，且係李斯親筆篆文，平凡俗人，怎能膺此重任。

漢代以石刻經

秦人刻石紀功，西漢不師其制。武帝立石泰山，未有文字。近人所得石刻，以漢五鳳二年（公元前五三年），爲西漢石刻之始。近世尚存曲埠孔廟。

漢時木刻，甚少傳世，各類典籍，亦乏紀載。而南越王胡墓木刻，則在漢武帝時。廣東商人所發現者。字畫方整，純爲西漢隸法。并有少數字跡，尚沿篆體，迥異東漢諸碑。

東漢以後，石刻風行。門生故吏，爲其府主伐石頌德者，偏於郡邑。當時應用文字，雖有便捷秀美的章草，但對碑碣文字，仍採用八分體，以昭鄭重。

在後漢二百餘年間，所豎碑碣之多，難以勝數。迄今仍有漢碑拓本百餘種傳世。爲人所宗者有石門頌

漢北海相君碑　圖十四

漢石門頌　圖十五

（東漢建和二年公元一四八年），乙瑛碑（東漢永興元年公元一五三年），禮器碑（東漢永壽二年公元一五六年），孔宙碑（東漢延熹七年公元一六四年），曹全碑（東漢中平二年公元一八五年）熹平石經等。（均見後）

漢人講學，每苦書籍奇缺，傳寫不易。因此，必從師授以章句，以成其學。後漢時，雖有賣書，恐祇限於京師大邑。窮鄉僻壤，仍苦無書。故從師受業，往往不遠千里，傭作執苦，以爲讀書之資。且其時書籍，尚多簡帛。後漢時，始有紙張之發明。蔡倫造意運思，以樹皮、麻頭、魚網、破布爲原料。創造紙張，天下風行。實爲促進文化之利器。

緯書雖不載於漢書，然自史傳外，對爾時碑版，尤多稱述。東漢時，以通七緯爲內學，通五經爲外學。其見於范史者無論。謝承後漢書，稱姚浚尤明圖緯秘奧。又稱姜肱博通五經，兼明星緯，載稽之碑碣。蓋緯學乃漢代學者之家法，不可不知也。

漢代學術，口述傳寫，經籍未有標準，難免無譌誤紛歧。於是又有石經之刻。由蔡邕等倡議，歷時九

漢乙瑛碑　圖十六

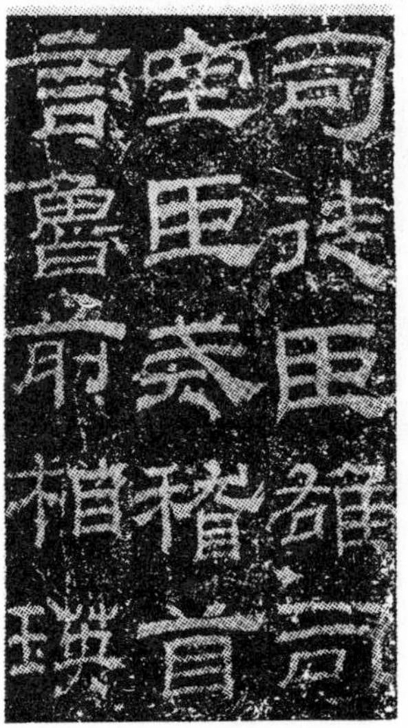

漢禮器碑　圖十七

漢孔宙碑　圖十八

漢西嶽華山廟碑　圖十九

漢史晨前後碑　圖二十

漢西狹頌　圖二十一

漢尹宙碑　圖二十二

漢曹全碑　圖二十三

漢袁安碑　圖二十四

吳天發神讖碑　圖二十五

年，而成功於李巡。迄今一千八百餘年，該經殘時石，連續出土於洛陽，國人視爲瓌寶，舉世公認稀珍。

自民國十年至二十四年，在洛陽發現之石刻殘片頗多，有三五字者，有百字左右者。最大一片有六百二十四字，爲洛陽王道中君，識而購藏。輾轉運台，購存於國立歷史博物館。殘石出土後，初拓持有人王錫範君（按係王道中之侄）曾於民國五十二年多，與著者本人，同與于右任先生鑑賞，于氏倍感興奮，愛不釋

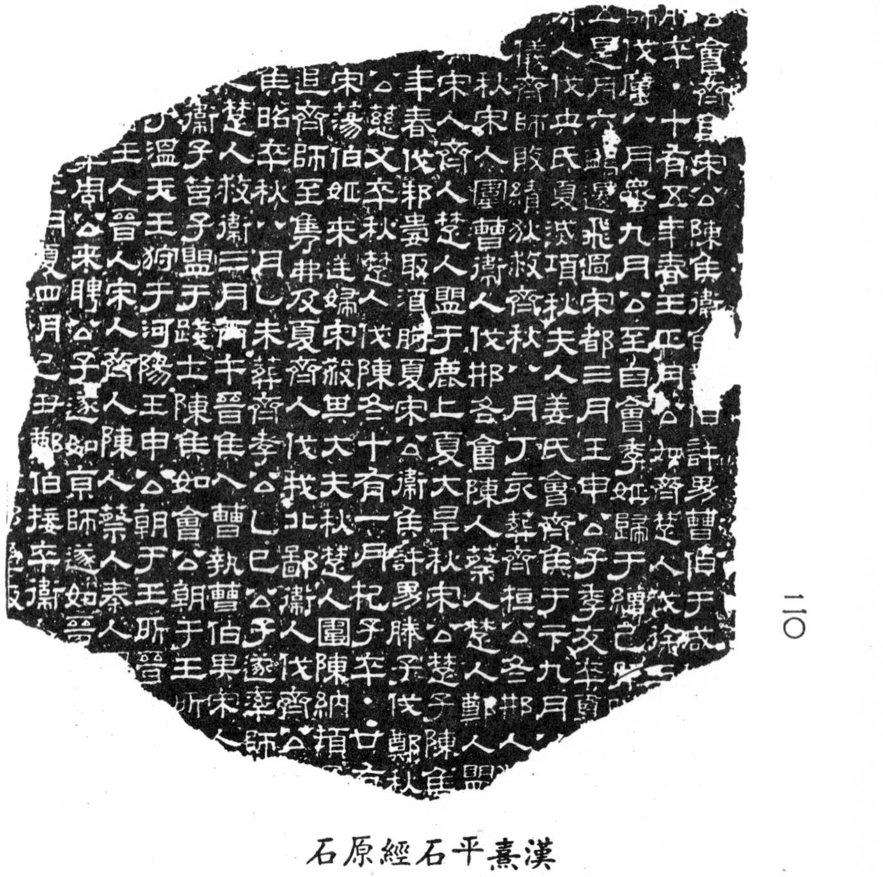

漢熹平石經原石

陽文初拓　圖廿六

手。對王君珍藏，諄諄嘉勉。（如附照圖二十八）。

熹平石經殘石，歸藏博物舘後，即於民國五十二年（公元一九六三年）多，公開展覽，中外人士，觀者如堵。五十三年（公元一九六四年）專程運美，在美國各大城市，巡迴展覽，達半年之久。同時博物舘特以照相製版法，翻印多份，供人自由購賞。該舘舘刋，對石經殘石，紀載甚詳，係由學人趙鐵寒所考訂，茲摘其要略如后：

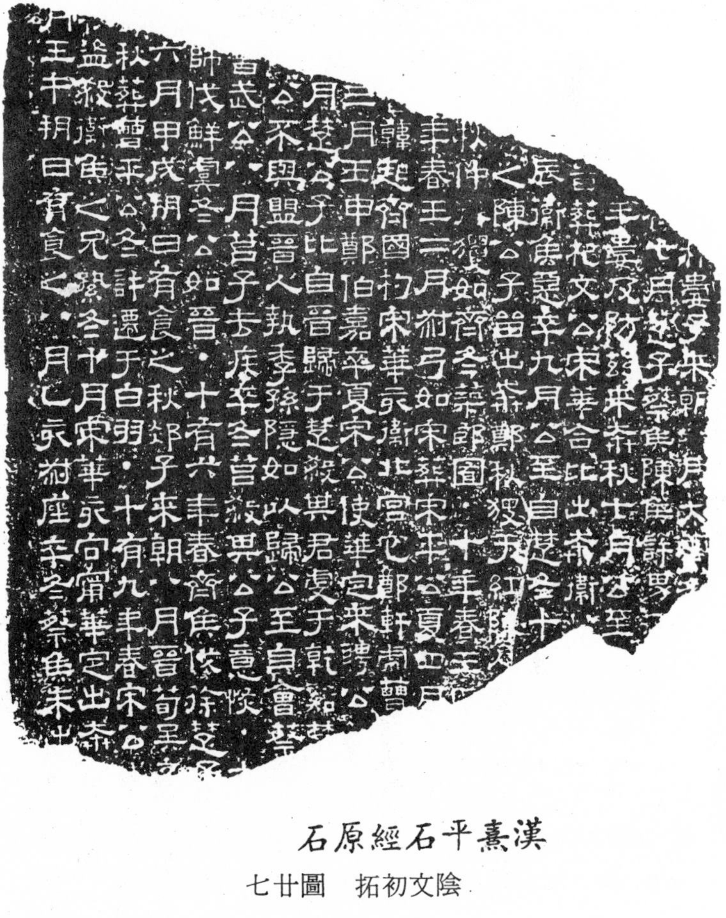

漢熹平石經原石

圖廿七　陰文初拓

圖廿八　熹平殘碑精拓

一、石經刊立之目的及其經營

東漢本初（西元一四六）間，太學學生多至三萬餘人，學子既衆，爭尚浮華，不以章句爲意。加以家法之學，口耳相傳，以致五經文字多有異同。博士試經，諸生爭第高下，遂至紛爭辯訟不休，以求勝人。甚至有賄通蘭臺官吏，竄改漆書經字，以合其私文者。似此情形，倘不加以釐正，審定是非，非至諸經文字錯亂，意義混淆不可。

時議郎陳留蔡邕，校書於東觀，懼俗儒穿鑿經義，貽誤後學，於是於熹平四年（一七五）與堂谿典，楊賜、馬日磾等，奏准靈帝，正定五經文字。迺以徵求而得之五經善本各一通，付諸博士，就大中大夫邊韶所共同審覈。有疑義，又有光祿勛劉寬，司空掾周達等若干人，參與議論而後定。文字既正，然後書丹上石，命工鐫刻，經營九年，至光和六年（一八三）始蕆事。計校定易、書、魯詩、儀禮、春秋、公羊傳

圖廿九　于右任題跋

、論語等七經。（按史謂石經「五經」，洛陽出土石經後序亦云：「是正五經」，蓋以論語未立學官，附經之末；又以春秋包公羊傳而言，故云「五經」）。

石經刊成，樹於洛陽開陽門外太學前，謝承後漢書（後漢書章懷注引）記其庋藏之制云：

> 瓦屋覆之，四面欄障，開門於南，河南郡設吏卒視之。

因石經初立，四方「觀視及摹寫者，車乘日千餘輛，填塞街陌」（蔡邕傳）地方官署不得不專設吏卒以守護之。

二、石經之殘毀與遷徙

石經好景不常，其楷模士林者不足十餘年，至獻帝初平元年（一九〇）董卓之亂，燬洛陽宮廟陵署，太學文物蕩然無存，石經亦半遭毀損。其後永嘉之禍（三一一）前趙劉曜王彌入洛，「焚燬二學」（水經穀水注）經石再毀。元魏百餘年，任意破壞，「遂大致頹落，所存者委於榛莽，道俗隨意取之」。「通鑑梁武帝紀天監十七年下）其後雖有修葺之議，而成效罕覩。

至於石經之遷徙，始於東魏孝靜帝武定四年（五

圖三十　漢碑殘經

四六）由洛遷鄴。（今河南臨漳縣）其後周靜帝大象元年（五七九）又由鄴還洛。至隋文帝開皇六年（五八六）再由洛遷於長安。由劉玄等議，將有補苴，牽延至於隋末，未果。下至貞觀初年（六二七）祕書監魏徵加以收聚時，已「十不存一」，（隋書經籍志）可見一再播遷毀損之重。自貞觀以下，石經消息，遂杳如黃鶴，不復再見。

魏齊周隋四代，石經由洛而鄴、而雍，四十年餘，往復數千里，幾同夏商周秦之於九鼎，以國寶重器視之。其身價之高，足可睥睨千古。

三、唐宋以來石經殘石之出土

殘石於洛陽出土，最早見於唐代，李綽尚書故實云：

東都頃年創造防秋館，穿地多得蔡邕鴻都學（按「鴻都學」非，應作「太學」。說詳拙文「讀熹平石經殘碑記」）所書石經，洛中人家往往有之。

下迨北宋，龍圖閣直學士張奎，於仁宗朝知河南府，「河南宮闕歲久頗摧圮，奎大加興葺」，（宋史張奎傳）於斷壁頹垣之下多有石經殘石出現。宋人著作，如廣州書跋、泊宅篇、天下碑錄、東觀餘論、邵氏聞見後錄、西溪叢語、畫墁錄，皆紀其事。惜張龍圖家所藏，不知其所歸，其拓本輾轉流入鄱陽洪氏蓬萊閣，洪氏隸釋所載之尚書、儀禮、公羊傳、論語等片，完全出於張氏。

南宋以還，大地愛寶，石經不與世見。迄於民國，交通發達，文物流傳速而且廣，殘石出土者乃日多。自民國十一年至十三年零星碎石出世者不下數百方，其大小自一字至十餘字不等，大部入於徐鴻寶、馬衡、羅振玉、柯昌泗諸氏之手。其中少數散之東瀛，日人老生宿儒把玩於書桉塵几之間，列為清供，珍若拱璧。至偶一出現之鴻方鉅製，則絕未外傳。最早雜於碎石羣中之巨無霸，為周易一方，得四百九十六字，歸於萍鄉文氏。十八年又出周易一石，中裂為二，上半歸於湘人李氏，下半入三原于右任先生手，各得數百字。民國二十三年再出千二百年來前所未見之巨石，入於霑化李氏。

于右老及其他諸家所收藏，無論鉅細，皆隨大陸妖氛，沉於荆棘，將來有無重現於人世之一日，蓋未可知。其隨同吾人遍歷艱辛，播遷來臺者，惟霑化李氏之一石而已。

四、國立歷史博物館收藏經過

霑化李氏所藏經石，民國二十三年出土於洛陽城東南十八里之碑樓莊朱家圪塔。（按此村住著者故里東十二里）其地當伊水之陽，洛水之陰，正東漢洛陽城開陽門外太學之舊址。此石當係董卓之亂所崩壞，沉霾地下達千七百四十五年，始重見天日。其文爲春秋（公羊經），表裏鐫刻，凡六百二十四字，千載以還，石經之出土者，以此爲重擘。石既出土，掘獲者以高價售予金村王道中。事聞於平津，日人祕以四萬金市之，王氏以歷史重器不可外流，堅決拒絕。其後程潛于右老皆有意收藏而未洽，至二十八年卒以銀元一萬五千元價讓於霑化李杏村。未幾日軍西犯，陷洛陽，幸事先運藏於熊耳山深處榛莽間。迨三十四年，日軍敗降，李氏祕運於西安。嗣胡適之於北平浼李培基關說，欲購存於北大，李氏以決意捐獻山東省立圖書館却之。及大陸河山，逐次淪陷，李氏盡斥身外之長物，攜石來臺，什襲而藏之。至今十餘年間，國內臺灣大學、歷史博物館，國外美日考古機關，古董商販，皆欲得之，而均未克實現。比者以先有捐贈成約之山東省圖書館長王獻唐氏已歸道山，李氏亦年屆古稀，回籍捐獻之決心動搖，歷史博物館包館長浼立法委員前河南大學校長王廣慶氏說項，終得李氏首肯，以有值贈予方式贈藏於歷史博物館。

天地之鴻珍，文物之鉅觀，就歷史博物館言，可謂鎭館之一寶；就石經言，起今公開陳展於國家學術機構，與天下學人相處，出二千年屯邅之極否，啓萬祺康莊之未來，亦是天地間之幸事。

筆墨的應用

毛筆爲書寫工具，其淵源已如前述。初期製法較簡，率用漆書。嗣後筆漸改良，石墨遂亦出現。所謂上古用漆書，中古用石墨，後世用煙墨，是也。

文字體形，進入大篆階段後，形神爲之一變。蓋大篆之法，圓不至規、方不至矩、配合六義，成其自然。而促成文字的工具，自亦有所進益。

迨至秦皇，（公元前二二一）滅六國、併天下、下令整理文字，使臻統一。丞相李斯作「蒼頡篇」，趙高作「爰歷篇」，胡毋敬作「博學篇」。均以史籀大篆爲根據。略有損益，後世稱爲小篆。亦稱秦篆。爲說文解字的重要依據。在中國文字學及書法藝術上，均有極大貢獻。

李斯改大篆，概係破圓作方，其餘悉依古制。其小篆之方，文如鐵石，勢若飛雲，一點一劃，規矩不苟，藏研精於樸茂，寄權巧於端莊。冠冕渾成，斯爲中律。又名玉筯，助其體變。

小篆形成後，結體謹嚴，筆劃勻稱。爲漢唐以來，名家書法之宗。孫過庭有云，「初學分布，但求平正；既知平正，務求險絕；既知險絕，復歸平正。」小篆之豎直平正，實爲學書的基本功夫。康有爲云：「精於篆者能豎，精於隸者能劃，精於行者能點。」亦爲獨到之論。

小篆傳世者，有泰山刻石，瑯琊刻石，繹山刻石，會稽刻石等，率爲記頌秦皇功德而作。惜多毀而不傳。縱二世重刻者，至清末亦毀於火，泰山殘石則保存於山麓岱廟中，僅存二十餘字。

現在流行坊間之繹山刻石碑帖，爲南唐徐鉉所摹刻。雖不及李斯原碑，但遒麗勻整，仍可爲初習小篆之範本。

以上所述，俱筆體之流變，至筆墨之肇始，載籍甚少紀述。略述如下。

錢唐梁同書筆史：筆之始，法苑珠林二十五卷，昔過去久遠，阿僧祇劫有仙人名最勝，不惜身命。剝皮爲紙，刺血爲墨，析骨爲筆，爲衆生故。

成公綏棄故筆賦，有倉頡之寄生，列四目而並明。乃發慮於書契，采秋毫之類芒，加膠漆之綢繆，結三束而五重，建犀角之元管，屬象齒於鐵峯。是筆始於倉頡也。

美術叢書墨志：古人灼龜，先以墨畫龜，然後灼之。兆順食墨乃吉，范子計然云，墨出三輔。盛宏之荆州記曰：筑陽縣有墨山，山石悉如墨。

酉陽雜俎曰：無勞縣出石墨，爨之彌年不消。

壽道人墨表，附古今墨論：王者德至山陵而黑丹出，女牀之山，其陰多石墨。鄜延之川脂，流出鄜延安石油也。以爲煙墨，松脂不及。懷仇郡掘塹得石墨，精好可寫書。上古書用漆，中古用石墨，後世用烟墨。

劉熙釋名曰：墨晦也，言物似晦黑也，尙元者有志焉。上古無墨，文字多用刀筆。削竹簡，間以挺點漆作書。洎書策稠濁力不給一切倚辦石墨矣。然周書有涅墨之刑，晉襄有墨縗之制。古人灼龜先以墨畫，則知古者，不盡以漆書也。三國時皇象論墨，已有多膠黝黑之說，則魏晉以前，又不盡用石墨，而用膠墨矣。

人類文化，隨生活需要以俱進。筆墨二者，俱爲促進文化之工具，故亦漸有改良，以適人需。

紙張的發明

紙係中國人所發明，已爲世人所公認。惟在上古時代，以簡帛爲書寫工具，無所謂紙。春秋戰國以降，學術發達，百家爭鳴。其間雖經秦火，而文書之運用，仍日臻廣泛。至漢代崇儒興學，郡國州縣，亦普置學校。鴻都太學一所，多至三萬餘名學生，可想知當時的讀書風氣。同時刻碑立名，上下樂爲。雲綬印階，定有等差。碑銘之書寫與鐫雕，亦甚受人重視。既有雕刻之技巧，復有發達之學校，木簡縑帛，自爲士人所常用。竹木笨重，縑帛價昂，均屬不便於人。當如何避重就輕，謀求改進，要爲促成紙張發明之主要前導。

紙字從絲，顯與蠶絲有關。中國人發明蠶絲，而紙的製造，勢亦由此孳衍。勞榦認爲破碎蠶絲，黏着一起，遠較抽蠶絲織成的縑帛爲廉。紙的發現和製造，應基於此種原理，不無理由。此亦爲促成紙張發明之又一因素。

紙的發明，無論從原料與技術言，或從書版雕刻言，到了漢朝，環境時勢，形成殷切需要。爰有宦者蔡倫，迺造意用樹膚麻頭敝布魚網以爲紙。元興元年（公元一〇五年）奏上之，帝善其能。自是莫不從用，故天下咸稱蔡侯紙。

後漢書蔡倫傳，以倫在永平末年（公元七四年）至建初年間（公元七六年）爲小黃門，後作中常侍，略述倫有才學，盡心敦慎，豫參帷幄，匡弼得失。又永元九年（公元九七年）「監作秘劍及諸器械，莫不精工堅密，爲後世法。」後元初年間（公元一一四至一一七年）又奉令「與通儒謁者劉珍及博士良史，詣東觀各讐校漢家法，由倫監典其事。」

蔡倫在漢室服務，計有四十餘年，發明紙張前後，或監製器械，精工傳世，或與當時通儒，讐校漢學家法，其匠心鑽研之精神，可以想知。而其基於縑貴簡重，毅然而造意製紙，以供需要，有由來也。

紙之前身爲絮，所謂方絮如紙，正是紙的初義。方絮卽方形的繫纊，亦卽方形的赫繺。絮作成方形是黏成的，帛作成方形是織成的。所以方絮，不是方帛，而是方紙。赫繺的原義，當爲敝絮，見於漢書趙皇后傳。證明西漢時，已有紙作書。又賈逵傳，有「帝令逵自選公羊嚴顏諸生高才者二十人，敎以左氏與簡紙經傳各一通。」（註：竹簡，紙也。）許愼是賈逵門生，說文成書於和帝永元十二年（公元一〇〇年）蔡倫在元興元年（公元一〇五年），正式奏上造紙，因而天下才用蔡侯紙。事在說文成書後之第六年。因此蔡倫對於紙，應當是改進的人，而不是始創的人。

勞榦論「中國造紙術的原始」，將上述各節條分印證，既詳且盡。此處不再辭贅。惟西漢時（蔡倫造紙以前）雖有簡單之方絮，可以爲書，但成品無多，用途不廣，可以推想。至賈逵傳中之簡紙經傳各一通，證明紙張可以抄書，但仍與竹簡並用，尚未達「紙張書寫經傳」之獨有時期。足證紙張雖有人能作，其成份及應用，均有問題?勞氏關於紙的發明，有三項假定：

一、早期的紙，是用絲絮黏成的，也就是所謂赫繺，在西漢晚年，已經有了。

二、在明帝時，經傳已經用紙來寫，這當然不是簿小紙的赫繺，而是赫繺以外的紙，很可能已經用絲以外的材料造紙了。

三、到和帝晚年，蔡倫爲尙方令，始採用魚網造紙之法。因此，造紙之法，更加進步。

上述假定，自然有其理由。惟蔡倫以樹膚、麻頭、魚網、敝布等四種物質作原料，在毫無科學知識的環境下，運思鑄巧，造意構想，終能順利成功，創製紙張，殊屬難能可貴。

當其奏聞時，必在其試製成功以後。而試製四種原料，爲時決非短暫。質料旣異，纖維不同，僅腐爛一事，卽須漫長時日。據著者在大陸製紙經驗，麥稭加灰浸水，最少需時一月，常有收麥後，浸稭水中，待收秋後撈出製紙，其浸水時間，常在三個月以上者。樹膚以楮爲上，纖維細白，麻絲如之，棉絮亦佳，不有長時浸潤，卽需高熱蒸煮，其原理在使纖維鬆疏拆散，形成漿液，以爲撈紙材料。四種原料，均予試用，其爲時之久，自在意中。泡製原料外，尙有多種手續，多種工具，均需密切配合，方抵於成。故其奏前之試製，亦須有一段漫長歲月。上述原料在今日高級紙張，仍爲極優材料，千八百餘年前，有此偉大造意，發明紙張，怎不令人敬佩。

造紙成功後，自是莫不從用，足證以前尙無可用之紙。縱有紙張，亦不適合普遍需要。蔡倫出身宦者，在古代門第，每被輕視。因其意匠造紙，便利社會，天下之人，譽之曰「侯」，稱爲「蔡侯紙」，其發明紙張，貢獻人類文化之功用，誠不可歿。

紙張一出，縑帛簡牘，同時廢去，價廉、質輕、易攜、便藏，一舉而具四善，誠有大功於天下後世也。

紙張風行後，書寫文書，固感便利。而民間祀禱神帖，陰陽曆書，以木版雕像，從事翻印，則頗爲流行。魏晉以至隋唐，佛教傳入，經典雕像倡行翻印，爰開以紙張助長印書之端。農曆節紀，字書小學相繼模仿，均用木板雕印。是紙張賴印刷以應用，印刷賴紙張以傳播，相需相成，互爲因應。紙張有助於印刷之進步也，不待智者而後知。

魏晉南北朝的書體雕刻

魏晉南北朝，爲中國書法藝術最燦爛的時代，南

漢晉木簡殘紙
圖卅一

北朝碑刻尤多。北魏在洛陽之龍門造像，滿山遍野，碑碣佛像，不下十餘萬種。其完好而譽爲代表者，爲

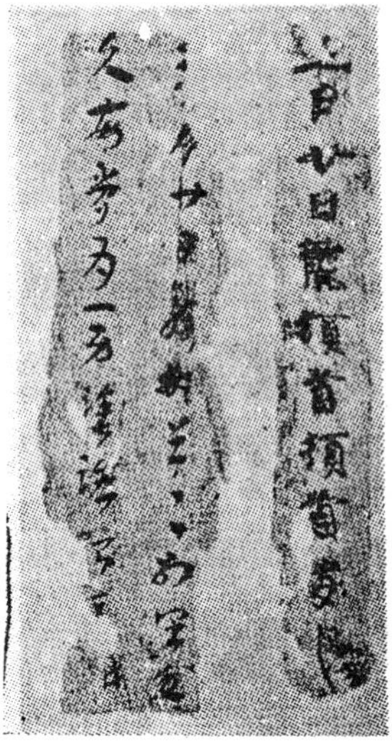

圖卅二　漢晉木簡殘紙

圖卅三　魏晉木簡殘刻

圖卌四

北魏洛陽龍門二十品之一

圖卌五

北魏洛陽龍門二十品之二

龍門二十品（註一）北朝書家，有張景仁、冀儁、趙文深、鄭道昭等（註二）清代包世臣、康有為，力倡碑學，著藝舟雙楫，及廣藝舟雙楫，以廣其說，尤推重北魏碑體，風靡一時。

漢代隸草始興，（註三）後漸變為楷書。（註四）鍾繇王羲之等，書名尤高。晉書猶稱羲之善隸，蓋晉唐時人，呼楷為隸。（註五）

晉人牋帖，峯握圓美，北朝石刻，字畫工妙，（註六）其用筆結體，或高渾簡穆，或峻拔宕跌。風傳石刻，如爨龍顏，鄭文公、石門銘、張猛龍，高貞等多種。

漢之隸書，有篆籀遺意，北派尚近，而南派則漸形遠離，故後魏，北齊、後周，與東晉、宋、齊、梁、陳之間，同異之端，由茲益著。北派用筆勁正，寓圓於方。南派易方為圓，趨於研媚。南派長於書帖，北派則長於書碑。蓋自魏晉以來，不僅有政治上之南北，而更有經術上之南北，且又有字學上之南北，洵本時代之詭觀也。

刻石之工，莫難於碑碣。魏晉以後，碑碣之制盛

圖卅六

北魏石門銘圖

圖卅七

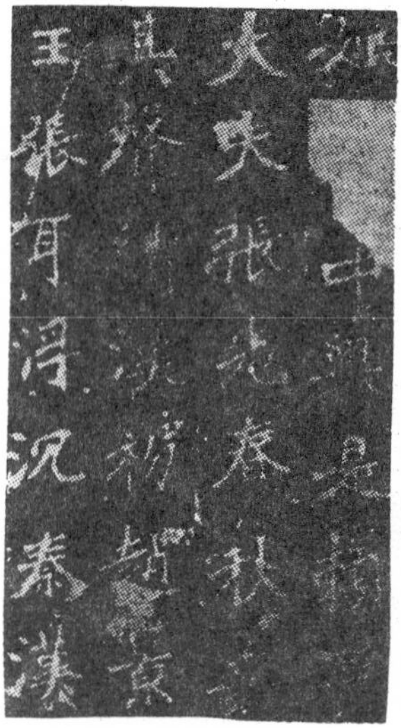

北魏張猛龍碑

圖卅八

魏高貞碑

行。南朝雖定立碑之禁，而不能久。瘞鶴之遺銘，井牀之殘字、千秋古色，尚照人間。其在北方，或爲寺石，或爲墓銘，或爲造像之文，或爲磨崖之刻。要其遺跡，俱堪寶貴。

而後魏之世，所樹碑碣，其數尤多。彫刻之工程，因時勢之需求，而大有進步。其技藝之精美，則遠勝於漢世也。（註七）

（註一）洛陽龍門山造像，約有十餘萬種。有文字者，亦二三千種。世所行者，凡二千種。但未能盡其中豐碑鉅製。每種書法，均多工整，氣勢益然，可爲臨池

鄭道昭碑　圖三十九

鄭道昭碑　圖四十

之助。清道咸間，滿人德林爲河南知府，書法素習北碑，名冠一時。趙撝叔從學，亦得書名。知府審擇龍門造像字跡，定爲二十品。作習北碑標準。其字結體方整勁拔，確屬佳品。茲附其目於後：

一、洛州刺史始平公造像記（太和十二年九月十四日）
二、長樂王邱穆陵亮夫人尉遲爲亡息牛橛造彌勒像（太和十九年十一月）
三、步輦郎張元祖妻一弗爲亡夫造像（太和二十年）
四、北海王元祥爲皇帝母子造彌勒像（太和廿二年九月廿三日）
五、都綰闕口遊激校尉司馬解伯達造彌勒像（無年月太和間）
六、輔國將軍楊大眼爲孝文皇帝造像（同上）
七、陸渾縣功曹魏靈藏二人等造釋迦像（同上）
八、前太守護軍長史雲陽伯鄭長猷爲亡父母等造彌勒像（景明二年九月三日）
九、比邱惠感爲亡父造彌勒像（景明三年五月四日）
十、新城縣曹秋生二百人等造像（景明五月廿七日）
十一、邑主高樹雄郍解伯都三十二人等造像（景明三年五月三十日）
十二、廣川王祖母太妃侯造彌勒像（景明四年十月七日）

十三、比邱法生爲孝文皇帝並北海王母子造像（景明四年十二月一日）

十四、安定王元燮爲亡祖親太妃等造釋迦像（正始四年二月中

十五、涇川刺史齊郡王祐造像銘（熙平二年七月廿日）

十六、比邱尼慈香慧政造窟一區記（神龜三年三月廿日）

十七、北海王國太妃高爲孫保造像（無年月）

十八、韓曳雲司徒端等共造優塡王北南龕像（無年月）

十九、比邱道匠住與妙因造像（同上）

二十、廣川王祖母太妃侯爲亡夫賀蘭汗造彌勒像（景明三年八月十八日）

（註二）「北史張景仁傳」幼以學書爲業，遂工草隸，選補內書生。及立文林館，總判館事。除侍中，封

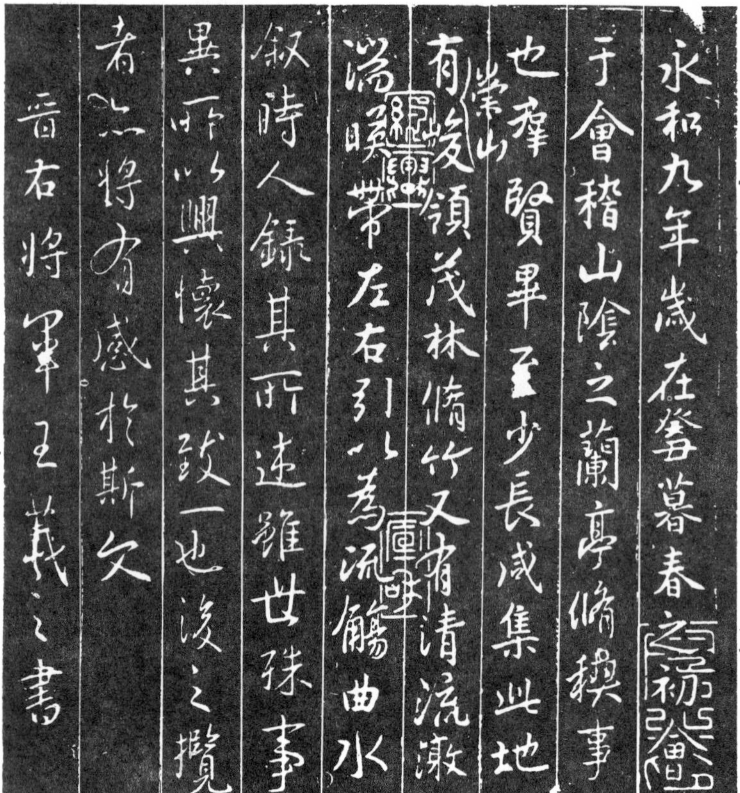
永和九年歲在癸丑暮春之初
于會稽山陰之蘭亭脩禊事
也羣賢畢至少長咸集此地
有崇山峻領茂林脩竹又有清流激
湍暎帶左右引以為流觴曲水
叙時人錄其所述雖世殊事
異所以興懷其致一也後之攬
者亦將有感於斯文
晉右將軍王羲之書

圖四十一　晉王羲之蘭亭序首尾

建安王自倉頡以來，八體取進，一人而已。

「同上冀儁傳」善隸書，特工模寫。

「同上趙文深傳」少學楷隸，雅有鐘王之則。筆勢可觀，當時碑牓，唯文深冀儁而已。

「葉昌熾語石」鄭道昭雲峯上下碑，及論經詩諸刻。上承公篆，其筆力之健，可以剸犀兕，搏龍蛇，而游刃於虛、全以神運，不獨北朝書家第一，自有書以來，一人而已。舉世歇名，稱右軍爲書聖，其實右軍書碑無可見，余謂道昭，書中之聖也。

（註三）「張懷素書斷」章草，漢黃門史游所作也。王愔云，漢元帝時，史游作急就章，解散隸體，漢俗簡惰，遂以行之。

（註四）「羅振玉流沙墜簡釋文」永和以降之竹簡，楷七隸三，魏景元四年間，則全爲楷書。

（註五）「晉書王羲之傳」羲之尤善隸書，爲古今之冠。子凝之亦工草隸。獻之工草隸。嘗書壁爲方丈大字，羲之甚以爲能。

（註六）「歐陽修集古錄」南朝士氣卑弱，書法以清眉爲佳。北朝碑誌之文，辭多淺陋。又多言浮屠。其字畫則往往工妙。

（註七）「章嶔著」中華通史第七章

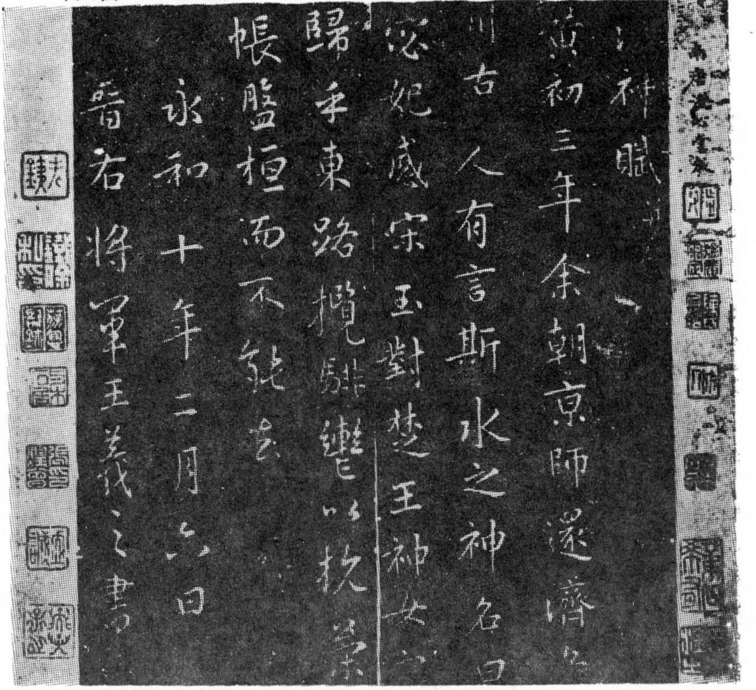

王右軍洛神賦　圖四十二

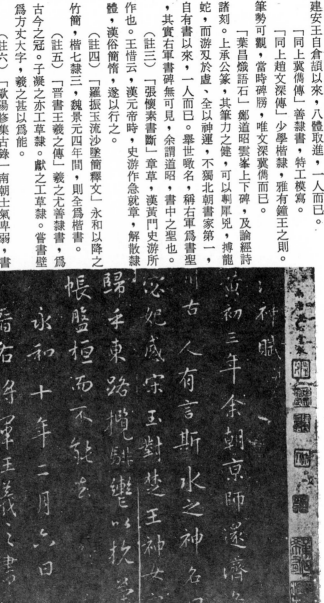

第三章　雕板印刷的成長（下）

隋唐碑書與雕刻

隋得天下，特重文敎，搜訪異本。每書一卷，賞絹一匹。及平陳以後，經籍漸備，內外閣中，凡三萬餘卷。煬帝卽位，秘閣之書，限寫五十副本。分成三品。妥爲藏貯。唐室藏書，別爲經史子集，其著錄者，五萬三千九百一十五卷。

隋唐之世，均置書學博士，書法遂極精進。隋朝碑帖，更爲古今書學家所讚譽。葉昌熾語石謂，隋碑上承六代，下啓三唐。由小篆八分，趨於隸楷，至是而巧力兼至。神明變化，而不離於規矩，誠古今書學一大關鍵也。

以書爲教，故善書者特多。著名書家，遂卓然各成家法，普通流傳文字，亦皆雅健渾穆。近世發現之敦煌經卷，多唐人書。雖其不經意之作，亦爲近世所鮮及。

隋以前碑無行書，以行書寫碑，自唐太宗晉詞銘始。開元以後，李北海蘇靈芝皆以此體擅長。草書亦至唐而盛。張旭懷素，並稱草聖。顏眞卿傳旭筆法。後人論書，歐虞褚陸，皆有異論。至旭無非短者。傳其法者，爲崔邈與顏眞卿。眞書行草，至顏則集篆籀分隸之大成。

我國雕刻文字，以雕刻甲骨爲最先，刻金刻石次之。秦代刻石樹碑，漢代雕刻木簡，隋唐雕板刻書。但均冗重艱難，不可名狀。自蒙恬改進毛筆，書於縑帛，蔡倫造紙，乃有書卷。然僅知鈔寫，遲滯費時。抽閱卷篇，甚爲不便。故非蘭台石室或王侯貴族之家，不能藏書。士人欲得一書而閱存，戛戛乎其難哉！

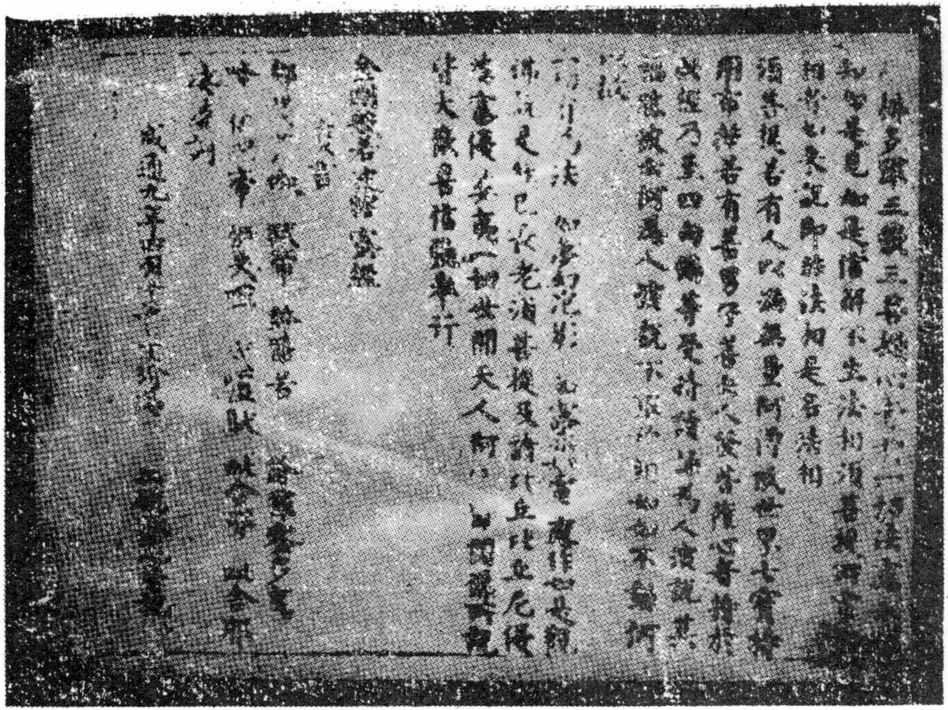

唐咸通九年（公元八六八）金剛經末頁雕印本　圖四十三

凡欲讀經先念淨口業真言一遍

脩唎　脩唎　摩訶脩唎　脩脩唎　娑婆訶

奉請除灾金剛　奉請辟毒金剛　奉請黃隨求金剛

奉請白淨水金剛　奉請赤聲金剛　奉請定除厄金剛

唐金剛經首頁雕印本「藏英倫博物院」　圖四十四

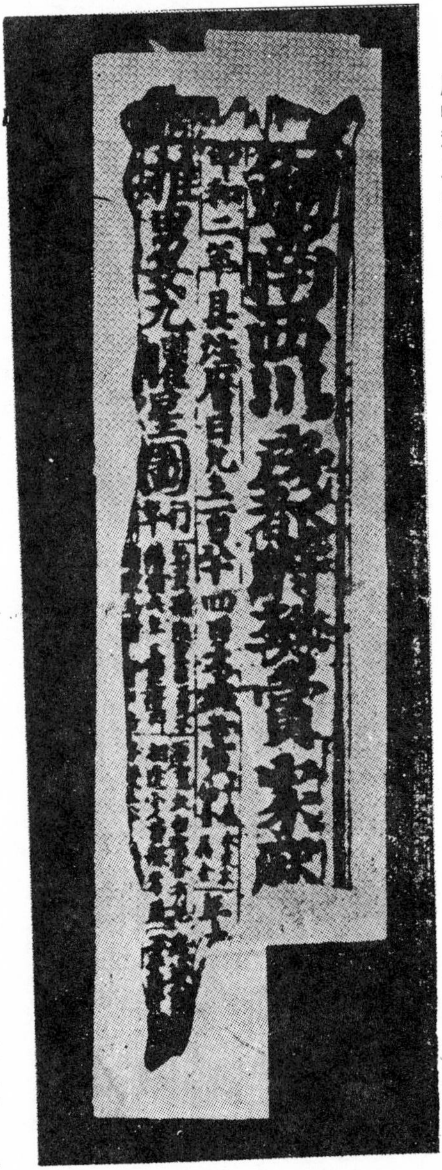

唐中和二年樊賞家刻曆書「藏英倫博物院」　圖四十五

書籍雕板，究起何時？有謂始自五代，有謂始自晚唐。衆說紛紜，莫衷一是。蓋雕板之始，必以雕字爲先導。由甲骨而金石，由竹簡而棗梓。相因相襲，沿變蛻化，結體既有損益，工具日益繁雜，輔以筆墨紙硯之發明改進，益以人羣進化之事實需要。累積多人之智慧技巧，雕刻木板，應運而生。

羅振玉考研秦瓦量，認爲文字精絕，每行二字，四字成一陽文範，合十範而成全文。謂古代刻字之術，發明甚早，并謂乃聚珍板之原始。活字板之濫觴。戈公振氏，研究印刷，亦認其說可信。（註一）

明陸深河汾燕間錄「隋開皇十三年十二月（公元五九三年）勅廢像遺經，悉令雕造。」爲我國書像有雕造之始。（註二）

又陸深金台紀聞有云：「毘陵人初用鉛字，視版印尤巧便。」（註三）

費長房歷代三寶記，亦謂隋代已有雕本。雕板肇始於隋，自屬信而有徵。

唐懿宗咸通九年，（公元八六八年）王玠爲其父母病，敬造「金剛般若波羅密經」普施。此爲唐代木刻印本，在敦煌石室所發現。現存於英國倫敦不列顛博物舘。玆略述其年代與款式如後：

五代觀音像印本　圖四十六

五代刻本毗沙門天王像　圖四十七

金剛般若波羅密經一卷，全書本文六頁。各頁接連黏爲一卷，成長幅手捲式。共長約十七英尺半，寬約十英寸半，每頁長約二尺半。紙質普通，顏色略白。首頁爲雕板印畫，釋迦佛座於正中蓮花座上。對其老徒弟須菩提長老作講話之狀。雕板印畫後，係雕板所印金剛經全文，乃鳩摩羅什所譯之文。經首冠以淨口業眞言，經末亦附印眞言。眞言後，有刋印年月日一行，文曰：「咸通九年四月十五日王玠爲二親敬造普施」。該經所刻文字，印成照片後，端楷清晰，精緻遒雅、墨色極爲顯亮。遠勝日本百萬塔陀羅尼經（爲七六四至七七〇年印本）。一千一百年前之印品，如此精美。無怪英人視爲瓌寶而珍藏。同時更可推知咸通以前，雕板印書之術，已早風行。（註四）

唐僖宗中和二年（公元八八二年），劍南西川成都府樊賞家曆殘本，亦藏英倫博物院。（註五）

唐丁酉年殘曆書，所附年表，自興元元年（七八四）起，下至乾符四年（八七七）止。爲唐僖宗年間印本。（註六）

唐憲宗長慶年間（公元八〇六至八二〇）白香山詩，頗受時人歡迎，常有模勒衒賣於市者。（註七）

唐司空圖（咸通年人）一鳴集九，載有東都敬愛寺講律僧惠確化募雕律疏。（註八）

唐僖宗中和三年（公元八八三年）柳玭家訓序癸卯夏，鑾輿在蜀之三年也。余爲中書舍人，旬休，閱書於重城之東南。其書多陰陽雜記，占夢相卜，九宮五緯之流。又有字書小學，率雕板印紙，浸染不可曉。（註九）唐代有刻板書，雖非經藉，但字書小學，陰陽宮緯之屬，亦可想知木雕印刷，已爲社會所普遍應用。

孫毓修著，中國雕板源流考，有「按唐時雕本，宋人已無著錄者。蓋經五季兵戈之後，片紙隻字，盡化雲煙。幾等於三代之漆簡，六朝之縑素，可聞而不可見矣。近有江陵楊氏，藏開元雜報七葉，云是唐人雕本。葉十三行，每行十五字，字大如錢。有邊線界欄，而無中縫。猶唐人寫本款式，作蝴蝶裝，墨影漫漶，不甚可辨。此與日本所藏永徽六年阿毘達磨大比婆婆論刻本，均爲唐本之僅存者。」戈公振按「雕板肇自隋時，唐刻留世絕少。祇我國之開元雜報與日本之陀羅尼經二本，甚爲版本家版所重視。余雖勤加訪求，未能一見之也。」（註十）

唐代邸報，有開元雜報爲木板印刷，且逐日出版。經緯集雜著類，載讀開元雜報文：「樵囊於襄漢間，得數十幅書，繫日條事，不立首末。其略曰：某日百僚行大射禮於安福樓南。某日皇帝自東封還，賞賜有差。某日宣政門宰相與百僚廷爭十刻罷。如此，凡數十百條。樵當時未知何等書，徒以爲朝廷近所行事。有自長安來者，出其書示之，則曰，吾居長安中，新天子嗣國及窮虜自潰，則見行南郊禮，安有藉田事乎？況九推非天子禮耶？又嘗入太學，見叢甓負土而起者。堂皇者，就視若石刻，乃射堂舊址，則射禮廢已久矣。國家安能行大射禮耶？自關以東，水不敗田，則旱敗苗，百姓入常賦不足，至有賣子爲豪家役者。吾嘗背華走洛，遇西戎還兵千人，縣給一食，力屈不支，國家安能東封？從官禁兵安能仰給耶？北虜驚嚙邊甿，勢不可控，宰相馳出責戰，尚未報功。況西關復驚於西戎，安有扈從事耶？武皇帝以御史竊議宰相事，望嶺南走者四人，至今卿士咋舌相戒。況宰相陳奏於仗乎？安有廷奏諍事耶？語未及終，有知書者自外來，曰，此皆開元政事。蓋當時條布於外者。樵後得開元錄驗之，條條可復云。然尚以爲前朝所行不當盡爲典墜。及來長安，日見條報朝廷事者，徒曰今日除某官，明日授某官，今日幸於某，明日畋於某。誠不類數十幅書。樵恨生不爲太平男子，及睹開元中事，如奮臂出其間，因取其書帛而漫志其末。」唐代人文，孫可之爲鉅擘。昌黎門下，首推斯人。是篇旣談時事，使聲相以俱下，有類今日報端之社論。此類雜報，在當時行銷狀況，可以推知。觀於上述，則知唐代開元雜報有賴雕板印刷，自屬必然之事。

（註一）「中國報學史」，（戈公振著）羅振玉唐金石文字跋尾（三十二頁）「秦瓦量乃山東濰縣陳氏所藏，以前金石家所未見。文字精絕，每行二字，每四字作一陽文範，合十範而印成全文，每範四周，必見方郭。觀此，知古代刻字之術，發明甚早。近人考中國經籍雕板，始於五代，不知三代時，已有雕穴也。又活字板始於宋之畢昇，至元代而益改良。今此量以四字範，多數排印，而成全史。此實是聚珍板之原始，可見古代文明開化之早。」戈公振按：陳氏所藏秦瓦量拓本，曾印入神州國光集中，每四字之周，確見凹文方郭。羅氏謂爲活字版之濫觴，其說可信。

（註二）「中國雕板源流考」（孫毓修著）

（註三）「唐會要」（宋王溥著）序言

(註四) 一、「敦煌學概要」(蘇瑩輝著) 第六十一頁。
二、「印刷學」(史梅岑著) 第十六頁。
三、「照相製版與平版印刷」(楊暉著) 增訂上冊第八頁。
(註五、六)「敦煌學概要」(蘇瑩輝著) 第六十一頁。
(註七、八、九)「書林清話」(清葉德輝著) 第十八頁。
(註十)「中國報學史」(戈公振著) 第二十九頁。

印章摹拓與雕板印刷

古代先有印章，繼有摹拓，傳之既久，爰有木板雕刻。是印章摹拓，乃雕刻印刷之先河。簡述其演變如次：

印以昭信，從爪從卩，用手持節，以示信也。三代始之，秦漢盛之，六朝文有朱白，唐宋迄今，體制益形繁雜。

璽，即印也。上古諸侯大夫通稱。秦始皇作傳國璽，故天子稱璽。漢晉而下，自傳國璽外，各篆有璽。其文不一，應用範圍，漸趨廣汎。

章，亦印也。疊文成章曰章。漢列侯承相大尉，前後左右將軍黃金印龜紐文曰章。

漢印，概因秦制而變其摹印篆法。魏晉印章，仍本漢制，間有改易，相去無多。六朝印章，作朱白文，印章之變，則始於此。

摹印篆漢八書之一，以平方正直爲主。多減少增，不失本義。近隸而不用隸之筆法，其佳者，每極絕妙。

璽印之始，原以取信。秦漢書柬間，止用名印，後有用某人言事，某人啓事，某人白牋，某人言疏等字者。是印章於署名以外，加入言事矣。璽印必有印泥，優良印泥，印量既多，久不褪色。且愈久而印色仍甚光亮。爲摹拓碑帖之嚆矢。

通典以印爲三代之制，人臣皆以金玉爲印，龍虎爲紐，其文未考。或謂三代無印，非也。周書曰，湯放桀，大會諸侯，取璽置天子之座，則其有璽印明矣。虞卿之棄，蘇秦之佩，豈非周之遺制乎？

秦漢時代，對印璽雖有損益，但仍極爲重視。秦之印章，少易周制，皆損益史籀之文，但未及二世，其傳不廣。漢因秦制，而變其摹印篆法，增減改易，制度雖異，實本六義，古朴典雅，莫外乎漢矣。

印之鑄法有二：一曰翻沙，二曰撥蠟。翻沙以木爲印，覆于沙中，如鑄錢之法。撥蠟以蠟爲印，刻文製紐於上，以焦塗之，外加熱泥，留一孔令乾，去其蠟，以銅鎔化之，其文法紐形制俱精妙，辟邪獅獸等紐，多用撥蠟。

刻印之法，有以刀雕刻者，有以鎚鑿成者。以刀刻者，謂之刀法。刀法者，運刀之法，心手相應，自得其妙。然文有朱白，印有大小，字有稀密，畫有曲直，不可一概率意。當審去住浮沉，婉轉高下，則運刀之利鈍。如大則股力宜重，小則指力宜輕，粗則宜沉，細則宜浮，曲則婉轉而有筋脈，直則剛勁而有精神。勿涉死板，應機警活用，自得其妙矣。以鎚鑿印者，成之甚速。其文簡易有神，不加修飾。意到筆不到，名曰急就章。軍中急于封拜，故多採用此法，以期利便。

刻印復有篆法，章法及筆法，運配得當，方期完美。蓋印之所貴者文，篆法尚焉。文之不正，雖刻龍鐫鳳，無爲賞奇。倘作者不究心於篆而工意於刀，惑也。如各朝之印，當宗各朝之體，不可溷雜其文，以更改其篆。近於奇怪則非正體，不可不察也。

章法者，須布置成文。印欲其妙，務須準繩古印。明六文八體，字之多寡，文之朱白，印之大小，畫之稀密，當本乎正。使相依顧而有情，一氣貫串而不悖，始克臻于善美。

筆法者，因篆故有體而豐神流動，莊重典雅，俱在筆法。然有輕有重，有屈有伸，有仰有俛，有去有往、有粗有細，有強有弱，有疎有密。此數者各中其宜，始得其法，否則一涉于俗，卽愈改而愈不得其妙矣。

古代印章，各有其體。故得稱佳尙，每忌作巧弄奇，以涉于俗而失規矩。如詩之宗唐，字之宗晉，謂用其正也。印如宗漢，則不失其正矣。（以上採自甘暘印章集說）

摹印傳燈卷上，印章源流，自秦璽而下，始有印章之制，多以銅鐵爲之。其法有二，有鑄印，有鑿印。鑄印之法，以蠟爲模而鑄銅于其中，此古之所謂刻蠟也。鑿印者軍中授職，戎馬倥偬，何暇及此，始以銅爲印形而施之以斧鑿，此鑿印之所由昉也。故鑄印多整齊，而鑿印多潦草，鑄印之文多粗，鑿印之文多細。鑄印如君印侯印是也。鑿印如將軍印將印是也。

關于刀法，刻法，摹印傳燈卷上，論述頗詳。其刀法略謂，立刀直入石，使鋒芒兩面齊，謂之正入刀。一面側入石，謂之單入刀，兩面側入石，謂之雙入刀。一刀去復一刀，謂之複刀。一刀去復一刀來，謂之反刀。疾送不回，謂之飛刀。將放而忽止，謂之挫刀。輕舉不凝重，謂之輕刀。藏鋒不露，謂之伏刀，亦謂之埋刀。平若帖地，謂之覆刀。直下不轉旋，謂之切刀。行而不知，謂之舞刀。欲行不行，謂之澀刀。徘徊審顧，謂之遲刀。以上十四說，皆初入也。留刀者先具章法，逐字完刻。補刀者短長肥瘦，修飾都匀。復刀者一刀不至，而再復之。衝刀者文不渾雄，使之一體。平刀者平正其下，使無參差。以上五法，皆整齊之事也。

其論刻法，則曰，篆刻家寧刻硬，毋刻輭。石中之最好刻者，凍石也。最難刻者，廣東之綠粉石也。古印以銅鐵金玉，取其性堅故也。如水晶車渠兕角象牙，皆以其堅，自王冕以花乳石作印，而攻堅者鮮矣。

又曰，漢有摹印篆。其法只是方正篆法，與隸相通。後人不識古印妄意盤屈，且以爲法，大可笑也。多見故家藏漢印，字皆方正，近乎隸書卽摹印篆也。王俅嘯堂集古錄所載古印，正與相合。凡屈曲盤回，唐篆始如此。今碑刻有顏魯公官誥，倘書省印可考其說。

以上所述印章雕刻，必須注意章法筆法及刻法刀法，則其研考之精，已爲歷代人士所重視。基於此種刀刻之法，自與木板雕刻，極爲相近，觸類旁通，爲形成木板印刷之前身自屬可能。以下再述碑拓。

拓與搨通，由摹擬演變而來。紙張發明後，抄書寫字，均甚便利。名家碑帖之流佈，愈有需要。鈐印之法，用諸搨碑，自屬極有可能。摹拓之興，殆始於此。

摹拓古碑帖之本曰搨本，搨亦卽拓，故亦稱拓本。用白紙醮濃墨拓之，色黝黑而浮光，可鑑人者，曰烏金拓。用極簿紙張，以淡墨輕拓，不和油臘，望之如淡雲籠月者，曰蟬翼拓。其拓印最初者，字跡存眞，曰初拓本。凡以朱紅色者，曰朱拓本。

古代名家碑帖，歷年遠而裱數多。其墨濃者，堅若生漆。以手揩之，纖毫無染。兼之摩弄積久，紙面光彩如硏，古意盎然。故面舊而背新。其側勒轉摺處，並無沁墨水跡浸染字法。且有一種異香發於紙墨之外。質薄者揭之，堅而不裂，以受糊多耳。厚者反破裂莫舉，以年遠糊重紙脆故也。

拓碑之法，紙張墨色，均須注意，而字法，刻法，敲手，揭法，均對拓帖之良否，有莫大影響，不可忽視也。

摹拓之法旣行，碑帖金石文字，賴以傳播，初則眞跡獲存，神氣活現。傳之旣久，復有翻摹贋品。翻摹拓打，衍成書估專業。愈久之蘭亭印本，其去眞則愈遠。

魏晉以降，旣有印章流行，復有拓帖傳播，輾轉翻復，供人使用，均能予雕刻木板以先導之啓示。蓋印鈐字，無異木板雕印之縮影，且與木板雕刻，如同出一源。摹拓法帖，泱泱大幅，黑白旣極分明，神韻又逞清暢。印章鈐字，小於雕鐫木刻，拓摹碑帖則較木板爲大。印章須用力壓捺，拓帖則用力敲打。印拓之紙，雖較木板或大或小，但在用之既久久則思變之原理下，出現木雕印板，自在想像之中。吾故曰，印章拓摹，乃木板雕刻印刷之先河也。

五代雕刻經傳

雕板肇祖於隋，行於唐世，到五代刻印經傳，對文化貢獻極大。後唐長興三年二月，（公元九三二年）初刻九經印板。至後周廣順三年（九五三）完成。此一印板雕造，共歷四朝七主廿二年，雖在變亂之中，仍能完成偉大經板，可知創始之不易也。

按宋王溥五代會要卷八經籍篇，後唐明宗長興三年二月，中書門下奏，請依石經文字，刻九經印板。勅令國子監集博士儒徒，將西京石經本，各以所業本經，廣爲抄寫，子細看讀。然後雇召能雕字匠人，各部隨帙雕刻印板。廣頒天下。如諸色人要寫經書，並須依所印勅本，不得更使雜本交錯。其年四月，敕差太子賓客馬縞，太常丞陳觀，太常博士段顒，路航，尙書屯田員外郎田敏，充詳勘官，兼委國子監於諸色選人中，召能書人，端楷寫出，旋付匠人雕刻，每日五紙，與減一選。如無選，可減等第。據與改轉官資。

舊五代史有：「後唐明宗長興三年，宰相馮道，李愚，請令判國子監田敏，校正九經，刻板印賣」。又後漢書隱帝紀，乾祐元年五月（公元九四八年）已酉朔，國子監奏。周禮，儀禮，公羊，穀梁四經未有印板，今欲集學官，校勘四經文字鏤板，從之。

又後周廣順三年六月（公元九五三年）尙書左丞兼判國子監事田敏，進印板九經書，五經文字，九經字樣各二部，一百三十册。

田敏所進書表，册府元龜記有：「臣等自長興三年，校勘雕印九經書籍，經注繁多，年代殊邈，傳寫紕繆，漸失根源。臣等守官膠庠，職司校定。旁求援據，上備雕鏤，幸遇聖朝，克終盛事。播文德於當代，傳世教以無窮。謹具陳進。」

王應麟玉海藝文部：「開運元年三月（石晉年號公元九四四年）國子監祭酒田敏，以印本五經字樣二部進，凡一百三十册。」

五代會要：後周顯得二年二月（公元九五二年），中書門下奏，國子監祭酒尹拙，狀稱准勅校勘經典釋文三十卷，雕造印板。欲請兵部尚書張昭，太常卿田敏同校勘，敕其經典釋文，已經本監官員校勘外，宜差張昭田敏詳校。

王明清揮塵錄，蜀毋相公，蒲津人，先爲布衣，嘗從人借文選初學記，多有難色。公嘆曰。恨余貧不能力致，他日稍達，願刻板印之。庶及天下學者。後公果貴顯於蜀，乃命工日夜雕板，印成二書。復雕九經諸史，西蜀文字，由此大興。及蜀歸宋，豪族以財賄禍其家者什八九。會藝祖好書，命使盡取蜀文集諸書印本歸闕，忽見卷尾有毋氏名，以問歐陽炯，炯曰，此毋氏家錢自造。藝祖甚悅。卽令以板還毋氏。是時其書徧於海內。初在蜀雕印之日，衆嗤笑，後家累千金子孫食祿，嗤笑者往往從而假貸焉。左拾遺詳言其事如此。

又：「後唐平蜀，明宗命太常博士李鍔書五經，倣其製作，刋板於國子監。明清家有鍔書五經印本存稿。後題長興二年也。」

柳詒徵中國文化史：「度其情勢，似以蜀中刻板爲早。自唐季及五代，時時有雕板印書者。」

洪邁容齋隨筆：「予家有舊監本周禮。其末云，大周廣順三年癸丑五月雕造九經畢，前鄉貢三禮郭嵠書。列宰相、判監李穀、范質田敏等銜名於後。經典釋文末云：顯德六年已未三月（公元九五九年）太廟室長朱延熙書。宰相范質、王溥如前、而田敏以工部尙書爲詳勘官。此書字畫端嚴有楷法，更無舛誤。成都石本諸經，毛詩，儀禮、禮記，皆秘書省秘書郎張紹文書。周禮者，校書省校書郎孫鳴古書。周易者，國子博士孫逢吉書。尙書者，校書郎周德政書。爾雅者，簡州平泉令張德紹書。題云：廣政十四年。蓋孟昶時所鐫，其字體亦精謹。兩者並用士人筆札，猶有正觀遺風，故不庸俗，可以傳述。唯三傳至皇祐方畢工，殊不逮前。」

孫毓修按世傳蜀大字本爾雅，亦有「將仕郎守國子四門博士臣李鶚書」一行。自中原板蕩，南渡以後，傳本已稀。故家往往有之，學者已不易見矣。

五代雕印九經，以長樂老人馮道，最爲致力。但謂雕板肇自馮道，則不足置信。五代時雕印之風，各地均有。蜀地毋昭裔，廣印經史文選，已如前述。復有和凝其人，篆板模印，分惠時人。近代敦煌石室所出唐韻切韻，均係五代細書小板刋本，爲法人伯希和收去。今仍珍藏巴黎圖書舘，爲舉世公認之印刷珍本。

雕板印書的成長，與漢魏雕刻石經，六朝石刻佛像佛經，唐開元間石刻道德經等，均有前因後果的關係。自佛老流行以後，石經雕像，逐漸發達，同時印章雕刻之風，秦漢至唐，亦甚流行，自會觸類旁通，想到木板雕印。且自中唐以後，模印風行。語體詩章，卜醫雜占及字書小學等印刷出現。此乃先有實體物的啓示，而後有進一步推想與發明。五代經傳之雕印，由來漸也。

第四章 宋代雕刻板與活字板

宋代書籍的雕印

北宋初時，雕板印書雖已風行，但每先佛藏而後儒書。宋太祖開寶四年（公元九七一年）。勅高品張從信往益州雕大藏經板。至太宗太平興國六年（公元九八一），板成。印成書籍。凡四百八十一函，五千四十八卷。（註二） 歷時十一年，完成此十三萬餘頁之鉅籍，可以推知雕板印刷，宋初已甚盛行。

王應麟玉海藝文部：「端拱元年三月（宋太宗年號，時爲公元九八八年）司業孔維等，奉勅校勘孔穎達五經正義八十卷。詔國子監鏤板行之。易則維等四人校勘，李說等四人詳勘，又再校，十月板成以獻。書亦如之。二年十月以獻。春秋則維等二人校，王炳等三人詳校，邵聲隆再校，淳化元年（公元九九〇）十月板成。詩則李覺等五人再校畢道聲等五人詳勘，孔維等五人校勘，淳化三年壬辰四月以獻。禮記則胡迪等五人詳校，紀自成等七人再校，李至等詳定，淳化五年五月以獻。是年刋監李至，言義疏釋文，尚有舛訛，宜更加刋定。杜鎬，孫奭、崔頤正、苦學强記，請命之覆校。至請命禮部侍郎李沆，校理杜鎬，吳淑，直講崔渥佺，孫奭，崔頤正校定。咸平元年正月丁丑（宋眞宗年號公元九九八年），劉可名上言，詩經板本多誤。上令頤正詳校，可名奏詩書正義差誤事。二年奭等改正九十四字。又上命祭酒邢昺代領其事，舒雅，李維，李慕清，王渙，劉士元預焉。五經正義始畢。」

又周顯德中二年二月，詔刋序錄，易，書，周禮，儀禮四經釋文，皆田敏，尹拙，聶崇義校勘。自是相繼校勘禮記，三傳，毛詩音等。建隆三年（宋太祖年號公元九六二年）判監崔頌等，上新校禮記釋文。開寶五年（公元九七二年）判監陳鄂與姜融等四人、校孝經，論語，爾雅釋文。上之。

宋版論語註疏　圖四十八

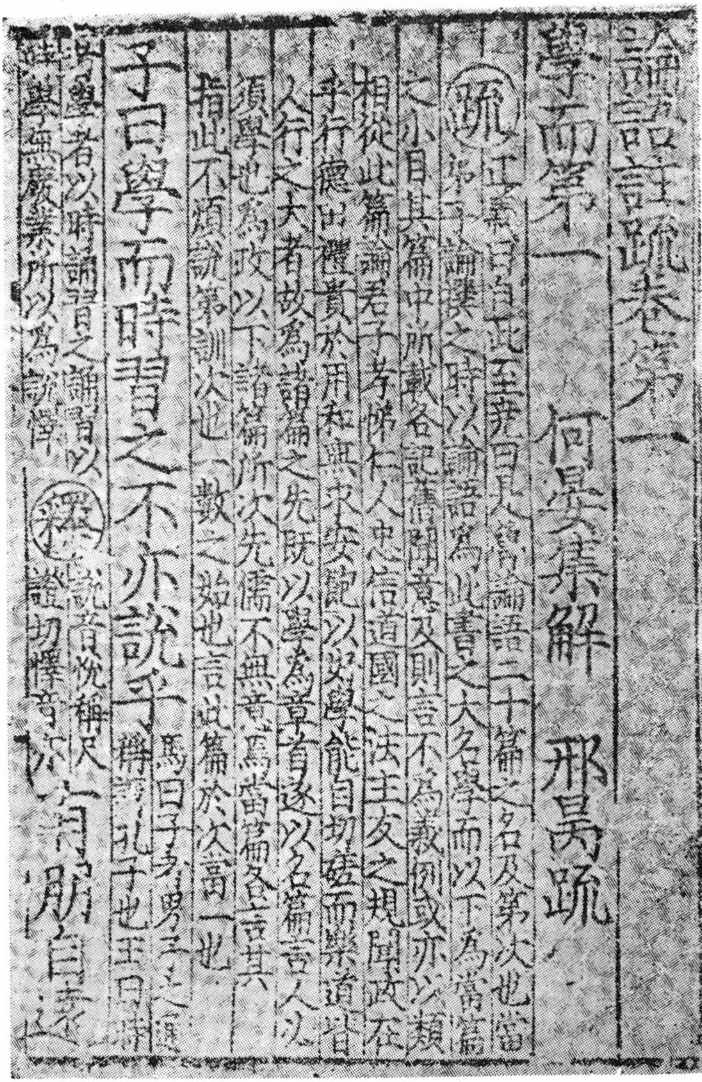
論語註疏卷第一

學而第一　何晏集解　邢昺疏

疏 正義曰自此至堯曰是魯論語二十篇之名及第次也當弟子論撰之時以論語為此書之大名學而以下為當篇之小目其篇中所載各記舊聞意及則言不為義例或亦以類相從此篇論君子孝弟仁人忠信道國之法主友之規聞政在乎行德由禮貴於用和無求安飽以好學能自切磋而樂道皆人行之大者故為諸篇之先既以學為章首遂以名篇言人之須學也為政以下諸篇所次先儒不無意焉當篇各言其指此不煩說第訓次也一數之始也言此篇於次當一也

子曰學而時習之不亦說乎　馬曰子者男子之通稱謂孔子也王曰時者學者以時誦習之誦習以時學無廢業所以為說懌

釋 說音悅稱尺證切懌音亦

有朋自

又淳化五年七月，詔選官分校史記，前後漢書。杜鎬，舒雅、吳淑、潘謨修校史記。朱節再校、朱

節、陳充、沈思道、尹少連、趙況、趙安仁，孫可名校前後漢書。（註二）

又咸平三年十月（公元一〇〇〇年）校三國志、晉，唐書，五年畢。乾興元年十月辛酉，校定後漢書三十卷。天聖二年六月辛酉，校南北史隋書，四年十二月畢。嘉祐六年八月校梁陳等書鏤板，七年冬始畢。八年七月陳書始校定。（註三）孫毓修考證，認此爲嘉祐校刋諸史。王應麟曾謂「唐書將別修，不刻板。」陸心源皕宋樓藏書志，有宋嘉祐杭州刋本新唐書。前有嘉祐五年六月曾公亮進書表，則唐書實同時刋行，王氏以其不在國監，故未及之。宋時官本書籍，紙堅字軟，筆畫如寫，皆有歐虞法度，避諱謹嚴，開卷一種書香，自生異味。欽定天祿琳瑯：「書籍刋行大備，要自宋始。校讎鐫鏤，講究日精。」故今之言雕本者，極重宋板，而監本尤可貴。

刻板之法既倡，較鈔寫自爲便利。但須按書雕板，無法靈活運用。爰有倡活字排板之法，俾雕刻一字後，任意排用。省工省時，人人稱便。下章詳予縷述。

刻書多而書肆興，既有官刻板本，復有家塾刋刻。亦有坊本自刻自賣者。因此，宋時書肆，極爲興隆。玆略述如次：

一　官刻書籍

宋代司庫州軍郡府縣書院，均有刻板。其官書最有名者，爲國子監本。歷朝所刻經史子部，見於諸家書目者，不可勝數。此外有：崇文院本，咸平，天聖、寶元年間，均有刋刻。又有秘書監本，德壽殿本，左廊司局本，兩浙東、西路茶塩司本，福建轉運司本，漳州轉運司本，建安漕司本，福建漕司本，荆湖北路安撫使司本，湖北茶塩司本，廣西漕司本、西浙東路安撫司本，浙東庾司本，浙右漕司本、浙西提刑司本、江東倉台本，江西計台本，江西漕台本，淮南漕廨本，廣東漕司本，江東漕院本，江西提刑司本，公使庫本，州軍學本，郡齋本、郡庠本、郡府學本，縣齋本、縣學本、學宮本、學舍本、大醫局本，書院本、祠堂本等。各本雕刻精緻，元明多有翻刻。其槧本流傳至今者極尠。歷代收藏家視若瓌寶，可知當日官師合力，倡導之鼎盛也。

其屬州府縣者，又有江寧府本，杭州本、明州本、溫陵州本、吉州本、紹興府本，臨安府本，平江府本，餘姚縣本，鹽官縣本，眉山本等。此類板本，大抵以江浙為多，蓋亦爾時官刻也。(註四)

宋會要崇儒部，設官勘書、宋朝歷代均甚重視。太宗淳化五年（公元九九四年），校勘史記漢書，在杭州鏤板。眞宗咸平年間（公元九九八至一〇〇三年），選杜鎬戚綸劉鍇等校勘三國志，晉書、唐書，並由國子監鏤板印行。

天禧四年（公元一〇二〇年），雕印四時纂要，齊民要術，並頒行諸道，以勸農桑。

乾興元年（公元一〇二二年）判國子監孫奭言劉昭，補注後漢志三十卷。蓋范曄作之於前，劉昭述之於後，始因亡逸，終遂補全。其於輿服職官，足以備前史之闕，乞令校刻雕印頒行。

仁宗天聖二年（公元一〇二四年），飭國子監校勘南北朝史，隋書，及册府元龜等並雕板印書。

淳熙四年（公元一一七七年）詔臨安府校正開雕聖宋文海，專委祕書郎呂祖謙主持之。祖謙以書坊所刊文海本，去取未精，名賢高文大册，尚多遺落，乞一就增損。仍斷自中興以前銓次。庶几可以行遠，從之。

二　家塾刻書

宋代家塾刻本，亦甚繁多。揮麈錄蜀相公毋守素性好藏書，首為之倡。宋史、毋守素性好藏書，在成都令門人句中正(註五)孫逢吉書文選，初學記、白氏六帖鏤板，守素齎至中朝，行於世。葉昌熾藏書紀事詩：「蜀本九經最先出，後來孳乳到長興、蒲津毋氏家錢造、海內通行價倍增。」嗣後塾刻最著者，如相台岳珂刻九經三傳。眉山程舍人家刻東都事略。永嘉陳玉父刻玉台新詠。寇約刻本草衍義，崔尚書宅刻北磵文集。祝穆刻方輿勝覽。皆非率爾雕印者。其他則有，蜀廣都費氏進修堂，刻大字本資治通鑑。臨安孟琪姚鉉文粹。京台岳氏慶曆六年新雕詩品三十卷。建邑王氏刻史記索隱。建安蔡子文刻邵氏擊壤集。麻沙劉仲吉刻新唐書。建溪蔡夢弼刻史記，武溪游孝恭刻三蘇文粹。廉台田家，刻台州公使庫本顏氏家訓。建安陳彥甫家塾，刻宋名賢四六叢珠。梅山蔡建侯家塾，刻陸狀元集百家注及資治通鑑詳節。建安黃善夫，刻史記正義。劉元起家塾，刻後漢書。魏仲舉家塾，新刊五百家注音辨昌黎先生文集。吉州周少府，刻文苑英華。祝太傅宅，刻祝穆方輿勝覽前後集及續集拾遺。劉叔剛宅，刻禮記注疏。王桂堂刻宋人選靑賦箋。曾氏家塾刻近思錄。虞氏家塾刻老子道德經。姑蘇鄭定，刻重校添注柳文。錢塘王叔邊家，刻前後漢書。婺洲唐宅，刻周禮鄭注。義烏蔣宅，刻巾箱本禮記。王宅刻三蘇文粹。其他家塾私刻，名目極爲繁多。私人刻書印刷，可謂盛極一時。

三　坊本

雕刻印賣，始於唐季，至宋而極盛。趙希鵠洞天清祿集：「鏤板之地有三：吳、越、閩。」是也。胡應麟經籍會通：今海內書，凡聚之地有四：燕市也，金陵也，閶闔也，臨安也。閩，楚、滇、黔，則余間得其梓。秦、晉、川、洛，則余時友其人。輦下所雕者，每一當浙中三，紙貴故也。越中刻本亦希，而其地適當東南之會，文獻之衷，三吳七閩，典籍萃焉。吳會金陵，擅名文獻，刻本至多。鉅冊類書，咸會萃焉。自本坊所梓外，他省至者絕寡。燕中書肆，多在大明門之右，禮部門之外及拱宸門之西。武林書肆，多在鎭海樓之外，湧金門之內及弼教坊，清和坊，皆四達衢也。金陵書肆，多在三山街及太學前。姑蘇書肆，多在閶門外及吳縣前，書多精整，率其地梓也。」

又：凡刻書之地有三：吳也、越也，閩也。蜀宋本稱最善。近世甚稀。燕、粵、秦、楚，今皆有刻，類自可觀，而不若三方之盛。其精吳爲最，其多閩爲最，越皆次之。其直重，吳爲最。其直輕，閩爲最，越皆次之。

孫毓修按：宋時書肆，有牌子可考者，如王氏梅溪精舍，魏時仁寶書堂，李岩書堂，建邑王氏世翰堂，建安鄭氏宗文堂，建寧府王八郎書舖，獨建安余氏創業於唐，歷宋元、明未替，爲書林之最古者。（註六）

劉聲木著萇楚齋有：書賈多文人，其最烜赫者，在北宋有穆修其人。家有唐本韓柳文，鏤板行世。設肆售之，自座其旁。約有能句讀者，即贈一部不索值。撰穆參軍集三卷，附錄一卷。其古文開先宋之先，有功於藝林甚偉。

（註一）柳詒徵中國文化史一九七頁
（註二）孫毓修中國雕板源流考
（註三）孫毓修中國雕板源流考八頁
（註四）世界書局版書林清話卷三
（註五）孫毓修中國雕板源流考五頁
（註六）世界書局版書林清話四十三頁

宋代杭州學院公署之鏤版

北宋臨安府學，對書版刻印，極爲重視。臨安府志：府舊學在府治之南，子城通越門外。元祐年間

（一〇八六）杭州知府熊本、蘇軾，乞賜書版。按文忠公奏狀云：

「伏見本州州學，見管生員二百餘人。及入學參假之流，日益不已。蓋見朝廷專用儒術，更定貢舉條法，漸復祖宗之舊。人人慕義，學者日衆。若學糧不繼，使至者無歸，稍稍引去，甚非朝廷樂育之意。前知州熊本曾奏，乞用廢罷市易務書版賜與州學，印賃收錢，以助學糧。或乞賣與州學，限十年還錢。今蒙指揮，只限五年。見今轉運司差官重行估價，約一千三百餘貫。若依限送納，即州學歲納二百六十貫。五年之間，深爲不易。學者旦夕闕食，而望利於五年之後，何補於事。而朝廷歲得二百六十貫，如江海之增損涓滴，了無所覺。徒使一方士民，以爲朝廷旣已捐利於民，廢罷市易務所放欠負，動以百萬計。農商小民尙蒙聖澤，莫知紀極，而獨於此飢寒素儒之士，惜毫末之費，猶欲以此追收市易之息，流傳四方，爲損不少。此乃有司出納之吝，而非朝廷寬大之政也。臣以侍從，位備守臣。懷有所見，不敢不盡。伏望聖慈，特出宸斷，盡以市易書版賜與州學。更不估價收錢。所貴稍服士心，以全國體。議錄奏聞，伏侯勅旨貼黃。臣勘會市易務元造書版，用錢一千九百五十一貫四百六十九文。自今日以前所收淨利，已計一千八百九十九貫九百五十七文。今若賜與州學，除已收淨利外，只是實破官本六十一貫五百一十二文。伏望詳酌施行。」近代新唐書尙有傳本，餘則著錄家罕有言及者。究不知當日刻書，究有若干種。（採自武林藏書錄卷首）但亦可想見蘇氏對雕印書版之熱心。

朝野雜記，中興館閣書目者，孝宗淳熙中所修也。高宗始渡江，書籍散佚。紹興初，有言賀方回子孫鬻其故書於道者。上命有司悉市之。時蕪湖縣僧有蔡京所寄書籍，因取之以實三館。劉季高爲宰相掾，又請以重賞訪求之。五年二月，尙書兵部侍郎王居正言，四庫書籍多闕，乞下諸州縣，將已刋到書版，不論經史子集小說異書，各印三帙赴本省。係民間者，官給紙墨工賃之直。從之。九月，大理評事諸葛行仁獻書萬卷於朝。詔官一子。十三年初，建秘閣，又命紹興府借陸賓家書繕藏之。十五年，遂以秦熺提舉秘書省，掌求遺書，至是數十年，所藏益充牣。及命館職爲書目，其綱例皆倣崇文總目，凡七十卷，陳騤領其事。淳熙十三年九月，秘書郎莫叔光上言，今承平滋久，四方之人，益以典籍爲重。凡搢紳家世所藏善本，外之監司郡守搜訪得之。往往鋟版以爲官書。然所在各自版行，與秘府初不相關，則未必其書非秘府之所遺者也。乞詔諸路監司郡守，各以本路本郡書目解發至秘書省。聽本省以中興館書目點，如見得有未收之書，卽移文本處取索印本，庶廣秘府之儲，以增文治之盛。有旨令秘書省將未收書籍，徑自關取。今中興館閣書目十卷，乃淳熙四年陳騤撰，李燾序。續錄十卷，嘉定三年館閣重編。其後次第補錄，迄於咸淳。然今所傳者，非完書也。按直齋書錄解題有秘書省闕書目一卷，亦紹興改定。其闕者注闕字於逐書之下。淸丁申謂，今所傳鈔者，凡二卷。計書三千八百餘種。考館閣錄，秘書省石渠，在秘閣後道山堂前。東廊圖書庫秘閣書庫經庫，西廊秘閣書庫印版書庫編修會要所。北爲印書作（卽今日所稱之印刷所）秘閣書庫儲藏諸州印版書六千九十八卷一千七百二十一册。

又咸淳臨安志，秘書省書庫，日歷會要庫各一，經史子集書籍庫六。分列於右文殿外東西兩廡。又有書版庫在著庭之右。據此，可見南宋百五十年典籍之概略。

南宋雕板的興盛

雕刻印書，到南宋更爲興盛。其國子監本，且公開定價出售。如北宋本說文解字後，有雍熙三年中書門下牒徐鉉等新校定說文解字。牒文有其書宜宣付史館。仍令國子監雕爲印板，依九經書例，許人納紙墨錢收贖等語。南宋刻林鉞漢雋，每部二册，見賣錢六百文足。印造用紙一百六十幅，碧紙二幅。賃板錢一百文足。工墨裝背錢一百六十文足。又題云，善本鋟木、儲之縣庠。且藉工墨盈餘爲養士之助。又大易粹言一部計二十册，合用紙數印造工墨錢下項。紙副耗共一千三百張。裝背饒靑紙三十張。背靑白紙三十張。櫻墨糊藥印背匠工食等錢共一貫五百文足。賃板錢一貫二百文足。本庫（舒州公使庫）印造見成出賣。每部價錢八貫文足。其他官刻板本，種類繁多，不勝枚舉。

南宋補修監本，亦甚繁劇。淳化中，以史記，前後漢書，付有司摹印。自是書籍刋鏤者益多。朝野雜記有云：監本書籍，紹興末年所刋。國家艱難以來，固未暇及。九年九月，張彥實待制爲尙書郎。始請下州道諸學取舊監本書籍鏤板頒行，從之。然所取諸書多殘缺。故胄監刋無禮記；正史無漢書。輔臣復以爲言。上謂秦益公曰：監中其他缺書，亦令次第鏤板。雖重有費不惜也。由是經籍復全。蓋宋自淳化以後，歷朝皆刻書版，存國子監。紹興南渡，軍事倥偬，而高宗乃殷殷垂意於此。宜乎南宋文學之興盛也。

宋板書籍，書法多爲名家，雕技亦頗講究。所用紙墨，概採當時上品。裝訂有蝴蝶巾箱，式樣精穎別緻。故其刻書，甚受時人推重，且爲收藏家視若瓌寶。其流傳至元明清及近代者，尤爲珍貴。時賢胡適，研究水經注，以嘉定學者錢續、錢繹諸人所編之崇文總目集釋卷二地理爲據，引證元歐陽玄所作補正水經序與王緯水經序，以及清朝治水經注的學者，全謝山、趙東潛、戴東原等諸家學說，推想出比較滿意的解釋。認定北宋時人所見的水經注，有三種不同的卷數：

一、慶曆元年政府四館所藏寫本水經注四十卷、亡其五。

二、元祐以前流行的成都刻本水經注三十卷。

三、元祐二年成都新刻何聖從家本水經注四十卷。

另一爲北宋初期編太平寰宇記時的本子，這本子好像是最完全的，大概有四十卷。

又舉出明嘉靖十三年（一五三四）黃省曾刻本，及明萬歷十三年吳琯校刻的水經注四十卷（原與山海經合刻）萬曆四十年刻成的朱謀偉水經注箋四十卷。特對宋朝的刻本，備加推譽。（採自宋史研究集二〇七頁。）

宋刊史記百三十卷，存百十六卷，缺者十四卷。以宋元他本補之。係江安傅沅叔舊藏，民國三十六年，歸中央研究院歷史語言研究所。該書經已故台大校長傅斯年檢讀考訂，認係宋板無疑。但說者認係宋監本，則斷定絕無其事。並引證金兵破汴京，下鴻臚寺取經板一千七百斤，押運燕山府。又靖康二年，金兵壞司天台渾儀輸軍前，不取明堂九鼎，止索三館文籍圖書，國子監書板。（註一）

復根據補板手跡缺筆，斷定北運板本亡失，應爲南宋人手跡。且最後補板與印刷，距紹興初，亦不當太近。末云：如吾之說：「地則江南，時則北宋初雕，南宋補板。」（註二）勞榦先生在此書後跋中，以傅斯年審定淵源之後，成爲定論。書中紙墨均佳。除其中十四卷原缺，以南宋黃善夫刊本五卷及元九路刊本卷補充以外，餘均爲南宋印本。此書至精，今世幾無第二帙可與並論者。誠乙部之冠冕，人間之至寶也。勞氏並就版刻新舊之界別，分組臚列刻工姓名，以作判定。最後云：此本刊於北宋，南宋初年補版與所謂「景祐本」漢書關係至深。然世傳之「景祐本」漢書，有南宋中葉以後補版，而此書無之。故此書之印本，實在漢書以前。或竟是高孝時之印本。（註三）

基於胡適，傅斯年及勞榦諸先生之研究，雖係針對某一本書而發。然可以想知宋人書板之工整，縱或補修之版，亦少苟且。其興盛之狀，誠令人欽贊不置。

南宋時臨安書業，益趨發達。各處書肆雖多，而以陳氏爲最著名。諸家藏書志目、記、跋。載睦親坊棚北大街陳解元，或陳道人，或陳宅書籍舖刊行印行者。以唐宋人詩文小集爲最多。元方回瀛奎律髓四十二寄贈類。劉克莊贈陳起云：

陳侯生長繁華地，卻似芸居自沐薰。鍊句豈非林處士，鬻書莫是穆參軍。

雨簷兀座忘春去，雪屋清淡至夜分。何日我閒君閉肆，扁舟同泛北山雲。

按此卽所謂賣書陳秀才，亦曰陳道人。又趙師秀贈賣書陳秀才云：

四圍皆古今，永日坐中心，門對官河水，簷依柳發陰。
時容借檢尋，每留名士飲，屢索老夫吟，最感春燒盡。

陳起，字宗之。睦親坊賣書開肆。予丁未至行在所，至辛亥凡五年，猶識其人。且識其子。今近四十年，肆燬人亡，不可見矣。方回以睦親坊陳道人爲宗之起，乃親識其人，確有可據。

楹書隅錄：「錢心湖先生跋所藏棠湖詩稿云『卷末稱臨安府棚北大街陳氏印行者，卽書坊陳起解元也。以南宋羣賢遺集刋於臨安府棚北大街者爲陳思，而謂陳起自居睦親坊。然余所見名賢諸集，亦有稱棚北大街睦親坊陳解元書籍舖印行者。是不爲二地。且起之字芸居，思之字續芸，又疑思爲起之人後也。』予按（孫毓修自稱）羣賢小集，石門顧君修，已據宋本校刋，亦疑思爲起之子。思著有寶刻叢編，尤爲淵博。蓋南宋時臨安書肆有力者，往往喜文章，好撰述，而江鈿陳氏，其最著者也。」

天祿琳瑯：「容齋隨筆目錄後記：『臨安府鞔皷橋南河西岸陳宅書籍舖』印。考杭州府志，鞔皷橋屬仁和縣境，今橋名尙沿其舊。與洪福橋，馬家橋相次，在杭州府城內西北隅。按魏了翁鶴山集書苑精華序云：『臨安鬻書人陳思，集漢魏以來論書者爲一編。最爲賅博。』又南宋六十家小集，亦陳思彙編，書尾皆識：『臨安府棚北大街陳氏書籍舖刋行。』瀛奎律髓注：『臨安人又有賣書者，號小陳道人。』據此，則當時臨安書肆，陳氏多有著名。惟陳思在大街，陳起在睦親坊，卽今弼教坊。皆非鞔皷橋之書舖也。」

葉名澧橋西雜誌：「宋錢塘陳思著寶刻叢編，以記所見金石文字。臨安陳起喜與文士交，刻六十二家詩及江湖小集。」

又：「陳思寶刻叢編前序，有陳思道人之語。張氏金吾愛日精廬藏書志卷七，宋刻釋名殘本四卷，前有『臨安府陳道人書籍舖刋行』計十一字。按書賈稱道人，今久不聞，亦不知何意。」

按陳思所撰有小名錄，海棠譜，今皆存。又刻唐人小集數十家。

皕宋樓藏書志：「宋詩拾遺二十三卷，舊鈔本。元錢塘陳世隆彥高選輯。」按世隆、書賈陳思之從孫。著有宋詩拾遺二十三卷。陸志，丁志均有舊鈔本。

劉聲木著萇楚齋有：南宋陳敬，設書肆於親睦坊，自號陳道人，刋書籍甚富。後人得其刋本，謂之陳氏書棚本。久爲考證板本之資糧。編江湖小集九十五卷。後集二十四卷。搜羅一時詩家頗富。

宋仁宗嘉祐年間，以宋、齊、梁、陳、魏、北齊、周書。舛謬亡闕。始詔舘職仇校。曾鞏等以秘閣所藏多誤，不足憑以是正。請詔天下藏書之家，悉上異本，久之始集。治平中，鞏校定南齊、梁、陳、三書上之。劉恕等上後魏書，王安國上北周書。政和中(宋徽宗年號，公元一一一一年)始皆畢。頒之學官，民間傳者尚少。未幾，遭靖康丙午之變，中原淪陷，此書幾亡。紹興十四年（公元一一四四年），井憲孟爲四川漕，始檄諸州學官，求當日所頒本。時四川五十餘州皆不被兵。書頗有在者。然往往亡缺不全。收拾補綴，獨少後魏書十許卷。最後得宇文季蒙家本偶有所少者。於是七史遂全。因命眉山刋行。語見晁公武郡齋讀書志宋書下。宋以來稱謂蜀大字本。元時板印模糊，遂稱之爲九行邋遢本。蓋其書半頁九行，每行十八字也。元以來遞有修板。明洪武時，取天下書板，實之南京。此板遂入國子監。世遂稱爲爲南監本。洪武至嘉靖、萬曆、崇禎，又疊經修補，原板所存無幾矣。(採自書林淸話一四七頁)

註一：宋史研究集二〇八頁

註二：宋史研究集二九五頁

註三：宋史研究集三〇五頁

畢昇發明活字板

雕刻木板盛行後，對促進文化，固有甚大貢獻。但逐板雕鐫，耗費旣鉅，時效每致稽延。有人焉，造意運思，將板上死字，逐一雕製，使每個單字，均成獨立體形。排版時，反覆檢拚，周而復始。因其能活動使用，故謂之活字板。此種方法，發明於宋代畢昇。在沈括所著的夢溪筆談中，紀載綦詳。江少虞的皇朝事實類苑，亦有同樣記述。玆錄夢溪筆談原文於次：

「板印書籍，唐人尙未盛爲之。自馮瀛王始印五經，已後典籍，皆爲板本。慶曆中（宋仁宗年號約當西曆一〇四八年）有布衣畢昇，又爲活板。其法用膠泥刻字，薄如錢唇，每字爲一印，火燒令堅。先設鐵版，其上以松脂臘和紙灰之類冒之。欲印則以一鐵範置鐵板上，乃密布字印。滿鐵範爲一板，持火就煬之，藥稍鎔，則以一平板按其面，則字平如砥。若止印三二本，未爲簡易，若印數十百千本，則極爲神速。常作二鐵板，一板印刷，一板已自布字，此印者纔畢，則第二板已具，更互用之，瞬息可就。每一字皆有數印，如「之」「也」等字，每字有二十餘印。以備一板內有重覆者。不用則以紙貼之。每韻爲一貼，木格貯之。有奇字素無備者，旋刻之，以草火燒，瞬息可成。不以木爲之者，木理有疏密，沾水則高下不平，兼與藥相粘，不可取。不若燔土，用訖再火令藥鎔，以手拂之，其印自落。殊不沾汚。昇死，其印爲予羣從所得，至今寶藏。」

夢溪筆談，爲我國千年前一部科學巨著，係宋代博學之士沈括所撰。沈括字存中，生於一〇三〇年，卒於一〇九三年，（宋仁宗天聖八年至宋哲宗元祐八年）畢昇造活字之時，彼方十餘歲。關於這位大發明家的事跡，除了沈括的記載外，從其他誌籍上，亦不易找到資料。趙萬里中國印本書籍發展簡史的「活字印刷術的發明」中，認爲是很可惜的。趙氏云：「因爲杭州在五代時，已是一個政治而兼經濟的中心，良工畢萃於是，所以宋時監本，多在杭州雕板。」夢溪筆談校證六〇三頁載：「竊嘗疑畢昇乃杭州之一雕板良工也，惟其熟練棗梨之藝，深識工程之艱，溫凉甘苦，默會於心，運思鑄巧，求簡代繁，遂克有此偉大之發明，此亦業精於勤之一理也。」又王國維夢溪筆談手識，卷二十云：「祥符（一〇一二年）中，有老鍛工畢昇，曾在禁中爲王捷鍛金」云云，或卽其人。

周一良紙與印刷術——中國對世界文明的偉大貢獻：「從雕刻整塊木板，發展到使用活字，隨意裝拆，每個字能利用許多次，是印刷術上很大的進步。到十一世紀中葉，中國發明了活字板，宋代有一位對於科學極有興趣和見解的學者沈括，著夢溪筆談一書。其中記載畢昇發明活板的事甚詳，可惜我們除去沈括的記載，別處找不出一點關於這位大發明家（布衣畢昇）的事迹。沈括的本家，保存畢昇活字，似乎並未應用」。

印刷術爲我國傳入歐洲技術之一，西籍多有記載。美國哥倫比亞大學卡德教授於一九三一年，在紐約出版「中國印刷術之發明及其傳入西方考」稱：印刷中最重要之改良，莫如宋代之活字印刷術。其詳見於宋沈括夢溪筆談，爲此項論題之權威。「又云：「十五世紀末年，高麗活字板陳簡齋詩集序云：『活字印刷，始於沈括，（此係畢昇之誤）而成於楊惟中。今日新舊各書，皆可用活字印刷，爲用殊廣。惟昔時活字，以膠泥製成，不耐久用，數百年後，始知用銅製造，以垂永久。……吾國自箕子以來，素以文治稱盛，惟以與中國遠隔，書籍缺乏，幸本朝聖主，推行活字印刷之術，俾經史子集之書，家置一編，常時瀏覽，猗歟盛哉！』觀此則活字印刷之創自中國，盛於高麗，亦可見矣。」

卡德教授並指出，歐洲初期之印刷術，卽係由中國傳入的。德人顧登堡之發明活字印刷，完成著名的四十二行聖經，較中國遲四百年。並且是受中國的影響。

卡德推斷之根據，有如下之五個理由：

(一)造紙爲印刷的基礎，而爲中國人所發明。由回敎國家傳入歐洲，有歷史事跡，可以證明。

(二)紙牌由中國傳入歐洲，大約在十四世紀時，是歐洲人最早所見的印刷品。

(三)歐洲人最早的造象摹印，無論是內容宗旨方法，均附有中亞印刷物之氣味。

(四)在歐洲未使用印刷以前，許多由中國返回歐洲的人，均樂於宣傳中國印刷物之多。以及歐洲印刷之落後。

(五)中國的活字印刷術，很可能傳到歐洲。

玆摘錄卡德原著數段，以資參考：

「歐洲經過黑暗世紀以後，乃與東方之舊文明相接觸，新思潮澎湃於歐洲之十四世紀。火藥、指南針、與黑死病，皆從東方輸入。而較此尤爲重要者，爲紙之進步。在十四世紀之初葉，紙之材料極少。乃由西班牙或大馬色輸入歐洲。」

「歐洲知識的生活，旣脫離黑暗世紀，而入於光明。於是對於印刷之需要，自然發生。從種種事實上研究，中國却供給許多此項材料。吾人可下一斷語，卽印刷最初的動機，係由中國而往歐洲。」

「當時道路，業已開通，蒙古之勢力又極大，由幼發拉底河達於太平洋。在此開放後交通時代之末尾，歐洲之木刻，方始萌芽。」

「若考察印刷品自身所用材料、技巧，及其共有的性質，可信開放後交通之結果甚大。紙固爲中國之材料，所用墨質，與中國相同，方法亦與中國無大異。且印刷只在紙一面。歐洲與東方之道路旣通，若今日將最古之印刷品，如畫像，印刷紙牌，加以考察，卽可知其關係，甚爲密切。且此後歐洲與中國之印刷進步，亦同一方向以進行，其證據亦至明瞭。雖有人抱與此相反之意見，但吾人可以假定中國對於歐洲之影響，不僅造紙，卽歐洲木版之初創，最有價值之原動力，亦受自中國。」

目睹卡德以上所述，可知西方印刷造紙等術，均由我國傳入無疑。（註一）

中國印刷術，傳入歐西後，對歐西文化的發展，貢獻甚大。因此，所有歐西學人，對我國此一發明，莫不頂禮膜拜。新大陸美洲國家，也同樣稱贊。民國十年（公年一九二一年）多天，美國米蘇里新聞學院創始人威廉士博士，來華訪問。到北京時，曾在北京大學，發表演說。由胡適之口譯，朱小蘭筆記。題爲「世界之新聞學」。演詞富有內容，我國新聞教育，受其影響極大。其開宗明義第一章卽說：「中國是印刷術最先發明的國家，世界上若沒有印刷術，新聞學絕不能產生。所以我現在在中國談新聞事業，好比是小女兒向她的母親報告她的經驗一般，是件很有趣的事情。」（註二）

清葉德輝書林清話載，「活字印書之製，吾竊疑始於五代，晉天福銅板活本載宋岳珂九經三傳沿革例。此銅板殆卽銅活字板之名稱。而孫從添藏書紀要云：宋刻有銅字刻本。活字本、分銅字活字爲二，惜岳氏未及著明，不得詳其製也」。按岳珂爲岳飛之孫，理宗朝任戶部侍郎，時在公元一二二五年以後。畢昇發明活板，在宋仁宗慶曆年間，時在公元一〇四八年以前，相距一百七十七年。不論岳珂用木活字或銅活字刊印，勢必受畢昇發明之影響，可以推想而知。（註三） 葉氏又云：「吾藏韋蘇州集十卷，卽宋活字泥板。其書紙簿如細繭，墨印若漆光，惟字畫時若齧缺」。蓋泥字不如銅鉛之堅，其形製亦可推知。天祿琳琅後編二有毛詩四卷，云是南宋季年本。又云：「宋活字本，唐風內自字橫置可證，模印用藍色，尤稀見」。繆續記載范祖禹帝學八卷，宋活字本。未有印書緣起，爲嘉定十四年（公元一二二一年）季夏望日靑社齊礪書。又云：「訪得元本，因俾鋟木」據此則活字印書，已盛行於宋代，南宋印書更多，刻泥刻木，精益求精，此勢之必然也。

近世史學家柳詒徵先生云：「西人多稱其印刷術，得自中國，殆卽畢昇之法。惜昇之生平，無可考耳」。又云「宋人之書，多作蝴蝶裝，又別有巾箱本，以今日所傳宋本書考之，其小者板心高不過三寸許，寬二寸半，一頁刋三百二十四字，幾如今之石印縮本。而字畫清朗，不費目力。此可見宋時刻工之精矣。」（中國文化史二編十七章）

羣碎錄鉛槧，槧版長三尺，謂以鉛刻於槧而書之。木可修削，故簡版稱教削。（古今圖書集成字學典紙部）

岳珂九經三傳沿革例，九經世所傳本，以興國于氏，建安余氏爲最善。

天祿琳琅續編，儀禮圖，是本序後，刻崇化余志安刋於勤有堂。案宋板列女傳，載建安余氏靖安刻於勤有堂。乃南北朝余祖煥，始居閩中，十四世徙建安書林，習其業二十五世，余文興以舊有勤有堂之名，號勤有居士。蓋建安爲書肆所萃，余氏世業之，仁仲最著，岳珂所稱建安余氏本也。

續東華錄：乾隆四十年正月丙寅諭，軍機大臣等，近日閱米芾墨跡，其紙幅有勤有二字印記，未能悉其來歷。及閱內府所藏舊板千家詩杜注，向稱爲宋槧者，卷後有皇慶壬子余氏刋於勤有堂數字。皇慶爲元仁宗年號，則其板是元非宋。繼閱宋板古列女傳，書末亦有建安余氏刋於勤有堂字樣。則宋時已有此堂，因考之宋岳珂相台家塾，論書板之精者，稱建安余仁仲。雖未刋有堂名，可見閩中余板，在南宋久已著名。但未知北宋時卽以勤有名堂否。又他書所載，明季余氏建板猶盛行，是其世業流傳甚久，近日是否相沿，並其家刋書，始自北宋何年，及勤有堂名所自，詢之閩人之官於朝者，罕知其詳。若在本處查考，尙非難事。着傳諭鍾音於建寧府所屬，訪查余氏子孫，現在是否尙習刋書之業。並建安余氏，自宋以來，刋印書板流源及勤有堂昉於何年何代，今尙存否！或遺蹟已無可考，僅存其名。並其家在宋時曾否造紙，有無印記之處。或考之誌乘，或徵之傳聞，逐一查明，遇便覆奏。此係考訂文墨舊聞，無關政治。鍾音宜選派誠妥之員，善爲詢訪，不得稍涉張皇，尤不得令胥役等，借端滋擾。將此隨該督奏摺之便，諭令知之。尋據奏，余氏後人余廷勷等，呈出族譜，載其先世自北宋建陽縣之書林，卽以刋書爲業。彼時外省板少，余氏獨於他處購選紙料，印記勤有二字，紙板俱佳。是以建安書籍盛行。至勤有堂名，相沿已久。宋理宗時，有余文興，號勤有居士，亦係襲舊有堂名爲號。今余姓見於紹慶堂書集，據稱，卽勤有堂故址。其年代已不可考。葉昌熾藏書紀事詩，考究頗詳。其所撰建安余氏翠巖精舍詩：

「聖人詔下紫泥緘，海嶽遺聞訪翠巖，唐宋元明朝市政，一家世業守雕鐫。」

按余氏勤有堂之外，別有雙桂堂，三峯書舍，廣勤堂，萬卷堂，勤德書堂等名。諸余有靖安，靜安，唐卿，志安、仁仲等名。平津館鑑藏記：「千家集分類，杜工部集及分類李太白集，皆有『建安勤有堂刋』篆書木記」。別一本，則將此記剷去。而易以汪諒重刋字樣。考汪諒爲明初北京書賈。蓋余氏式微，其舊版卽轉售他人耳。（註四）

福建省志，物產門：「書籍出建陽麻沙崇化二坊。麻沙書坊，元季衰毀。今書籍之行四方者，皆崇化書坊所刻者也」。又：「建安，朱子之鄉，士子侈說文公，書坊之書盛天下」。

朱子嘉禾縣學藏書記：「建陽麻沙板木書籍行四方者，無遠不至。而學縣之學者，乃以無書可讀爲恨，今知縣事姚始霽書於肆上。自六經以下，列傳史記子集，凡若干卷，以充入之。」（註五）

（註一）史梅岑著印刷學

（註二）印刷雜誌創刋號

（註三）藏書紀事詩四十六頁

（註四）孫毓修中國雕板源流考

（註五）仝上

第五章　元代的雕板印刷

元本源出於宋、宋刻於變亂之後，善本散亡，而元本存者，亦頗優美。且有勝於宋刻者。蓋元代士大夫、競學趙松雪書，故元代刻板，多用趙體。亦有用歐柳等體者。因其刻體，多倩名手書寫，故其板本，彌足珍貴。

天祿琳瑯五，元板史部，山海經十八卷云：字仿歐體，用筆整嚴，在元刻中，洵爲善本。乾隆御題云：是本筆法，刻畫清峭，當爲元板之佳者。又後編十一，元板集部，曾鞏元豐類稿五十卷云：書法槧手，俱極古雅，麻紙濃墨，摹印精工，爲元刻上乘。又歐陽文忠公集一百五十三卷，槧法精朗，紙墨俱佳，元板中甲觀。陸續跋元槧周伯琦六書正譌五卷，每葉八行，篆文約佔小字六格，小字雙行，每行二十字。篆文圓勁，楷書遒麗，蓋以伯溫手書上板者。又元刋楊桓書學正韻三十六卷，分韻編排。先篆次隸省，次譌體。條理周詳，字畫端整。又元刋楊桓六書統二十卷，六書統溯源十三卷，瞿目云：桓夙工篆隸，全書皆其手寫，故世特重之。又元刋本吳萊淵穎吳先生集十二卷云：刻於至正二十六年。末有金華後學宋璲謄寫一行。璲工四體書，此書爲其手寫，古雅可愛，尤足珍也。又元刻本劉大彬茅山志十五卷云：明永東刻本。胡儼常謂原本爲張雨所書，至爲精潔，即此本也。此類元刻，其工者足與宋槧相頡頏，特以時代論，不免有高下之見耳。（採自書林清話一七二頁）

元代的官刻板本

元代監署儒學，刻書之風頗盛。元史百官志，至元二十四年，（公元一二八七年）國子監置生員二百人，延祐二年（一三一四年），增置百人。興文署掌刋刻經史，皆屬集賢院。又至元二十七年，召工刻經史子板，以資治通鑑爲起端。元秘書監志云：至元十年，太保大司農奏，興文署雕印文書，屬秘書監，本署設官三員，令一員，丞三員，校理四員，楷書一員，掌紀一員，鐫字匠四十名。作頭一，匠戶十九、印匠十六。又至元十四年十二月，中書省奏，奉旨省併，銜名興文，併入翰林院，故元時官刻，首推國子監本。延祐三年刻小字本傷寒論十卷。次則興文署本，至元二十七年刻資治通鑑二百九十四卷，又刻胡三省通鑑釋文辨誤十三卷，又次則各路儒學本。簡敍如次：

一、中興路儒學——至元已卯十六年，當宋帝昺祥興二年，刻沈棐春秋比事二十卷。見陸續誌，陸續跋，影鈔元刊本。

二、贛州路儒學——至元壬辰二十九年，刻張栻南軒易說三卷。見四庫書目提要。

三、太平路儒學——大德乙巳九年，刻漢書百二十卷，見天祿琳瑯五，張志，瞿目。

四、寧國路儒學——刻後漢書一百二十卷。見張志，瞿目、陸志、丁志、楊錄。又刻洪適隸釋二十七卷。續隸七卷見四庫書目提要。

五、瑞州路儒學——刻隋書八十五卷。見瞿目、丁志、陸志，陸跋。

六、建康路儒學——刻新唐書二百二十五卷。見丁志。

七、池州路儒學——大德丙午十年，刻三國志六十五卷。見張志。

八、紹興路儒學——刻越絕書十五卷。吳越春秋十卷。見四庫書目提要。又刻徐天祜吳越春秋注音十卷。見陸志，陸跋。

九、信州路儒學——刻北史一百卷。見錢日記，瞿目，丁志，繆記，陸志，陸跋。板心有信州路儒學刋。信州象山刋。象山書院刋。道一書院刋。稼軒書院刋。藍山書院刋。玉山縣學刋。弋陽縣學刋。貴溪縣學刋。上饒學刋等字。南史十八卷。見丁志，陸跋。

十、無錫儒學——刻風俗通義十卷。附錄一卷。見四庫書目提要。

十一、嘉興路儒學——至大辛亥四年，刻陸宣公集二十二卷。見陸志。至治二年，刻王秋澗先生全集一百卷。又刻劉因靜修先生文集三十卷。見張志，陸志，均明刋本。又刻大戴禮記十三卷。

十二、武昌路儒學——刻王申子大易緝說十卷。見四庫書目提要。

十三、臨江路儒學——刻張洽春秋集傳二十二卷。見天祿琳瑯後編三。元板類，張志。陸志，陸續跋。

十四、龍興路儒學——刻唐律疏議三十卷。見楊志。又刻脉經十卷。

十五、慶元路儒學——刻困學記聞二十卷。見天祿琳瑯後，孫記，張志，瞿目，陸志，陸續跋。

十六、彰州路儒學——刻陳淳北溪先生大全文集五十卷。

十七、婺州路儒學——至元三年，刻金履祥論孟集注考證十卷。見陸志。

十八、揚州路儒學——至元五年，刻馬石田文集十五卷。見張志，瞿目。元刋本。丁志，小山堂鈔本。

十九、杭州路儒學——奉旨刻遼史一百六十卷。見丁志。金史一百三十五卷。見瞿目。又刻宋史四百九十六卷。

二十、饒州路儒學——刻金石例十卷。見陸志。

二一、江浙省本路儒學——至正八年，刻宋褧燕石集十五卷。見張志陸志。均明弘治刋本。又刻宋葉時禮經會元四卷。見陸志。

二二、福州路儒學——至正丁亥七年，刻禮書一百五十卷。見陸志。

二三、江北淮東道本路儒學—刻蕭𣂏勤齋集八卷。見丁志。陸志。

以上各路儒學板本，均爲元代之較著者，又儒學本，亦稱郡學本。如無錫郡學，在大德乙巳九年，刻白虎通德論十卷，風俗通義十卷。延祐庚申七年，婺郡學刻戴侗六書故三十三卷。至正四年嘉興郡學，刻宋林至易裨傳二卷。

又有儒司本。至大戊申元年，刻唐司鼓吹十卷。見丁志。又有書院本。前至元二十年，廬陵興賢書院，刻王若虛滹南遺老集四十五卷。又廣信書院，大德三年，刻稼軒長短句十二卷。又宗文書院，大德六年，刻經史證類大觀本草三十一卷。目錄一卷。又刻五代史記七十五卷。

梅溪書院，大德十一年，刻校正千金翼方三十卷。目錄一卷。圓沙書院，延祐二年，刻大廣益會玉篇三十卷。延祐四年，刻新箋決科古今源流至論前集十卷，後集十卷，續集十卷，別集十卷。又刻林駉皇鑑箋要六十卷。七年刻山堂考索前集六十六卷。後集六十五卷，續集五十六卷，別集二十五卷。

西湖書院，刻馬端臨文獻通考三百四十八卷。後有蒼巖書院、龜山書院、建安書院、屏山書院、豫章書院、南山書院、臨汝書院、桂山書院，梅隱書院，雪窗書院等，均有書板雕刻。且有名爲書院，而實爲私刻者，如方回虛谷書院，茶陵東山陳仁子古迂書院。詹氏建陽書院。潘屏山圭山書院，劉氏梅谿書院，鄭玉師山書院。此皆私宅坊估之堂名牌記，而假書院之名。此蓋元時講學之風大昌，各路各學，官私書院林立。故習俗移人，爭相模仿故也。（採自書林清話卷四）

元代的家塾刻書

元代私宅家塾，刻書之風頗盛。其子孫繼守書香，遠者百五六十年，近者亦達百年。以建安葉日增廣勤堂爲最有名。亦有得建安余氏板，而改易其姓名堂記者。如元天曆庚午（是年改元至順）仲夏刻新刊王叔和脉經十卷。明正統甲子九年三峯葉氏廣勤堂，刻增廣太平惠民和濟局方十卷。指南總論三卷。圖經本草一卷。正統十二年孟夏，三峯葉景逵，刻鍼灸資生經七卷。有墨圖記云：廣勤書堂新刊。又有三峯葉景逵議咨牌記。又元版唐詩始音輯注一卷。正音輯注六卷。遺響輯注七卷。目錄後有廣勤堂鼎式木印。建安葉氏鼎新繡梓木長印。此其自刻板也。

私家刻書，葉氏以外，亦甚繁多。如平陽府梁宅，元貞二年，刻論語注疏二十卷。平水許宅，大德十年，刻重修政和經史類證備用本草三十卷。目錄一卷。建安鄭明德宅，天曆元年，刻陳澔禮記集說十六卷。陳忠甫宅，天曆三年，刻楚辭朱子集註八卷。辨證二卷。後語六卷。花谿沈氏家塾，後至五年，刻趙孟頫松雪齋集十卷，外集一卷，附錄一卷。古迂陳氏家塾，刻尹文子二卷。雪坡家塾，無年號刻編層瀾文選前集十卷，後集十卷，續集十卷，別集十卷。安成郡彭寅翁崇道精舍，刻史記集解索隱正義一百三十卷。虞氏南谿精舍明復齋，刻書集傳鄒季友音釋六卷。平水曹氏進德齋，刻巾箱本爾雅郭注三卷。又存古齋，俞琰自刻周易集說十卷。孫存吾如山家塾益友書堂，刻范德機詩集七卷。又刻皇元風雅前集六卷，後集六卷。

孝永堂，刻傷寒論注解十卷。平水高昂霄尊賢堂，刻河汾諸老詩集八卷。范氏歲寒堂，刻范文正集二十卷，別集四卷。又刻政府奏議二卷。復古堂，刻李長吉歌詩四卷，外集一卷。叢桂堂，刻陳桱通鑑續編二十四卷。嚴氏存耕堂，刻和濟局方圖注本草藥性歌括總論四卷。平陽司家頤貞堂，新刋御藥院方十一卷。唐氏齊芳堂，刻金履祥尚書表注二卷。汪氏誠意齋集書堂，刻增刋校正王狀元集注分類東坡先生詩集三十二卷。紀年錄一卷。余彥國勵賢堂，刻新編類要圖注本草四十二卷，序例一卷，目錄一卷。麻沙劉通判宅仰高堂，刻纂圖分門類題註荀子二十卷。精一書舍，陳實夫刻孔子家語三卷。熊禾武夷書室，刻胡方平易學啓蒙通釋二卷。崇川書府，刻李廉春秋諸傳會通二十四卷。商山書塾刻趙汸春秋屬辭十八卷，春秋左傳補注十卷，春秋師說三卷，又春秋屬辭十五卷。溪山道人田紫芝英淑、刻山海經十卷，又刻四書疑節十二卷。平陽段子成，刻史記集解附索隱一百三十一卷。雲衢張氏，刻宋季三朝政要六卷，又刻劉時舉續宋中興編年資治通鑑十五卷，又刻李燾續宋編年資治通鑑十八卷。建安蔡氏、刻玉篇三十卷。建安劉承父，新刊續添是齋百一選方二十卷。建安詹璟，刻趙居信蜀漢本末三卷。劉震卿，刻漢書一百二十卷。龍山趙氏國寶，刻翰苑英華中州集十卷。

以上各家，多者刻數種，少者刻一二種，皆極鏤板之工。亞於宋槧一等。有越兩朝而猶存者。（採自書林清話卷四）

元代的書坊刻板

元時書坊所刻之書，清代葉德輝認爲較宋刻尤夥。蓋世愈近而傳本愈多故也。其傳至近世者，略如下列：

劉錦文日新堂——後至元四年，刻俞皐春秋集傳釋義。六年刻揭曼碩詩三卷，劉伯生詩續編三卷。至正六年，刻漢唐事箋對策機要前集十二卷，後集八卷。又刻朱倬詩經疑問七卷，附錄一卷。又刻王克寬春秋胡氏傳纂疏三十卷。至正九年，刻元趙麟太平金鏡策八卷。至正十二年，刻劉瑾詩傳通釋二十卷。至正十六年，刻新增說文韻府羣玉二十卷。至正癸丑（已入明洪武六年）刻春秋金鑰匙一卷。又刻宋王宗傳童溪先生易傳三十卷。又刻方輿勝覽七十卷。

建安陳氏餘慶堂——皇慶壬子元年，刻宋季三朝政要五卷，附錄一卷。又刻劉時舉續宋中興編年資治通鑑后集十五卷，又刻李燾續宋編年資治通鑑十八卷。

燕山竇氏活濟堂——至大四年，新刊黃帝明堂鍼灸經一卷，傷寒百證經絡圖九卷，鍼灸四書八卷：一南唐何若愚流注指微鍼賦，金閻明廣注，合閻撰子午流注鍼經三卷。一宋竇傑鍼經指南一卷，一黃帝明堂灸經三卷，一宋莊綽灸膏肓腧穴法一卷。

建安宋氏與耕堂——刻大廣益會玉篇三十卷。又刻李燾續宋編年資治通鑑十八卷。

建安同文堂—刻四書經疑問對八卷。

建安萬卷堂——刻王狀元集百家注分類東坡先生詩二十五卷，附東坡紀年錄一卷。

麻沙萬卷堂——延祐元年，刻孟子集注十四卷。

董氏萬卷堂——刻唐國史補三卷。又刻隆平集二十卷。

雲衢會文堂——刻集千家注批點杜工部詩集二十卷，文集二卷，附錄一卷。

積慶堂——至正八年，刻集千家注分類杜工部詩集二十五卷。

德星堂——至正十一年，刻重刋明本書集傳附音釋六卷。

萬玉堂——至元五年，刻分類補注李太白詩二十五卷，又刻太玄經十卷。

胡氏古林書堂——至元十六年，刻新刋補注釋文黃帝內經素問十二卷，又刻新刋黃帝靈樞經十二卷，又刻增廣太平惠民和濟局方十卷，指南總論三卷，圖經本草一卷。

日新書堂——至元十八年，刻五百家注音辨昌黎先生文集四十卷，至正元年，刻朱子成書十卷，至正五年，刻增修互注十禮部韻略五卷，又刻明州本排字九經直音二卷。

梅隱書堂——至元二十四年，刻明州本排字九經直音二卷。

妃僊陳氏書堂——刻劉河間傷寒直格三卷，後集一卷，續集一卷，別集一卷。

葉曾南阜書堂——延祐七年，刻東坡樂府二卷。

敏德書堂——泰定三年，刻元朱祖義直音傍訓周易句解十卷。至順元年，刻廣韻五卷。又刻直音傍訓，尚書句解。

李氏建安書堂——後至元二年，刻皇元風雅前集六卷，後集六卷。前集傳習撰，後集儒學學正孫存吾如山類編，奎章學士虞集校選。

富沙碧灣吳氏德新書堂——後至元三年，刻四書章圖纂釋二十卷。

桃谿居敬書堂——至正二年，刻董楷周易程先生傳義附錄十七卷。

廬陵泰宇書堂——至正三年，刻增修妙選羣英草堂詩餘前集卷上，後集卷下。

積德書堂——至正九年，刻伊川易解六卷，繫辭精義二卷。

雙桂書堂——至正十一年，刻詩集傳音釋二十卷。

一山書堂——至正十二年，刻文場備用排字禮部韻注五卷。

妃僊興慶書堂——至正二十一年，刻毛晃增修互註禮部韻略五卷。

秀岩書堂——刻增修互註禮部韻略五卷，又刻韻府羣玉二十篇。

雲莊書堂——無年號，刻古今事文類聚前集六十卷，後集五十卷，續集二十八卷，別集三十二卷，新集三十六卷，外集十五卷。

麻沙劉氏南澗書堂——刻書集傳六卷，論語集註十卷。

書市劉衡甫，至正九年，刻劉楨聯新事備詩學大成三十卷。

聞德坊周家書肆——元初刻李心傳丙子學易編一卷。

建陽劉氏書肆——至正二十三年，刻楚國文憲公雪樓程先生文集三十卷，附錄一卷。

建陽書林——劉克常無元號，刻新箋決科古今源流至論前集十卷，後集十卷，續集十卷，別集十卷。以上刻本，流傳頗廣。幷有至清代末葉，仍有珍存者。無怪收藏家，亦視元刻爲瓌寶。

自元代以刻書爲業，至明代尚能持續者，亦有多家。惟以下列各家爲較著名。

一爲建安虞氏務本書堂——至元十八年，刻趙子昂詩集七卷。泰定四年，刻元蕭鎰新編四書待問二十二卷。至正六年，刻周易程朱傳義十四卷，附呂祖謙音訓毛詩朱氏集傳八卷。無年號刻河間劉守貞傷寒直格方三卷，後集一卷。張子和心鏡一卷。又刻增刊校正王狀元集註分類東坡先生二十五卷。又刻道德經河上公章句四卷。明洪武二十一年，刻元董眞卿易傳會通十四卷。

二爲建安鄭天澤宗文書堂——至順元年，刻元劉因靜修集二十二卷，補遺二卷。又刻增廣太平惠民和濟局方十卷，指南總論三卷。又刻春秋經傳集解三十卷。大廣益會玉篇三十卷。又刻鼎雕銅人腧穴鍼灸圖經三卷。正德元年，刻明宣宗五倫書六十二卷。嘉靖三年，刻蔡中郎伯喈文集十卷，外集一卷，詩集二卷，獨斷二卷。嘉靖十六年，刻初學記三十卷。又刻藝文類聚一百卷。此由元至順庚午以至明嘉靖丁酉（公元一三三〇年至一五三七年）先後凡二百餘年，相繼刻板售書，亦書林所僅見也。

三爲楊氏清江書堂——刻書雖少，亦始於元末，以迄明初。其所刻通鑑綱目大全五十九卷。合尹莘起發明，劉友益書法，王幼學集覽，汪克寬考選，徐昭文考證五書刻之。徐昭文考證自序題至正己亥十九年。蓋在元末矣。明宣德六年，刻大廣益會玉篇三十卷。此由元至正己亥，至明宣德辛亥，雖僅七十餘年，然時經鼎革，屹然與虞，鄭二氏，鼎足而存，固亦書林碩果矣。

大抵有元一代，坊肆所刻，無經史大部及諸子善本。惟醫書及帖括經義淺陋之書，傳刻最多。由其時朝廷以道學籠絡南人，士子進身儒學，與雜流並進。百年國祚，簡陋成風。觀於所刻之書，可以覘一代之郅治矣。（採自書林清話卷四）

王楨對活版的貢獻

活字發明於宋，南渡以後，逐漸被人採用。到了元代，經研究改進，頗爲風行。元仁宗元祐元年，（公元一三一四年）王楨著書，深感於活字之需要，將排板、檢字，造輪、鋟修以至刷墨等過程，悉心研究，卒抵於成。有紀錄可考者，爲其所著農書上的活字印書法。載於清乾隆時代武英殿聚珍板的農書後。其言曰：「古時書皆寫本，學者艱於傳錄，故人以藏書爲貴。五代唐明宗長興二年，宰相馮道、李愚，請令判國子監田敏校正九經刻板印賣，朝廷從之。鋟梓之法，其本於此。因此天下書籍遂廣。然而板木工匠所費甚多，至有一書字板，功力不及，數載難成。雖有可傳之書，人皆憚其工費，不能印造傳播。後世有人，別生技巧，以錢爲印盔界行，用稀瀝青澆滿冷定，取平火上，再行煨化，以燒熟瓦字，排於行內，作活字印板。爲其不便，又以泥爲盔界行，內用薄泥，將燒熟瓦字排之，納入窰內燒爲一段，亦可爲活字板印之。近世又鑄錫作字，以鐵條貫之作行，嵌於盔內介行印書。但上項字樣，難於使墨，率多印壞，所以不能久行。今又有巧便之法，造板墨作印盔，削竹片爲行，雕板木爲字，用小細鋸鋟開，各作一字，用小刀四面修之，比試大小高低一同。然後排字作行，削成竹片夾之。盔子既滿，用木㨝㨝之使堅牢，字皆不動，然後用墨刷印之。」

基於以上所述，自雕刻印板盛行後，人皆憚其工費，遂有人別生技巧，發明活板。初以錢爲印盔界行（按即今日活版所用之線條及開盤），繼改以泥。近世又鑄錫作字（按近世當爲王楨著述之時代卽公元一三一四左右）。貫以鐵條，進步益多。今又造板墨作印盔，雕板木爲字，比試大小高低一同，再行刷印。可見活字由木刻，到瓦錫，又改用木雕活字，自宋到元之演進可見一般。

活字印書，固稱便矣。但一書印成，輒達數萬活字。如何編排次序，便利保管取還，頓爲印刷者急待解決之問題。王楨有鑒於此，自創「寫韻刻字法」。其法「先照監韻內可用字數，分爲上下平去入五聲，各分韻頭，校勘字樣，抄寫完備。作書人取植字樣，製大小寫出各門字樣，糊於板上，命工刊刻。稍留界路，以憑鋸截」。又有語助詞之乎者也字及數目字，並尋常可用字樣，各分一門，多刻字數，約三萬餘字，寫畢，一如前法。

復有「鎪字修字法」，「作盔嵌字法」，「造輪法」，「取字法」，「作盔安字刷印法」等等分述如次：

鎪字修字法——將刻訖板木上字樣，用細齒小鋸，每字四面鎪下，盛於筐筥器內。每字令人用小裁刀修理齊整，先立準則，於準則內，試其大小高低一同，然後另儲別器。

作盔嵌字法——於元寫監韻各門字數，嵌於木盒內，用竹片行行夾住。擺滿、用木搧輕搧之，排於輪上。依前分作五韻，用大字標記。

造輪法——用輕木造爲大輪，其輪盤徑可七尺，輪軸高三尺許，用大木砧鑿竅，上作橫架，中貫輪軸，下有鑽臼，立轉輪盤，以圓竹笆鋪之，上置活字，板面各依號數，上下相次鋪擺。凡置輪兩面，一輪置監韻板面一輪置雜字板面。一人中坐，左右俱可推轉摘字，蓋以人尋字則難，以字就人則易。以此轉輪之法，不勞力而坐致字數。取訖，又可鋪還韻內，兩得便也。（如圖四十九）

取字法——將元寫監韻，另寫一册，編成字號，每面各行各字，俱計號數，與輪上門類相同。一人執韻，依號數喝字，一人於輪上元布輪字盤內，取摘字隻，嵌於所印書板盔內。如有字韻內別無，隨手令刊匠添補，疾得完備。（如圖五十）

作盔安字刷印法——用平直乾板一片，量書面大小，四圍作欄。左邊空，侯擺滿盔面。右邊安置界欄，以木搧搧之。界行內字樣，須要個個修理平正。先用刀削下諸樣小竹片，以別器盛貯，如有低邪，隨字形襯搧埦之。至字體平穩，然後印刷之。又以椶刷順界行豎直刷之，不可橫。印紙亦用椶刷順界行刷之，此用活字版之完法也。

農書最末段記載：王楨前任宣州旌德縣縣尹時，方撰農書，因字數甚多，難於刊印，故用已意，命匠創活字，二年而工畢。試印本縣誌書，得計六萬餘字，不一月而百部齊成。一如刊板，始知其可用。後兩年，余遷任信州永豐縣，挈而之官。是時農書方成，欲以活字刊印。今知江西，現行命工刊板，故且收貯以待別用。然古今此法，未見所傳，故編錄於此，以待世之好事者。爲印書省便之法，傳於永久，本爲農書而作，因附於後。（中國雕板源流考）

上（圖四十九）

下（圖五十）

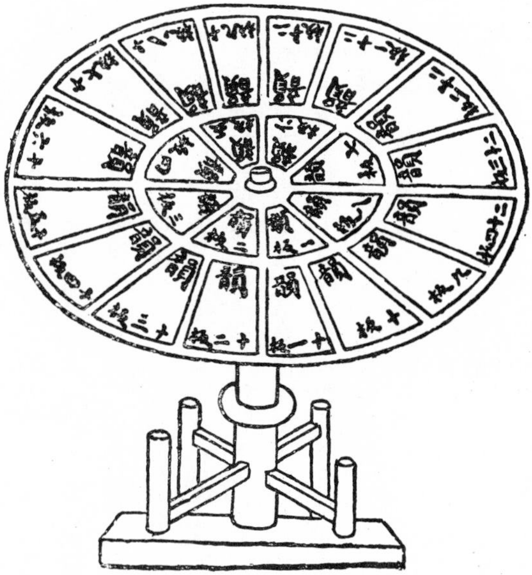

我們看了上述各種方法，均爲王楨當時的構想。他的取字法，與今日檢字的原理相近。他的鏤字修字法，則爲今日手搖鑄字的修整工作。作盔嵌安字，類似今日的排版改樣等程序。同時，他已注意到檢字站立的疲勞，發明造輪法，以字就人。迄今舉世活版印刷廠，尚無此種辦法。先賢構思之精，怎不令人欽佩！最後刷板，雖全係手工，但對櫻刷橫豎使用，頗爲注意。雖未說明着墨濃淡，按其研考之細微，可推知其不會忽視。遠在十四世紀初葉，已有喜愛印刷的王楨，有如此的貢獻。此時期以金屬錫類，鑄製活字，將印刷術又向前推進一步，且較之西歐發明金屬鉛字的德人顧登堡，要早八十年至一百年。（文採自印刷學，圖由羅敬典製版提供）

第六章　明代的雕刻印刷

明代的朝廷官刻

明代雕刻書籍，頗爲風行。官刻私刻，普受重視。就官刻印刷言，朝廷特設局院，掌理圖書刋輯。明史：「洪武三年，設秘書監丞，典司經籍。至是從吏部之請，罷之，而以其職歸之翰林院典籍，至十五年又設司經局，屬詹事院，掌經史子集制典圖書刋輯之事。立正本副本，以備進覽。」又：「洪武十五年，諭禮部：今國子監藏板殘缺，其命儒成考補，工部督修之。二十四年，再命頒國子監子史等書於北方學校。」元代朝廷重視刻印書籍，可以想見。

梅鷟南雍志：「梓刻書本，金陵新志所載集慶儒學史書梓數，正與今同。則本監所藏諸梓，多自舊國子學而來，自後四方多以書板送入，洪武永樂時，兩京補修。板旣叢亂，旋補旋亡。成化初，祭酒王與會計之，已逾二萬篇。宏治初，始作庫供儲藏。嘉靖七年，錦衣衛閒住千戶沈麟奏准校刋史書。禮部議以祭酒張邦奇，司業江汝璧學博才裕，使將原板刋補。其廣東原刻宋史，差取付監。遼金二史，原無板者，購求善本翻刻，以成全史。邦奇等奏稱，史記，前後漢書，殘缺模糊，剜補易脫，莫若重刻。後邦奇汝璧遷去，祭酒林文俊，司業張星繼之，方克進呈。」

丁丙善本書寶藏書志：「明南監二十一史，萬曆以來，相隔又數十年，不得不重新鏤版，皆非舊監之遺矣。尚有小字本史記，元刻明修三國志，則無從併收彙刻也。元史：『太宗十二年九月，以伊寶特穆爾爲御史大夫，括江南諸羣書板及臨安秘書省書籍。』明史：『太祖洪武元年八月，大將軍徐達入元都，收圖籍。』是宋元監造墨板，盡入南監。南雍志所謂『監本所藏諸梓，多自舊國子學而來。』今行世之宋雕明修元雕明修諸本之所由來也。」又云：「北監二十一史奉勅重修者，祭酒吳士元，司業董錦也。自萬歷二十四年開雕，閱十有一載，至三十四年竣事。皆從南監本繕寫刋刻。雖行款較爲整齊，究不如南監本之古，且少譌字。」

欽定日下舊聞錄，引天下書目：「北京國子監板書，有表禮一千六百八十二片，類林詩集六十三片，西林詩籍三十片，青雲賦五十片，字苑撮要一百二十七片，韻略四十五片，珍珠囊八十二片，玉浮屠十七片，孟四元賦一百一十三片。」

明史藝文志：「明御製詩文，內府鏤板。」

劉若愚酌中志：「內板經書記略，凡司禮監經廠庫內所藏祖宗累朝傳遺秘典書籍，皆提督總其事，而掌司監工分其細也。自神廟靜攝年久，講幄封塵右文不終，官如傳舍，遂多被匠夫廚役偷出貨賣。拓黃之帖，公然羅列於市肆中，而有寶圖書，再無人敢詰其來自何處者。或占空地爲圃，以致無晒乾之處，溼損糢糊，甚至壁毀以禦寒，去字以改作。即庫中現貯之書，屋漏浥損，鼠嚙蟲巢，有蛀如玲瓏板者，有塵黴如泥板者。放失虧缺，日甚一日。若以萬曆初年較，蓋已十減六七矣。既無多學博洽之官，從事整理，又無薄藉書目可考，以憑銷算。蓋內官發跡，本不由此，而貧富升沉，又全不關乎貪廉勤惰。是以居官經營者，多長於避事，而鮮諳大體，故無怪乎泥沙視之也。然既屬內廷庫藏，在外儒臣，又不敢越俎條陳，曾不思難得易失者，世間書籍爲最甚。想在天之靈，不知如何其恫然嘆息也。按古文眞寶，古文精萃二書，皆出老學究所選，曩臣欲求大方明白上水頭古文選爲入門，再將宏肆上水頭古文選爲極則，起自檀弓選本國史漢諸子，共十七八。唐宋十二三爲一種。再將洪武以來，程墨垂世之稿，亦選出一半爲入門，一半爲極則，亦爲一種。四者同成二帖，以範後之內臣，奉知聖主，發司禮監刋行，用示永久。不知得遂志否也。皇城中內相學問，讀四書、詩經、書經、看性理、通鑑節要，千家詩、唐賢三體詩，習書柬活套，習作對聯，再加以古文眞寶，古文眞粹盡之矣，十分聰明有志者，看大學演義，貞觀政要，聖學心法綱目盡之矣。說苑、新序、亦間及之。五經大全文獻通考涉獵者亦寡也。此皆內府有板之書也。先年有讀等韻海篇頭部，以便檢查難字。凡不知典故難字，必自己搜查，不憚疲苦。至於周禮、左傳、國策、史漢、一則內府無板，一則繩於陋習，概不好焉。蓋緣心氣高滿，勉强拱高，而無虛已受善之風也。三國志通俗演義，韻府羣玉，皆戀看愛買者也。除古本抄本雜書，不能徧開外，按現今有板者譜列於後，即內府之經書則列也。」

孫毓修以劉若愚所列內板書目，凡一百六十餘部，與周弘祖古今書刻所載互有不同。（採自中國雕板源流考官本部）

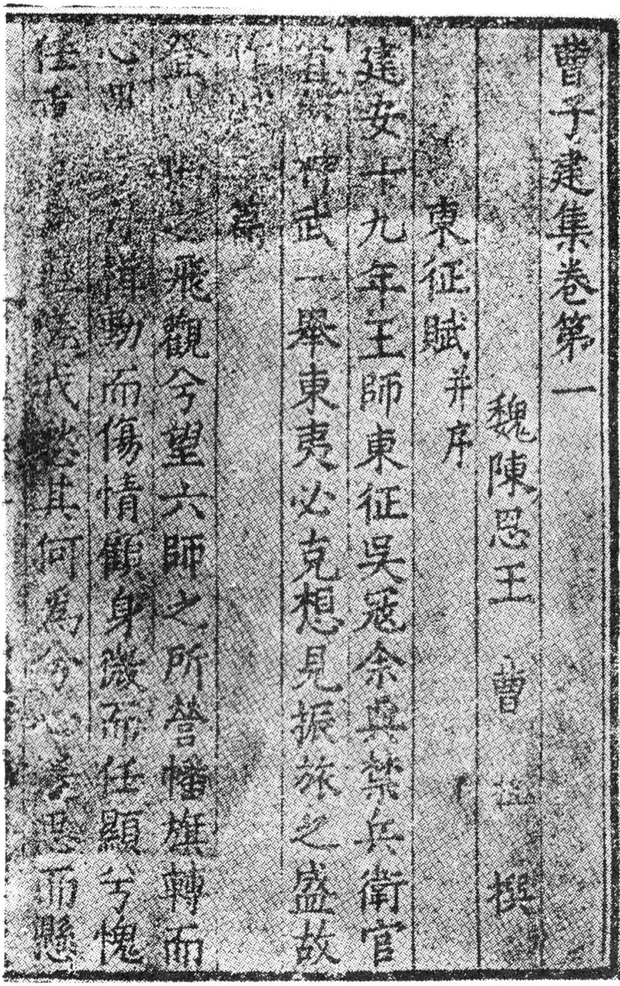

明代九行活字本　圖五十一

明代各藩府的刻書

明代官刻，除朝廷主持或飭辦外，各地藩府，亦多刻板印書。所以然者，藩邸王孫，頗多好學，每以皇賜宋元善本，據依繙雕，故諸藩時有佳刻。擇要錄次：

蜀府——洪武二十七年，刻自警編九卷。刻劉向說苑二十卷。成化十五年，刻靜修先生文集三十卷。嘉靖十四年，刻史通二十卷。萬歷五年，刻重修政和經史證類備用本草三十卷。

寧藩——明初刻病機氣宜保命集三卷。正統間刻重編白玉蟾文集六卷，續集二卷。

代府——天順間刻譚子化書六卷。

崇府——成化十二年，刻貞觀政要十卷。嘉靖二十二年，刻孝肅包公奏議集十卷。

肅府——成化十五年，刻劉因靜修先生集三十卷。

唐府——成化二十三年，刻元張伯顏本文選六十卷。

吉府——正德十年，刻賈誼新書十卷。又刻正統本四書二十六卷。萬曆二十五年，刻楚辭集注八卷。辨證二卷，後語六卷。又刻老子道德經二卷。關尹文子始眞經九篇一卷。亢倉子洞靈眞經一卷。文子通玄眞經一卷。尸子一卷。子華子一卷。鬻子一卷，墨子一卷。公孫龍子一卷。鬼谷子十三篇一卷，列子沖虛眞經二卷。莊子南華經二卷。荀子三卷。楊子一卷。文中子一卷。抱仆子一卷，劉子一卷。黃石公素書一卷。玄眞子一卷。天隱子一卷。無能子一卷。

晉府寶賢堂——亦稱志道堂，亦稱虛益堂，又稱養德書院。嘉靖四年，重刻元張伯顏本文選注六十卷。五年刻宋文鑑一百五十卷。八年，刻唐文粹一百卷。十三年，劉安國桂坡館初學記三十卷。十六年，刻元文類七十卷。

益府——嘉靖二十一年，刻張九韶理學類編八卷。萬歷初元刻大廣益會玉篇三十卷。崇禎十三年，刻宋陳敬香譜四卷。茶譜十二卷。內分二十一種。唐陸羽茶經上中下三卷。唐張又新煎茶水記一卷。宋蔡襄茶錄一卷。宋朱子安東溪試茶錄一卷。吳文錫茶略一卷。內有孫大綬茶賦上下卷，明屠本畯茗笈上下篇一卷。香水清供錄一卷。曹士謨茶事拾遺一卷。續集古今茶譜五種。內宋黃儒品茶要錄一卷。宋熊蕃宣和北苑貢茶錄一卷。宋趙汝礪北苑別錄一卷。宋沈括本朝茶錄一卷。彰郡程百二品茶要錄補一卷。續集古今茶譜六種。內明許次紓茶疏一卷。明陸樹聲茶寮記七類一卷。明田崇衡煮泉小品一卷。明馮可賓岕茶牋一卷。明屠隆茶牋一卷。黃德龍茶說一卷。

秦府——嘉靖十三年，刻黃善夫本史記一百三十卷。嘉靖二十九年，刻天原發微五卷。嘉靖三十六年，刻蔡沈至書一卷。隆慶六年，刻千金寶要六卷。

周藩——洪武二十三年，新刻刊袖珍方大全四卷。嘉靖十六年，刻宋董嗣杲西湖百咏一卷。

徽藩崇德書院——嘉靖十四年，刻會通館本錦繡萬花谷前集四十卷，後集四十卷，續集四十卷。又刻素書一卷。鬻子一卷。公孫龍子一卷。亢倉子一卷。元眞子一卷。天隱子一卷。無能子一卷。

元明通行線裝書　圖五十二

瀋藩——嘉靖二十五年，刻宋張景醫說十卷。四十年刻焦氏易林二卷。

伊府——嘉靖二十七年，刻四書朱注二十六卷。

魯府敏學書院——亦稱承訓書院。嘉靖二十三年刻誠齋易傳二十卷。四十四年，刻抱仆子內篇二十卷，外篇五十卷。

趙府居敬堂——亦稱味經堂。嘉靖三十五年，刻朱子資治通鑑鋼目五十九卷。又刻嚴粲詩輯三十六卷。劉三吾書傳會選六卷。又刻晁迴法藏碎金錄十卷。刻補註釋文黃帝內經素問十二卷。遺篇一卷。靈樞經十二卷。又刻明崔銑洹詞十二卷。及脈經十卷。

楚府——無年號刻劉向說苑二十卷。又遼國寶訓堂，刻昭明太子文集五卷。德藩最樂軒，刻漢書一百卷。潞藩，崇禎九年，刻述古書法賽十卷。（採自書林清話卷五）

葉德輝評曰：「明代諸藩，大抵優游文史，黼黻太平。修學好古，則河間比肩；巾箱寫經，則衡陽接席。又不獨鄭藩世子載堉之通音律，西亭王孫睦㮮之富藏書，爲足增光于玉牒也已。」

明代的私刻坊刻

明代私刻坊刻，因年代較近，留存於今者、視宋元刻本爲多。今以書院、書堂、精舍、書屋及堂、館、齋、山房、草堂、書林、舖等類名稱，分別述之於後。

一、書院類刻板

紫陽書院，成化三年，刻瀛奎律髓四十九卷。義陽書院，嘉靖十年，刻何景明大復集二十六卷。無錫崇正書院，嘉靖十一年，韋麟祥刻事類賦三十卷。廣東崇正書院。嘉靖丙申十五年。刻四書集注十四卷。見范目。范目誤丙申爲丙辰。又誤書院爲書堂。嘉靖丁酉十六年。刻漢書一百二十卷。九峯書院。

嘉靖丙申十五年。刻元好問中州集十卷。中州樂府一卷。芸窗書院。嘉靖甲辰二十二年。刻侯鯖錄八卷。無年號刻荀子二十卷。見天祿琳琅後編十六。刻揚子十卷。文中子十卷。見繆記。云板心有芸窗書院刋五字。鰲峯書院。無年號刻侯鯖錄八卷。見傅沅叔增湘藏書。籍山書院。萬曆庚子十九年。重刋經史證類大全本草三十一卷。正學書院。刻國語補音三卷。見楊志。東林書院。刻龜山楊文靖集三十五卷。龍川書院。刻陳龍川先生集三十卷。

二、精舍類刻板

建溪精舍。洪武壬戌十五年。刻傅汝礪詩集八卷。詹氏進德精舍。弘治壬子五年。翻刻南山書院本廣韻五卷。余有堂鳳山精舍。正德丁卯二年。刻論語集注十卷。南星精舍。嘉靖乙酉四年。刻嵇中散集十卷。崦西精舍。刻宋之問集二卷。見瞿目云板心有崦西精舍字。

三、書堂類刻板

古杭勤德書堂。洪武戊午十一年。刻皇元風雅前集六卷。後集六卷。見楊譜、繆續記。誤作元刻。刻楊輝祖算書五種七卷。見楊志。遵正書堂。洪武壬申二十五年刻增修箋注妙選羣英草堂詩餘前二卷。後集二卷。廣成書堂。永樂甲辰二十三年。翻刻元南山書院本廣韻五卷。書林魏氏仁實書堂。景泰六年刻性理大全七十卷。刻王幼學朱子資治通鑑綱目集覽五十九卷。弘治甲子十七年。刻楚辭集注八卷。後語六卷。辨證二卷。弘治乙丑十八年。刻道德經二卷。列子沖虛至德眞經八卷。見森志。每半版十二行。行二十六字。注雙行。歙西鮑氏耕讀書堂。天順辛巳五年。刻宋鮑雲天原發微五卷。

玉峯書堂。成化四年刻明寇平全幼心鑑八卷。郃陽書堂。成化四年刻長安志二十卷。長安志圖三卷羅氏竹坪書堂。成化癸巳九年。刻子午流注經三卷。崇仁書堂。成化甲午十年。刻春秋胡傳三十卷。劉氏明德書堂。弘治七年刻衛生寶鑑二十四卷。補遺一卷。無年號刻大廣益會玉篇三十卷。見楊譜、楊志。大題下跨行木記。云劉氏明德堂京本校正。卷末木記。云劉氏明德書堂新刋。劉氏文明書堂。弘治辛酉十四年刻廣韻五卷。見楊志。集賢書堂。弘治乙丑十八年。刻周藩袖珍方大全四卷。陳氏存德書堂。正德戊辰三年。刻類證注釋錢氏小兒方訣十卷。陳氏小兒病原方論四卷。錫山秦氏繡石書堂。嘉靖丙申十五年。刻錦繡萬花谷前集四十卷。後集四十卷。續集四十卷。別集三十卷。無年號刻漢武故事二卷。崇文書堂。嘉靖戊申二十七年。刻宋陳應行編吟窗雜錄五十卷。新賢書堂。嘉靖壬戌四十一年。新刋四明先生高明大字續資治通鑑二十卷。見孫記。吳氏玉融書堂。刻事林廣記外集二卷。見陸續跋。

四、書屋類刻板

南星書屋。嘉靖乙酉四年。刻嵇中散集十卷。見陸志、孫記。許宗魯宜靜書屋。嘉靜戊子七年。刻呂氏春秋十六卷。見森志。無年號刻爾雅注三卷。刻國語二十一卷。刻吳棫韻補五卷。前山書屋。嘉靖甲午十三年。黃省曾刻水經四十卷。山海經十八卷。義興沈氏楚山書屋。嘉靖中刻宋朱弁曲洧舊聞十卷。見瞿目。云板心有楚山書屋四字。九洲書屋。無年號刻初學記三十卷。見天祿琳琅九、又後編十七、繆記。

五、堂類刻板

梁氏安定堂。正統丁巳二年。刻韻府羣玉二十卷。善敬堂。正統戊辰十三年。刻增廣注釋音辨唐柳先生集四十二卷。別集二卷。外集二卷。附錄一卷。鰲峯熊宗立種德堂。正統五年刻類證注釋小兒方訣十卷。天順甲申八年。刻外科備要三卷。末題種德堂。未著姓名。刻新編婦人良方補遺大全二十四卷。成化二年刻增廣太平惠民和劑局方十卷。己丑當是成化四年。刻增證陳氏小兒痘疹方論二卷。見森志。刻新刋補注釋文黃帝內經素問十二卷。刻素問入式運氣論奧三卷。素問內經遺編一卷。葉氏南山堂。天順壬午六年刻新增說文韻府羣玉二十卷。書林劉宗器安正堂。弘治甲子十七年。刻鍼灸資生經七卷。見森志補遺。正德六年刻新刋京本詳增補注東萊先生左氏博議二十五卷。正德丁丑十二年。刻類聚古今韻府羣玉續編四十卷。正德己卯十四年。刻集千家注批點杜工部詩集二十卷。見蕙風簃藏書。卷後有木牌記云。正德己卯仲夏月劉氏安正堂刋。辛巳當是正德十六年。刻象山先生集二十八卷。外集五卷。見天祿琳琅六。誤入元版。云後有辛巳歲孟冬月安正書堂重刋本記。嘉靖二年刻朱公遷詩經疏義二十卷。見吳記、瞿目、云前題書林劉氏安正堂重刋。後有癸未年仲夏安正堂刋墨記。丁志。嘉靖三年重刋宋濂學士文集二十六卷。附錄一卷。見丁志。云序後有嘉靖三年春月。安正堂新刋行一條。丙戌當是嘉靖五年。刻增刋校正王狀元集諸家注分類東坡先生詩三十卷。庚寅當是嘉靖九年。刻韓文正宗二卷。刻陳傅良止齋集二十六卷。附錄一卷。遺文一卷。嘉靖九年刻陳喆春秋胡傳集解三十卷。嘉靖壬辰十一年刻宋劉達可編璧水羣英待問會元選要八十二卷。萬曆壬辰二十年。刻宋秦觀淮海集四十卷。後集六卷。萬曆辛亥三十九年。刻新編事文類聚翰墨大全一百二十五卷。見繆續記。云書前牌子末云。萬曆辛亥歲孟夏月重新整補好紙版。每部價銀壹兩整。安正堂梓。皇甫氏世業堂。正統庚辰十五年。刻博雅十卷。見天祿琳琅後編十二。贛州府清獻堂。嘉靖元年刻埤雅二十卷。見范目。嘉靖癸未二年。刻巾箱本書經集注十卷。序一卷。見丁志。云後有木楷書記二行。曰嘉靖癸未季春月。刋行於贛州府清獻堂。南康府六老堂。嘉靖丁亥六年。刻陳澔禮記集說三十卷。見范目、瞿目、丁志。不悉刋刻年月。四書集注二十六卷。見范目。書林葉一蘭作德堂。嘉靖乙巳二十四年新刋演山省翁活幼口議二十卷。見森志補遺。

雷氏文會堂。嘉靖新刋濟世產寶論方二卷。浙江葉寶山堂。嘉靖癸丑三十二年。刻重訂校正唐荆川先生文集十二卷。張之象猗蘭堂。嘉靖甲寅三十三年。刻自注鹽鐵論十二卷。寶雲堂。嘉靖十一年趙繼宗刻宋趙偕寶峯先生文集二卷。見丁志。云版心上刋有寶雲堂文藝五字。陳奇泉積善堂。隆慶辛未五年。刻纂圖互注老莊列三子二十卷。見森志。表曆己酉三十七年。刻京本排韻增廣事類氏族大全二十八卷。見丁志。徐守銘寧壽堂。萬曆丁亥十五年，刻初學記三十卷，見孫記、森志。刻吳淑事類賦三十卷。

琳琅九、學部圖書館目。云項氏刻本。板心有寧壽堂三字。吳公宏寶古堂。萬曆癸卯三十一年。刻博古圖三十卷。見天祿琳琅八。新都吳氏樹滋堂。萬曆丙午三十四年。刻秦漢印統八卷。見天祿琳琅八、孫記。周氏博古堂。萬曆己酉三十七年。刻世說新語三卷。見孫記、繆記。董氏萬卷堂。刻隆平集二十卷。見瞿目。云序後有墨圖記云。董氏萬卷堂本。書林龍田劉氏喬山堂。萬曆辛亥三十九年。刻注解傷寒百證歌發微論四卷。萬曆壬子四十年。刻類證增注傷寒百問歌四卷。見森志補遺。海虞三槐堂。天啓間刻侯鯖錄八卷。見丁志。引鮑以文跋。葉益蓀春畫堂。崇禎庚辰十三年。刻陶靖節集六卷。見繆續記。云板心有春畫堂三字。葉益蓀刻。林有跋。異卿手書上板。後有崇禎庚辰中秋既望。閩中林寵異卿書於金陵清涼寺兩行。新都吳繼仕熙春堂。無年號刻六經圖六卷。見天祿琳琅後編十三。熊氏衛生堂，無年號刻新刋銅人針灸經七卷。明德堂。無年號刻衛生寶鑑二十四卷，補遺一卷。見森志。云係萬曆間刋本，末有皇明歲次乙未明德堂刋記。雙柏堂，無年號仿宋刻丁黼本越絕書十五卷。如隱堂，無年號刻洛陽伽藍五卷。

六、舘類刻板

豫章王氏夫容舘。隆慶辛未五年。刻楚辭章句十七卷。翠岩舘，萬曆戊子十六年，刻素書一卷。潘元度玉峯青霞舘。重刻大唐新語十卷。改題唐世說新語。辨疑舘。刻易林四卷，見陸志，吾藏此本，不佳。明刻此書無善本。清眞舘，刻雲笈七籤一百二十二卷，見瞿目、陸志、丁志。

七、齋類刻板

書戶劉洪愼獨齋。弘治戊午十一年。刻資治通鑑綱目五十九卷。見范目。正德戊辰三年。刻山堂羣書考索前集六十六卷。後集六十五卷。續集五十六卷。別集二十五卷。見天祿琳瑯後編十七、下志、陸志、繆記。正德戊寅十三年。刻十七史詳節二百七十三卷。見范目、天祿琳瑯後編十五、廉石居記、陸志，又天祿琳瑯後編四。誤作宋版。是書前序後有墨圖記三。曰愼獨齋。曰五忠後裔。曰精力史學。每卷首或刻建陽愼獨齋。或刻建陽木石山人劉宏毅。各卷不同。刻文獻通考三百四十八卷。見丁志、繆記。正德己巳四年。刻資治通鑑節要二十卷。見孫記續編。正德辛巳十六年。重刻孫眞人備急千金要方三十卷。目錄一卷。嘉靖癸未二年。刻巾箱本西漢文鑑二十一卷。東漢文漢十九卷。嘉靖己丑八年。刻資治通鑑綱目五十九卷。嘉靖壬辰十一年。刻宋劉達可璧水羣英待問會八十二卷。嘉靖甲午十三年。刻明邵寶容春堂集六十六卷。見丁志。無年號刻胡寅讀史管見八十卷。見陸志。宋刋本跋。刻明一統志九十卷。見繆記。

桂連西齋正德庚午五年。刻漢董仲舒集一卷。見天祿琳琅後編十八。云有正德庚午桂連西齋印行木記。顧起經奇字齋。嘉靖乙卯刻類箋王右丞詩集十卷。文集四卷。見范目詩集類、又見繆續記。云後有嘉靖三十四年涂月白分錫武陵家塾刻一行。萬曆元年刻標題補注蒙求三卷。見丁志。云板心刋奇字齋三字。

楊氏歸仁齋。亦稱淸白堂。嘉靖丁巳三十六年。刻事文類聚一百十七卷。見楊志，丁志。按四庫著錄元麻沙本。前集六十卷。後集五十卷。續集二十八卷。別集三十二卷。新集三十六卷。外集十五卷。遺集十五卷。刻陳子桱資治通鑑綱目外紀一卷。金履祥通鑑前編十八卷。朱子通鑑綱目五十九卷。商輅通鑑續編二十七卷純白齋。萬曆元年重刻荆川先生文集十七卷。外集三卷。附錄一卷。武林馮紹祖繩武觀妙齋。萬曆丙戌十四年。刻楚辭章句十七卷。泊如齋。萬曆戊子十六年。刻宣和博古圖三十卷。刻考古圖十卷。見天祿琳琅八、陸續跋。豫章璩之璞燕石齋。萬曆乙未二十三年。刻王世貞蘇長公外紀十卷。見繆記。眞如齋。萬曆庚戌三十八年。刻劉嵩槎翁詩八卷。可傳寄寄齋。萬曆辛亥三十九年。刻路史前紀九卷。後紀十三卷。國名紀九卷。發揮五卷。餘論十卷。雙甕齋。萬曆丙辰四十四年。蔡達甫刻蔡忠惠集三十六卷。徐𤊹輯外紀十卷。金陵奎壁齋。崇禎六年彙刻忠經孝經小學十卷。單恂淨名齋。崇禎戊寅十一年。刻宋岳少保忠武王集一卷。歙巖鎭汪濟川主一齋。無年號刻巢氏諸病源候總論五十卷。霏玉齋。無年號刻重刋分類補注李詩全集二十五卷。文集五卷。

八、山房類刻板

徐焴萬竹山房。嘉靖甲申三年。刻重校正唐文粹一百卷。見繆記。云胡序板心有萬竹山房四字。目錄後有姑蘇後學尤桂朱整同校正字。

喬世寧小丘山房。嘉靖甲辰二十三年。刻孫眞人備急千金要方九十三卷。目錄一卷。見森志、云板心有喬氏世寧小丘山房刻行等字。丁志。

武林馮念祖臥龍山房。萬曆丙戌十四年。刻元徐天祜吳越春秋音注十卷。見天祿琳琅八。

九、草堂類刻板

椒郡伍氏龍池草堂。嘉靖丁酉二十五年。刻張說之文集二十五卷。

玉蘭草堂。無年號刻陶九成南村輟耕錄三十卷。

十、書林類刻板

書林劉寬。宣德乙卯十年。刻朱子資治通鑑綱目五十九卷。見天祿琳琅後編十四。書林余氏。正統辛酉六年。刻十八史略二卷。書林龔氏。正德己卯十四年。刻黃震黃氏日鈔九十七卷。書林童文舉。萬曆三年重刻袁校表校刻脈經十卷。書林董董思泉。萬曆辛巳九年。刻墨子六卷。見楊志。云首籤題鹿門校刻墨子全編。上曆有書林董思泉識語稱。得宋本請茅鹿門讎校。首有萬曆辛巳茅坤序稱。別駕唐公得墨子原本。將歸而梓之云云。然則鹿門第爲唐公作序。並未與讎校之役。其中古字古言。多爲書估所改。如丌本古其字。皆改爲亦字。可笑之甚。鹿門雖陋。恐不至此。又云。日本寶曆七年源儀重刻此本。

以諸本之異同者校勘於書眉。不惟勝此本。且勝畢氏所據之道藏本。惜乎源氏無卓識。不刻其所引之一本。令人歎息也。葉德輝云：吾有源刻本。又有嘉靖癸丑陸穩序唐堯臣刻本。乃知茅序即用陸序原文。改題茅坤姓名。書估作僞欺人。楊氏誤信之。殊可笑也。

書林詹氏。無年號刻京本校正注釋音文黃帝內經素問靈樞集注十五卷。

十一、鋪類刻板

國子監前趙鋪。弘治丁巳十年。刻澗谷精選陸放翁詩集前集十卷。須溪精選后集八卷。別集一卷。正陽門內巡警鋪對門金臺書鋪。嘉靖元年翻刻元張伯顏文選六十卷。杭州錢塘門裏車橋南大街郭宅紙鋪。無年號刻寒山詩一卷。豐干拾得詩一卷。附慈受擬寒山詩一卷。見瞿目。云明刻本。

十二、其他刻板

藍山書舍。洪武庚辰即建文二年。刻武夷藍山先生詩集八卷。劉氏博濟藥室。宣德癸丑八年。刻類證活人書括四卷。維楊資政左室。萬曆己卯七年。刻呂氏春秋二十六卷。蔣德盛武林書室。萬曆庚子二十八年。刻敬齋古今黈十二卷。太元書室。刻桓寬鹽鐵論十卷。見黃記。校明鈔本。尹耕療鶴亭。嘉靖壬寅二十一年。重刻誠齋先生易傳二十卷。顧汝達萬玉樓。嘉靖庚戌二十九年。刻宋本南唐書三十卷。贛郡蕭氏古翰樓。嘉靖間刻妙絕古今四卷。芙蓉泉屋。嘉靖十八年刻韓詩外傳十卷。東里董氏茭門別墅。嘉靖壬子三十一年。翻刻宋紹興府洪适本元氏長慶集六十卷。龍邱桐源舒伯仁梁溪寓舍。萬曆二年刻中興以來絕妙好詞十卷。吳興花林東海居士茅一相文霞閣。萬曆庚辰八年。刻蔡中郎集十一卷。吳郡顧凝遠詩瘦閣。崇禎乙亥八年。仿宋刻濟北晁先生雞肋集七十卷。清平山堂。無年號刻葉祖榮類編分類夷堅志十一卷。衆芳書齋。隆慶元年刻繪圖增編會眞記四卷。清夢軒無年號刻蘇轍欒城集五十卷。後集二十四卷。三集十卷。應詔集十二卷。

三衢近峯夏相。嘉靖壬子三十一年。仿宋刻古今合璧事類備要前集六十九卷。後集八十一卷。續集五十六卷。別集九十四卷。外集六十六卷。揚州陳大科。萬曆丁酉二十五年。刻初學記三十卷。金陵王舉直。刻雅頌正音五卷。金陵周對峯。萬曆辛卯十九年。刻新刋簪纓必用翰苑新書前集十二卷。後集七卷。別集二卷。續集八卷。姑蘇葉氏戊廿。無年號刻王狀元判釵記全卷。沈啓南。無年號刻晏子春秋八卷。見楊譜。按孫星衍爲畢沅校刻此書。及自刻岱南閣叢書。均據此本。據云萬曆乙酉年刻。以上或刻一種。或刻二三種。其中刻書獨多。爲劉洪愼獨齋。劉宗器安正堂。而皆建陽產。自宋至明六百年間。建陽書林。擅天下之富。使有史家好事。當援貨殖傳之例增書林傳矣。（採自書林淸話）

此外，復有以閣名刻書者，以常熟之毛晉汲古閣爲最著。當時遍刻十三經，十七史，津逮秘書，唐宋元人別集，以至道藏，詞曲、無不搜刻傳之。觀顧湘汲古閣板本考。秘笈琳琅，誠前代所未有矣。即其刻說文解字一書，使元明兩朝未刻之本，一旦再出人間，其功有於小學，尤非淺鮮。

錢謙益隱湖毛君墓誌銘云。子晉初名鳳苞。晚更名晉。世居虞山東湖。父淸。孝弟力田，爲鄉三老。而子晉奮起爲儒。通明好古。强記博覽。不屑儷華門葉。爭妍削間。壯從余游。益深知學問之指意。謂經術之學。原本漢唐。儒者遠祖新安。近考餘姚。不復知古人先河後海之義。代各有史，史各有事有文。雖東萊武進以鉅儒事鉤纂。要以歧枝割剝，使人不得見宇宙之全。故於經史全書。勘讎流布。務使學者窮其源流。審其津涉。其他仿佚典。搜秘文。皆用以裨輔其正學。於是縹囊緗帙。毛氏之書走天下。而知其標準者或鮮矣。經史旣竣。則有事於佛藏。軍持在戶。貝多濫几。捐衣削食。終其身芒芒如也。蓋世之好學者有矣。其於內外二典世出世間之法。兼營并力。如飢渴之求飲食。殆未有如子晉者也。子晉爲人。孝友恭謹，遲重不洩。交知滿天下。與人交不翕翕熱。撫王德操之孤。卹吳去塵、沈壁甫之亡。皆有終始。娶范氏、康氏。繼嚴氏。生五子。襄、褒、袞、表、扆。襄、袞皆先卒。女四人孫男女十一人。生於己亥歲之正月五日。卒於己亥歲之七月二十七日。卒年六十有一。誌銘不全錄。節其要者。又顧湘小石山房刻汲古閣校刻書目前。附有榮陽悔道人撰汲古閣主人小傳云。毛晉。原名鳳苞。字子晉。常熟縣人。世居迎春門外之七星橋。父淸。以孝弟力田起家。當楊忠愍公漣爲常熟令時。察知邑中有幹識者十人。遇有災荒工務。倚以集事。淸其首也。晉少爲諸生。蕭太常伯玉特賞之。晚乃謝去。以字行，性嗜卷軸。榜於門曰。有以宋槧本至者。門內主人計葉酬錢。每葉出二佰。有以舊鈔本至者。每葉出四十。有以下善本至者。別家出一千。主人出一千二百。於是湖州書舶雲集於七星橋毛氏之門矣。邑中爲之諺曰。三百六十行生意。不如鬻書於毛氏。前後積至八萬四千册。構汲古閣、目耕樓以庋之。子晉患經史子集漫漶無善本。乃刻十三經、十七史、古今百家及二氏書。至今學者寶之。

蘇州府志，毛晉世居迎春門外七星橋。少爲諸生，性嗜卷軸。湖州書舶雲集於門。道中爲之諺曰：三百六十行生意，不如鬻書行毛氏。前後積至八萬四千册。構汲古閣，目耕樓以庋之。

天祿琳琅，毛晉藏宋本最多。其有世所罕見而藏諸他氏不能得者，則選善手以佳紙墨影鈔之。與刋本無異。名曰影宋鈔。一時好事家皆爭倣效：。而宋槧之無存者，賴以傳之不朽。（採自書林淸話一二七頁）

汲古閣劉板存亡考：相傳毛子晉有一孫，性嗜茗飲，購得洞庭山碧螺春茶、虞山玉蟹泉水，患無美薪，因顧四唐人集板而嘆曰以此作薪，其味當倍佳也。遂按日劈燒之。葉昌熾藏書紀事詩云：「律論流通到羅什，家錢雕印過毋昭，祗因玉蟹泉香冽，滿架薪村煮石銚。」

明代的活字板印書

明代、活字板頗爲流行。弘治間（公元一四八八年）錫山華氏蘭雪堂，會通舘印書尤多。爲世珍秘。分述於次：

蘭雪堂活字板，爲華堅、華鏡所主持。印行書籍有春秋繁露十七卷。見瞿目，云末有正德丙子季夏，錫山蘭雪堂華堅允剛活字銅板印行一條。陸續跋。據云：每葉十四行，每行十三字。版心上有蘭雪堂三字。下有刻工姓名。間有活字印行四字。藝文類聚一百卷。見瞿目、云目後有圖記云。乙亥冬錫山蘭雪堂華堅允剛活字銅版校正印行。森志有朝鮮國銅版活字本。乃據華本重擺印者。云每半版十二行。行十九字。末有蘭雪堂重印藝文類聚後序。末記正德乙亥冬後學華鏡謹拜序。繆記。云每葉十四行。每行十三字。目後有墨圖記云。乙亥冬錫山蘭雪堂華堅允剛活字銅板校正印行。每卷後有圖記錫山二字。長記蘭雪堂華堅活字板印行十字。均陽文。蔡中郎文集十卷。外傳一卷。見孫記、云目錄後有正德乙亥春三月。錫山蘭雪堂華堅允剛活字銅版印行二十二字。又一部卽影寫此本。瞿目、陸志。云板心有蘭雪堂三字。一部爲覆蘭雪堂本。元氏長慶集六十卷。見瞿目。校宋本。白氏長慶集七十卷。見天祿琳琅十、云各卷末俱有錫山蘭雪堂華堅活字銅板印記。瞿目。云每半葉十六行。行十六字。板心有蘭雪堂三字。目錄前後有墨圖記云錫山。又蘭雪堂華堅活字銅板印二方。

會通舘活字板，爲華燧，華煜所主持。其所印行者。有容齋隨筆十六卷。續筆十六卷。三筆十六卷。四筆十六卷。五筆十卷。見錢日記、云明弘治八年錫山華煜序。板心有會通舘活字銅板印八字。瞿目。云板心上方有弘治歲在旃蒙單閼八字。下方有會通舘活字印八字。每半葉十八行。行十七字。有邁自序。華燧印書序。古今合璧事類前集六十三卷。見范目。弘治戊午（十一年）華燧序。標題云會通舘印正古今合璧事類前集。文苑英華纂要八十四卷。見范目。首行題會通舘印正文苑英華纂要。板心有歲在旃蒙單閼六字。每半葉十四行。實止七行雙行。吾藏此本。分四大卷。前三卷纂要。後一卷辨證。文苑英華辨證十卷。見孫記、云會通舘印正文苑英華辨證十卷。瞿目。云此本出錫山華氏蘭雪堂。以銅字擺印。特無印記耳。板心有歲在柔兆攝提格及大小字數。錦繡萬花谷前集四十卷。後集四十卷，續集四十卷。諸臣奏議一百五十卷。

此外有所謂華埕者，印渭南文集五十卷。又有但稱華氏者，印桓寬鹽鐵論十卷。見瞿目，云舊鈔本。從錫山華氏活字本傳錄。

葉昌熾藏書紀事，對華氏活板，考訂甚爲詳實。其詩云：「範銅制出膠泥上，屈鐵縈絲字字分，一日流傳千百本，何人不頌會通君。」

關於華堅之家世，據天祿琳琅十。謂華堅姓名不見郡邑志乘。葉德輝考訂，疑爲華燧之從子行。按明華渚撰勾吳華氏本書華燧傳。會通公燧。字文輝。少於經史多涉獵。中歲好校閱異同，輒爲辨證。手錄成帙。遇老儒先生。卽持以質焉。或廣坐通衢。高誦琅琅。旁若無人。旣乃範銅板錫字。凡奇書難得者。悉訂正以行。曰。吾能會而通之矣。名其讀書堂曰會通館。人遂以會通稱。或丈之。或君之。或伯仲之。皆曰會通云。所著有九經韻覽、十七史節要。其事時葺翁稱色養。（時葺名方。字守方。以字行。）時葺翁嬰足疾。常寢臥。公爲室寢西。每兄弟侍而退。則誦詩讀禮於斯。以樂翁志。翁既卒。獨廬於墓。著治喪切問。祭必率諸子齋於家，修譜。考世系論宗法頗詳。家世以本富。公以劬書。不復經紀爲務。家故土落。公漠如也。公六十杖鄉之年。修撰錢福先生壽公序。其言曰。予嘗與先生同寢處。見其味爽而興。操觚揮翰。環列四庫書。童子分執。有所採掇。各簡所執以獻。至晚不輟。知其學之博而力之勤也如此。又嘗讀其所著仁、性命及律呂、廟制諸篇。皆舒徐典奧。究極理致。知其見之明而探之深也如此。又嘗讀其所慰伯兄詿誤詩。知其天倫之篤而排難之勇也如此。又嘗聞其少力家蠱。應公役。五十始讀書。而句工筆粹。成一家言。知其志之堅而神之完也如此。錢先生稱質家言。其頌公也。其有所試哉。公年七十五卒。未劇時。自爲誌與銘。葬西壽山。吏部尚書喬公宇表曰。會通子者。廬墓以思親。近乎孝。修族譜以論宗。近乎仁。補遺稅以周人之急。近乎義。較刋羣書以廣其傳。近乎文。自爲墓銘以安死生之說。近乎知道。兼此數者。可謂有道君子也矣。公又別號梧竹氏。會通。從同也。又邵文莊寶容春堂集中。有會通君傳云。會通君。姓華氏。諱燧。字文輝。無錫人。少於經史多涉獵。中歲好校閱同異。輒爲辨證。手錄成帙。遇老儒先生。卽持以質焉。既而爲銅字板以繼之。曰。吾能會而通矣。乃名其所曰會通舘。人遂人會通稱。或丈之。或君之。或伯仲之。皆曰會通云。君有田若干頃。稱本富。後以劬書故。家少落。而君漠如也。三子。塤、奎、壁。又無錫縣志。華珵。字汝德。以貢授大官署丞。善鑒別古奇器法書名畫。築尚古齋。實諸玩好其中。又多聚書。所製活板甚精密。每得秘書。不數日而印本出矣。志雖無堅名。然燧三子皆取去旁爲名。則堅必其猶子，而煜則兄弟也。(以上採自書林清話)

關於安國之家世，安氏亦無錫富人。常州府志云。安國。字民泰。無錫人。居積諸貨。人棄我取。贍宗黨。惠鄉里。乃至平海島。濬白茅河。皆有力焉。父喪。會葬者五千人。嘗以活字銅版印吳中水利通志。又無錫縣志云。安國。字民泰。富幾敵國。居膠山。因山治圃。植叢桂於後岡。延袤二里餘。因自號桂坡。好古書畫彝鼎。購異書。又西林膠山。安氏園也。嘉靖中。安桂坡穿池廣數百畝。中爲二山。以擬金焦。至國孫紹芳。卽故業大加丹雘。與天下名士游賞其中。二百年來東南一名區也。按安國之子如山。嘉靖己丑八年。進士。知裕州。均田得體。士民誦德。祀名宦。歷仕至四川僉憲。孫希範。萬曆丙戌十四年。進士。官南京吏部司封郎。以忤輔臣王錫爵。削籍歸與光祿顧憲成仿龜山講學故址。闢東林書院。闡濂、洛、關、閩之學。暇則纂述諸書切身心性命者。卒之明年。子廣譽、廣居。伏闕上疏。白其遺忠。特贈光祿寺少卿。賜卹典。請祀鄉賢。事詳明史本傳。又希範曾孫紹傑。輯希範年譜。名安我素先生年譜。我素。希範之別號也。追述先世云。其先黃姓。洪武初。諱茂者。姑蘇縣珠里人。贅於長史安明善氏。蒙安姓。四傳封戶部員外郎。桂坡公諱安國。多遠略，禦海寇。濬白茅河。皆有力焉。好蓄古圖書。鑄鉛字銅版。印顏魯公集、徐堅初學記等書。重建膠山李忠定公祠。錙田奉祀。邵文莊公寶譔記。足迹遍名山。交遊遍海內。著遊吟稿。載邑志行義。據紹傑所述。先世印書。殊不明晰。蓋國所印之書。初學記爲刻本。顏魯公集則活字印本。非初學記亦活字印也。顏魯公集又有嘉靖二年安國刻本。則在活字印本之後。萬曆中。平原令劉思誠刻本卽從之出。半葉十行。行二十字。四庫全書總目著錄爲安氏刻本。

錢受之跋春秋繁露金陵本譌舛，得錫山安氏活字本，校改數百字，深以爲快。今見宋刻本，知爲錫山本之祖。

天祿琳琅，初學記，板心上標安桂坡刊。每卷標題之下，又稱錫山安國校刊。安國所刊書甚夥。此書取九洲書屋本翻刻。葉昌熾藏書紀事詩云：「膠山樓觀甲天下，曲橋華簿蕩爲烟，徒聞海內珍遺槧，得一珠船價廿千。」

此外又有吳郡孫鳳印宋陳思小字錄一卷。見瞿目。建業張氏印開元天寶遺事二卷。見黃記、楊續錄丁志。鈔本云。前有建業張氏銅版印行一條。錫山安國印顏魯公集十五卷。補遺一卷。魏鶴山先生大全集一百九卷。金蘭舘印石湖居士集三十四卷。弘治癸亥（十六年）印。五雲溪舘印襄陽耆舊集一卷。玉臺新詠十卷。見袁簿。蜀府嘉靖辛丑二十年。印蘇轍欒城集五十卷。後集二十四卷。三集十卷。見繆記。芝城嘉靖壬子三十一年。藍印墨子十五卷。見森志、黃記。後藏楊以增海源閣。浙人倪燦萬曆元年印太平御覽一千卷。無名氏印杜審言集二卷。見陸志。云明初活字印本。曹子建集十卷。見丁志。郭雲鵬刻曹集跋。劉漫塘先生文集二十二卷。見繆記。云天祿琳琅後目推爲宋版者。唐太宗皇帝集二卷。玄宗皇帝集二卷。李嶠集三卷。張說之集八卷。錢考功集十卷。劉隨州集十卷。戴叔倫集二卷。羊士諤集二卷。二皇甫集五卷。李嘉祐集二卷。并見丁志。崑山吳大有印小字錄不分卷。見黃記。（云陳思纂次一行後。有崑山後學吳大有較刊一行。瞿目云。吳郡孫鳳以活字板印行。此板後歸崑山吳氏。於陳思纂次一行添出崑山後學吳大有校刊一行。書中剜改之迹顯然。按瞿說非是。活字印本隨聚隨散。安有以板歸人之理。此明爲兩人。一以活字印行。一卽據活字本重刊。瞿誤以二本爲一本耳）明人此類活字印本。傳世甚多。

明代邸報用活版印刷

自宋代發明活版後，沿元明二代，曾被多人採用，頗稱便利。惜史籍紀載闕如，不易考證。觀顧亭林氏致其甥函中，囑修史大事，「止可以邸報爲本」，可以證明，明代邸報使用活字板，毫無疑義。顧亭林爲修史事與公肅甥書：「竊意此番纂述，止可以邸報爲本。粗具草藁，以待後人，如劉昫之舊唐書是也。憶昔時邸報，至崇禎十一年（公元一六三八年）方有活板。自此以前並是寫本，而中祕所收，乃出涿州之獻，豈無意爲增損者乎。訪問士大夫家，有當時舊鈔，以俸薪別購一部。擇其大關目處，略一對勘，便可知矣。」書隱叢說：「印板之盛，莫盛於今。吾蘇特工。其江寧本、多不甚工。比有用活字板者。宋畢昇爲活字板，用膠泥燒成。今用木刻字，設一格於桌，取活字配定，印出，則攪和之，復配他頁。大略生字少刻而熟字多刻，以便配用。余家有活板蘇斜川集十卷，惟大小不劃一耳。近日邸報，往往用活板配印，以便屢印屢換，乃出於不得已，卽有訛謬，可以情恕也。」報紙而用手寫，其費時可知，一旦改用活板，其出數可隨意增加，則當時閱報者，亦勢必因之日衆，故改用活板印刷，於報紙之發展，極有關係也。（中國報學史三三頁）。

又陸深金台紀聞有：「近日毘陵人，用銅鉛爲活字，視板印尤輕便」。

活板到明代，不僅用以印刷書籍，且進而印刷邸報，不僅用棗梨木刻，且用銅錫鑄字。復有以多色套印者。蓋其時木板雕刻，雖仍爲官私家所普遍採用，但活板之應用，似已爲社爲所普遍詳熟。惜無人大力倡辦，亦乏研究機構。故此一技術，仍停滯於師徒相傳之舊法，未能再有發展。

第七章　紙張源流及其傳播

紙張發明後的應用

紙張發明已如前述，本節先述其源流、次及傳播。

紙張發明後，到晉代逐漸改良、使用亦趨普及。晉武帝太康五年（公元二八〇年）大秦人獻密香紙五萬幅。帝賜杜預萬幅，飭寫春秋釋例及經傳集解。終以預卒未果。按密香紙製法，係以密香樹皮葉所作。微褐色，有紋如魚子，極香而堅韌，水漬之不潰爛。

拾遺記：海苔紙，晉南越所貢，以苔爲之，名側理紙。後人言陟釐。武帝賜張華萬番。

博物志：王右軍寫蘭亭序，用蠶繭紙。又會稽庫中有紙九萬番，悉以乞謝安

齊高帝造銀光紙，賜王僧度，一名凝光紙。

梁宣帝對紙張特爲欣賞，曾爲紙詠詩云：皎白猶霜雪，方正若布茶，宜情且記事，寧同魚網時。

綜觀晉朝時代，造紙漸趨發達，蓋因其質輕便携，故樂爲人所用，迄於唐代，則更普遍矣。

唐初將相官誥，亦用銷金箋及鳳凰紙書之，餘皆魚牋花牋紙。譜有玉板、貢餘、經屑、表光之名。

唐書百官志，投晉郎有熟紙裝璜匠八人。祕書監有熟紙匠十人，地理志江南道，蓋古揚州南境，厥貢金銀紗綾蕉葛帛練鮫草藤紙丹砂。藝文志，集賢書院，學士通籍士入本府，月給蜀麻紙五千番。

南唐有澄心堂紙，細簿光潤，爲一時之甲。負暄雜錄，唐人詩中，多用蠻箋。

王鉎雲仙雜記，唐貞觀中，太宗詔用麻紙寫敕，高宗以白紙多虫蛀，尚書省頒下州縣，並用黃紙。

雲仙雜記又載：「唐玄裝以回鋒紙印普賢象，施於四衆，每歲五馱無餘。」既知模印佛像，與刷印

文字，極爲接近，自會想到雕板。薛稷爲紙封九錫，拜楮國公白州刺史，統領萬字軍界道中郎將。

法書要錄，蕭公名誠，蘭陵人。梁之後。拜右司員外郎。善造斑石文紙。用西川野麻及虢州土穀。五色光滑，殊勝子彭。

續博物志，元和中，元稹使蜀，營妓薛濤造十色彩牋以寄。元稹於松牋上寄詩贈濤。蜀中綾紋紙，流行最久。又牧豎閒談，亦記薛濤歸浣花溪，將十彩紙，別模新樣，寄元公百餘幅。

古今圖書集成，紙部選句，杜甫詩：「春興不知凡幾首，衡陽紙價頓能高。」又元稹詩：「麥紙侵紅點，蘭燈燄碧膏。」又白居易寄微之詩：「君問西州城下事，醉中壘紙爲君書。」又李商隱送崔珏往西川詩：「浣花牋紙桃花色，好好題詩詠玉鉤。」又王建宮詞：「每日進來舍風紙，殿頭無事不敎書。」又元稹書樂天紙詩：「金鑾殿裏書殘紙，乞與荊州元判司，不忍拈將等閒用，半封京信半題詩。」紙張在唐時，受人重視如此。

白麻紙爲古代紙張中之較佳者，其原料率以楮皮爲主。在唐時業已風行。白樂天杜陵叟傷農夫困詩：「不知何人奏皇帝，帝心惻隱知人弊，『白麻紙上書德音』，京畿盡放今年稅」。白麻紙在唐時被官府用於公文書，白詩言之鑿鑿，足證唐時已有白麻紙無疑。

又白樂天初到洛下（洛陽）閒遊詩：「詩携彩紙新裝卷，酒典徘花舊賜袍。」彩紙又裝新卷，書寫所作詩章。紙張之有彩色，供時人裝置新卷，既便携帶，又復美觀。足證唐時紙張，供給一般應用外，更有五彩美麗之紙張，通行於世。該詩爲初到洛下時，閒遊所作。白氏初到洛陽，究爲何時，頗難考證。按宋陳振孫所著白香山年譜，貞元二年，有避難在越中詩句。及貞元五年（係公元七八九年）公年十八時在京師。想其初到洛下，概在德宗貞元初年也。可證中唐時期紙張，已由白色進步到彩色絢爛矣。

費著蜀牋譜：「古者書契多以竹簡，其次用縑帛。至以木膚麻頭敝布魚網爲紙，自東漢蔡倫始。簡太重、縑太貴，人遂以紙爲便，於文字有功。咸稱蔡侯紙。今天下皆以木屑爲紙，而蜀中乃盡用蔡倫法，雜以舊布破履亂麻爲之。惟經屑表光，皆蜀牋之名，非亂麻不用，於是造紙者廟祀蔡倫矣。」蜀地造紙昌盛，奉祀蔡倫，可以想知其發達之狀。

又：「廣都紙有四色：一曰假山南，二曰假榮、三曰冉村、四曰竹紙。皆以楮皮爲之。其視浣花牋紙最清潔。凡公私薄契書卷圖藉文牒，皆取給於是。廣幅無粉者謂之假山南，狹幅有粉者謂之假榮，造於冉村者曰清水，造於龍區鄉曰竹紙。蜀中經史子集，皆以此紙傳印。而竹紙之輕細似池紙，視上三色價稍貴。近年又倣徽池法作勝池紙，亦可用，但未甚精緻耳。」

江寧府志：「後主造澄心堂紙，甚爲貴重。宋初紙猶有存者。歐公曾以二軸贈梅聖俞，梅以詩謝曰：江南李氏有國日，百金不許市一枚，當時國破何所有，帑藏空竭生莓苔，但存圖書及此紙，棄置大屋牆角堆，幅狹不堪作誥命，聊備麤使供鸞台」。相傳淳化閣帖，皆此紙所搨，歐陽公五代史，亦用此屬草。蓋此紙以桑皮爲質料，後主所置者，工料特精，別以烈祖之澄心堂名之，遂成上方珍品。所謂宋初猶有存者，謂南唐紙猶存。可知南唐遺紙甚多，爲時人所貴也。

東坡志林：「昔人以海苔爲紙，今無有。今人以竹爲紙，亦古所無有也。」

東坡題跋：「成都浣花溪水，清滑異常，以漚麻楮作牋，潔白可愛，數十里外，便不堪造，信水之力也。揚州有蜀崗，崗上有大明寺井，知味者以爲與蜀水相似。溪左右居人亦造紙，與蜀產不甚相遠。近年以來，所產益多，亦益精。更數十年，當與蜀紙相抗也。」

東坡先生自海外歸，與程德孺書云：告爲買杭州程奕筆百枝越州紙二千幅。常使及展手各半，江聖錫尚書在成都，集故家所藏東坡帖，刻爲十卷。大抵竹紙居十之七八。米元章書史云：予嘗硾越州竹光，透如金版，在油拳上短截作軸，入笈番復一日數十紙，前輩貴會稽竹紙，於此可見。

按唐時寫本，多用益州麻紙，堅緻耐久。至宋造竹紙，質輕價廉，麻紙寢廢。

天祿琳琅：「宋刻春秋經集解後，刻木記云：『淳熙三年八月十七日，左廊司局內曹幸典」秦玉楨等奏聞，壁經春秋左傳、國語、史記等書，多爲蠹魚傷牘，未放備進上覽，奉勅用素木椒紙，各造十部。四年九月進覽。監造臣曹棟校梓，司局臣郭愛驗牘。』據識爲孝宗元年所刻，以備宣索者。」棗木刻世尚知用，若印以椒紙，後來無此精工也。

明張萱疑耀：「余獲校秘閣書籍，每見宋板書，多以官府文牒翻其背以印行者。爲治平類篇一部四十卷，皆元符二年及崇寧五年公私文牘牋啓之故也。其紙極厚，背面光澤如一，故可兩用，若今之紙，不能爾也。」

筆叢：「凡印書，永豐綿紙爲上，常山柬紙次之，順昌書紙又次之，福建竹紙爲下，綿貴其白且堅，柬貴其澤且厚。順昌堅不如綿，厚不如柬，直以價廉取稱。閩中紙短窄黧薄，刻又舛訛，品最下而直最廉。」

藝風堂藏書記：「明刻李長吉歌詞，附製書雅意四則。一、紙用清文京古千。或太使速方稱。二、印用方式徽墨，孫氏京墨，，凡墨勿用。三、殼用月白雪綾。純厚青絹，椒表陰乾。四、裁用利刀，磨用光石，俱付良工。」

廣信府志拾遺：「石塘人善作表紙，搗竹絲爲之。竹筍三月發生，四月立夏後五日，剝其殼作蓬紙，以竹絲置於池中，浸以石灰漿。上竹楻鍋煮爛，經宿水漂淨之，後將稿灰淋水，再上楻鍋煮爛，復水漂淨之。始用黃豆泓注一大桶，楻一層竹絲，則一層豆泓。過三五日，始取爲之。白表紙正用藤紙藥，黃表紙則用姜貴細舂末。稱定分兩。每一槽四人：抉頭一人，舂堆一人，檢料一人，烘乾一人，每日出紙八把。」（按把與捆繩相近）。

王宗沐江西省志：「廣信府紙槽，前不可考。自洪武年間，創於玉山一縣，至嘉靖以來，始有永豐、鉛山、上饒三縣等處，亦各起立槽房。玉山槽在峽口等處，永豐槽在柘楊等處，鉛山槽在石塘石壠等處，上饒槽在黃坑、周村、高州、鐵山等處。皆水土宜槽，窮源石峽，清流湍激，漂料潔白，蒸熱搗細。藥和溶化，澄清如水。簾撈成紙，製作有方。其槽所在非一地，散布鄉村，且係民產。不易稽覆，始記其大略。又楮之所用，爲構皮，爲竹絲，爲簾，爲百結皮。其構皮出自湖廣，竹絲產於福建，簾產於徽州浙江。自昔皆屬於吉安徽州二府商販，裝運本府地方貨賣。其百結皮，玉山土產。槽戶僱工，將前物料，浸放清流激水，經數晝夜，足踏去殼，打把撈起，甑火蒸爛，剝去其骨。扯粹成絲，用力切斷，攪以石灰。月餘之後，仍入甑蒸，盛於布囊，放於急水。浸數晝夜，踏去灰水。見清，攤放洲上，日晒水淋，無論月日，以白爲度木杵舂細，或片搗開。後用桐子殼灰及柴灰和勻，滾水淋泡，陰乾半月，潤水晒透。仍用甑蒸水漂，暴晒不計遍散。用手擇去小疵；絕無瑕玷。刀斫如炙，揉碎爲末。包袱包裸，又放激流洗去濁水。然後安放清石板合槽內，決長流水入槽，任其自來自去。藥和溶化，澄清如水，照依紙式大小高闊，置買絕細竹絲，以黃絲線織成簾牀，四面用筐綳緊。大紙六人，小紙二人，扛簾入槽，水中攪轉，浪動撈起。簾上成紙一張揭下疊榨去水，逐張掀上，磚造火焙。兩面粉飾，光勻內中。陰陽火燒，薰乾收下，方始成紙。工難細述論。」

紹興府志：「越中昔時造紙甚多。韓昌黎毛穎傳，紙曰會稽楮先生是也。嵊縣剡藤紙，名擅天下。式凡五：用木椎推治，堅滑光白者，曰硾牋；瑩潤爲玉者，曰玉板牋；用南唐澄心紙樣者，曰澄心堂牋；用蜀人魚子牋法，曰粉雪羅牋。造用多水隹，敲氷爲之曰敲水牋，今沒有傳其術者。竹紙。嘉泰志：『剡之藤紙，得名最舊。其次曰苔紙。然今獨竹紙名天下。他方效之，莫能彷彿。遂掩藤紙矣。竹紙上品有三：曰姚黃。曰學士、曰邵公。三等皆又有名。展手者，其修如常而廣信之。自王荆公好用小竹紙，比今邵公樣尤短小，士大夫翕然效之。建炎，紹興以前，書簡往來，率爲用焉。後忽廢書牋而用箚子。箚子必以楮皮，故賣竹紙者稍不售，惟攻書者獨喜之。滑一也，發墨色二也，宜筆鋒三也，卷舒雖久，墨節不渝四也，不蠹五也。會稽之竹，爲紙者祗是一種。取於筍長未甚成竹時，乃可用。』

常山縣志：「邑產紙，大小厚薄，名式甚衆。有歷日紙，贓罰紙，科本紙，冊紙，三色紙，大紗窗，大白榜，大中夾。又有十九色紙，各類綿紙、連四紙。楮皮紙，毛邊紙。以玉板紙，簾大料細，尤難抄造。他如客商所用，各隨販賣處所宜，名式不可枚舉。凡江南，河南等處贓罰，及湖南福建大派官紙，俱來本縣買納。」

衢州府志，金華志，龍遊志，赤城志等，均記各該地區，產有多種紙類，行銷民間。

安徽省志：「徽州府唐時土貢紙，今無佳者。往往市自開化間。寧國府郡邑皆出紙，宣，經，寧三邑尤擅名。太平府紙出繁昌，六安州邑造紙甚多。」

福建通志：「福州竹穰楮皮薄籐，凡柔韌者，皆可造紙。」又四川通志：「保寧府出楮紙，夔州府萬縣產蠲紙，龍安府江油出楮紙，雅州府產蠲紙，嘉定府尖山下爲紙坊，楮薄如蟬翼，而堅重可久，忠州果山亦出紙。」又湖南通志，長沙府衡山出土貢紙，耒陽亦出紙。耒陽蔡倫故宅，旁有蔡子池。倫漢黃門郎，順帝之世，擣故魚網爲紙，用代簡箸，自其始也。衡陽出五家紙，又云工界紙。

綜觀以上資料，造紙之盛，遍及全國各地。紙張之爲用，大矣哉。

河南省志：「中原密縣產紙，以紙坊街業紙者爲最多。一鎭千餘家，農隙時，悉從事造紙。」

按密縣紙坊造紙，以楮皮爲筋，稻草麥桿爲主料。所製各類各色紙張，品名甚爲繁劇。較大紙坊，有蒸鍋、炕房、漿糟、碾盤，以及各種工具。如竹簾、框架、晒架、烘墻等。所出紙張，有頂上等、上等、中等、下等多種。頂上之紙，概以楮皮爲主，亦有採用桑皮者。

我國對日抗戰期間，（民國廿六年至三十四年卽公元一九三七至一九四五年）河南爲華北軍事重地。但其北部東部及皖鄂接壤處，俱陷日閥。洋貨斷絕，紙荒嚴重。土造紙張，應時而盛。著者主持河洛日報及中原晚報，並兼任河南省記者公會主席。新聞同業、咸感需紙迫切。著者爰用舊法，在洛陽潘寨鎭（著者故里）倡設造紙廠。員工達二百名、所產對開白報紙，除源源供應兩報外，並以餘力，製造敎科書用紙及一般用紙。以供戰時社會之需。戰時首都重慶，倍感紙荒。所產報紙，色黃質低，遠遜於河南所造。爾時凡由四川到河南者，無不嘉許所造張之成功。土製紙法，確已落伍，但在戰時，頗能適應需要，特爲追述。

古今圖書集成字學典論紙：「上古無紙，用汗青者，以火炙竹，令汗出取青，易於作書。至漢蔡倫始製紙，爲萬世利也。初搗魚網爲紙曰網紙。以布作者曰痲紙。以樹皮作者曰穀紙。蜀有凝光紙，雲藍箋，花葉紙，十色薛濤牋名曰蜀牋。有側理紙，松花紙，流沙紙，彩霞金粉龍鳳紙，綾紋紙，短廉白紙，硬黃紙，布紙，縹紅紙，青赤綠桃花牋，藤角紙，縹紅痲紙，桑根紙，六合牋，魚子牋，苔紙等，建中年有女兒青紙，卵紙。宋有澄心堂紙，蠟黃藏經牋，白經牋、碧雲春枝牋，有龍鳳印邊三色內紙，有印金團花卉各色金花牋紙，有藤白紙，硏光小本紙，李後生造會府紙，長二丈，闊一丈，厚如繒帛數重，陶穀家藏有鄱陽白數幅，長如匹練。西山觀音心紙，鵠白紙，英山紙，臨川小牋紙，上虞紙，又如子邑之紙，姸妙輝光，皆世稱也。」檢閱以上所述，紙張在中古時代，應用之廣，可以想知。

古代製紙方法

關於古代製紙方法，雖無科學設施，但所製紙張，品質則甚精麗。尤以彩雲牋爲著。據古今圖書集成字學典所載製紙法：有造色紙法，以橡子穀大黃梔爲主要原料，造葵牋法，以戎葵葉爲原料，經過搗

圖五十三

圖五十四

圖五十五

六十五圖

圖五十七

和挂乾等手續，卽成色艷可人之紙箋。另有宋牋染色法，染紙作書不用膠法，造搥白紙法，造金銀印花牋法，造梅花牋法等。均依所需成色，調配染色藥料。故其成品精美，且能保持永久。

明代科學家宋應星所著天工開物，對古時製紙方法，敍述頗爲詳盡，其殺靑篇云：「凡紙質，用楮樹皮與桑穰，芙蓉膜等諸物質爲皮紙。用竹麻者爲竹紙。精者極其潔白，供書文，印文，柬啓用。粗者爲火紙，包裸紙。所謂殺靑，以斬竹得石，汗靑以煮瀝得名。簡卽已成紙名，乃煮竹成簡。後人遂疑削竹片以紀事，而又誤疑韋編爲皮條穿竹札也。秦火未經時，書籍繁甚，削竹能藏幾何？如西番用貝樹造成紙葉。中華又疑以貝葉書經典。不知樹葉離根卽焦，與削竹同一可哂也。」

又云：「製造竹紙：凡造竹紙事出南方。而閩省獨專其盛。當筍生之後，看視山窩深淺，其竹以將生枝葉者爲上料。節界芒種，則登山砍伐，截斷五七尺長。就於本山開塘一口，注水其中漂浸。恐塘水有涸時，則用竹梘通引不斷瀑流注入。浸至百日之外。加功槌洗。洗去粗殼與靑皮。其中竹穰，形同苧麻樣。用上好石灰化汁塗漿。入楻桶下煮。火以八日八夜爲率。凡煮竹下鍋用徑四尺者，鍋上泥與石灰揑弦。高闊如廣。中煮鹽牢盆樣，中可載水十餘石。上蓋楻桶，其圍丈五尺，其徑四尺餘。蓋定受煮，八日已足。歇火一日。揭楻取出竹麻。入清水漂塘之內洗淨，其塘底面四維，皆用木板合縫砌完，以防泥汚。洗淨，用柴灰漿過。再入釜中。其上按平，平鋪稻草灰寸許。桶內水滾沸，卽取出別桶之中仍以灰汁淋下。倘水冷，燒滾再淋。如是十餘日，自然臭爛，取出入臼受舂。舂至形同泥麵，傾入槽內，凡抄紙槽上合方斗，尺寸闊狹，槽視簾，簾視紙。竹麻已成。槽內清水浸浮其面三寸許。入紙藥水汁于其中。則水乾自然成潔白。凡抄紙簾，用刮磨絕細竹絲編成。展卷張開時，下有縱橫架框，兩手抄簾，內水蕩起竹麻，入於簾內，厚薄由人手法。輕蕩則簿，重蕩則厚。竹料浮簾之傾，水從四際淋下槽內。然後覆簾落紙於板上。疊積千萬張，數滿則上以板壓。俏繩如棍。如榨油法。使水氣淨盡乾流，然後以輕細銅鑷，逐張揭起焙乾。凡焙紙先以土磚砌成夾巷。下以磚蓋巷地面。數塊以往，卽空一磚。火薪從頭穴燒發。火氣從磚隙透向外磚盡熱。濕紙逐張貼上焙乾，揭起成帙。近世闊幅者，名大四連。一時書文貴重。其廢紙洗去朱墨汚穢，浸爛入槽再造。全省從前煮浸之力。依然成紙。耗亦不多。南方紙賤之國，不以爲然。北方卽寸條片角，在地隨手拾起再造。名曰還魂紙。竹與皮，精與粗，皆同之也。若火紙、糙紙、斬竹、煮麻，灰漿水淋，皆同前法，唯脫簾之後，不同烘焙，壓水去濕，日晒成乾而已。盛唐時，鬼神事繁，以紙錢代焚帛。故造此者名曰火紙。荆林近俗，有一焚侈至千斤者。此紙十七供冥燒，十三供日用。其最粗而厚者，名曰包裹紙。則竹麻和宿田晚稻藁所爲也。若鉛山諸邑所造柬紙，則全用細竹料厚質蕩成。以射重價。最上者日官柬。富貴之家通刺用之。其紙敦厚而無筋膜。染紅爲吉柬。則先以白礬水染過。後上紅花汁云。」

又云：「製造皮紙；凡楮樹取皮於春末夏初，剝取樹已老者，就根伐去。以土蓋之，來年再長新條，其皮至美。凡皮紙，楮皮六十斤，仍入絕嫩竹麻四十斤，同塘漂浸，同用石灰漿塗，入釜煮糜。近法省嗇者。皮、竹十七而外，或入宿田稻藁十三。用藥得方，仍成潔白。凡皮料堅固紙，其縱文扯斷如綿絲，故曰綿紙。橫斷且費力。其最上一等，供用大內糊窗格者，曰櫺紗紙。此紙自廣信郡造，長過七尺，闊過四尺。五色顏料，光滴色汁槽內和成，不由後染。其次曰連四紙。連四中最白者，曰紅上紙，皮名而竹與稻藁參和而成料者，曰揭帖呈文紙。芙蓉等皮造者，統曰小皮紙。在江西則曰中夾紙。河南所造，未詳何草木爲質。北供帝京，產亦廣。又桑皮造者曰桑穰紙，極其敦厚。東浙所產，三吳收蠶種者必用之。凡湖南傘與油扇，皆用小皮紙，凡造皮紙，闊者其盛水槽甚寬。巨簾非一人手力所勝，兩人對舉蕩成。若櫺紗則數人方勝其任。凡皮紙供用畫幅。先用礬水蕩過。則毛茨不起。紙以逼簾者爲正面。蓋料卽成泥。浮其上者，粗意猶存也。朝鮮白硾紙不知用何質料。倭國有造紙不用簾抄者。煮料成糜時，以巨闊靑石覆於炕面，其下爇火。使石發燒，然後用糊刷蘸糜，薄刷石面。居然頃刻成紙一張。一揭而起。永嘉蠲糨紙，亦桑穰造。四川薛濤牋，亦芙蓉皮爲料。煮糜入芙蓉花末汁。或當時薛濤所指，遂留名至今，其美在色，不在質料也。」紙張使用，到明代益爲普遍。故其製法，亦日益精進。

所謂薛濤牋者，係紙以人得名也。按薛濤唐時長安良家女。父鄖因官寓蜀而卒，母孀養濤及笄，以名聞外。又能掃眉塗粉，與士族不侔。客有竊與之晏語，時韋中令皐鎭蜀，召令侍酒賦詩。僚佐多士，爲之改觀。濤出入幕府，自皐至李德裕，凡歷年十一鎭，皆以詩受知。其間與濤唱和者，元稹，白居易，牛僧儒，令狐楚、裴度、嚴綬、張籍、杜牧、劉禹錫、吳武陵，張祜餘皆名士紀載，凡廿人競有酬和。濤僑止百花潭，躬撰深紅小彩箋，裁書供吟，獻酧賢傑，時謂之薛濤。（採自古今圖書集成）。

輟耕錄：王古心先生筆錄內一則云、元外交靑龍鎭隆平寺主藏僧永光字絕照訪予觀物齋，時年已八十四，話次因問光，前代藏經接縫如一綫，日久不脫何也?光云：古法用楮樹汁，飛麪白芨末三物，調和如糊，以之黏接紙縫，永不脫解。過如膠漆之堅。（採自古今圖書集成）

紙張之傳播

我國紙張之發明，遠在二千年以前，對於文字之流傳，厥功至偉。倘無此發明，則人類文化之進步，不能如此迅速，而各民族間之同化功能，將亦減低緩慢矣。

自紙張發明後，由漢晉而唐宋，於焉大行，人人稱便。促使知識交流，文明進步之功，誠不可沒。不特此也，造紙之術，東漸而入高麗後，三百年間，由高麗僧人傳至日本。又唐代我國人與亞剌伯人戰，俘虜中有善製紙者，遂傳其術於斯土。時公元七五一年也。阿剌伯人始設造紙廠於撒馬爾干（Samar-kand)，公元七九三年，又設廠於巴格達（Bagdad）及大馬色（Damascus）大開製紙之端。其後斯術極盛，遂傳播於西方文明諸國。至十世紀，傳至埃及，十一世紀，更發達至亞非利加地方地中海沿岸。亞剌伯人侵入歐州時，造紙術遂傳入西班牙之隆鐵弗（Xativa）時公元一一五〇年。同時十字軍亦由小亞細亞傳其術於義大利之孟泰芬（Montefano）與威尼斯（Venice）時公元一二七六年。此爲歐洲造紙業之濫觴。降至十二世紀，法蘭西之侯潤特（Hiranlt）亦設造紙廠，但至十四世紀，乃見其盛。此後流傳益廣，瑞士於公元一三五〇年，澳大利於一三九一年，德意志於一三二〇年，比利斯於一四五〇年，英吉利於一四九四年，瑞典，挪威於一五四〇年，俄羅斯於一五六七年，先後設造紙廠。最後傳至美利堅，爲公元一六九〇年，最先以機器造紙，爲荷蘭人李善議（W.Bithing），今則以美國爲巨擘。

關於造紙術西傳經過，時賢李書華、胡志偉、姚從吾等，均有考證紀述。

李書華所著：「造紙的發明及其傳播」刋載於大陸雜誌第十卷二期：其要略如次：公元一九〇〇年，斯坦因（Avrel Stein）第一次在中國西北考古所發現的古紙，交由魏斯諾（Julcs Wiesner）研究（按魏係維也納大學植物學教授），證明其一部份爲破布，一部份爲植物纖維。一九〇七年斯坦因又到中國西北考古，在敦煌附近古長城廢墟發現更古的紙，仍由魏氏研究。一九一一年，魏氏證明爲純破布所造。由實物的發現，證實漢書所載蔡倫傳所述原料的正確。因此，世界始公認用破布造紙，爲中國人的發明。而非阿剌伯人或歐洲人所始用。

由於斯坦因及斯文赫丁（SvenHedin）所發現中國西北古紙的檢查研究，證明中國早期的紙，已達到很進步的程度。並已有很好的「加膠」等手續。於是世界上對中國發明造紙的觀感，根本爲之大變。

公元六五〇年，亞剌伯的麥加（Mecca）已用中國輸入的紙。唐玄宗時（公元七五一年）距蔡倫發明造紙六四六年，造紙全部技術，傳給撒馬爾干的阿拉伯人。此後漸漸西進，遍傳於阿拉伯勢力所及的各地方。經由巴格達，埃及、摩洛哥、至十二世紀，傳至西班牙，再傳入歐洲其他國家。

公元七五一年，唐將高仙芝，在亞剌伯怛羅斯戰敗。中國俘虜中，有造紙專家及其他技術人員，唐杜佑通典中，亦有紀載。亞剌伯人，爰利用俘虜中善造紙者，設廠於撒馬爾干。因撒地種植大麻及亞麻甚多，且有河流清水，均爲造紙之有利條件。嗣於七九四年，在巴格達設立第二個造紙廠，仍由中國造紙工匠主持其事。又在亞剌伯西南海岸底哈馬，創立第三個造紙廠，在大馬士革，創立第四個造紙廠。大馬士革所造之紙，輸入歐洲，達數世紀之久。此後造紙事業，遍布於伊斯蘭區域。卽波斯、亞剌伯、敍利亞、埃及與西班牙。十世紀中葉，亞剌伯勢力範圍中，已用紙代替了芭茈片。

印度與中國，雖自漢朝已有交通，然造紙方法，歷千有餘年，幷未傳入印度。直至十二世紀末期，回敎徒始將造紙法傳入印度。因破布不潔，印度敎徒，不願從事造紙。因此印度造紙事業，似全爲回敎徒所掌握。尼泊爾的印度敎徒，則用中國方法，以樹皮造紙。

埃及在十世紀時，已有造紙廠。地點概在開羅。自此沿北非地中海岸，傳至摩洛哥。十二世紀時，費茲（Fex）有四百個造紙磨臼。其發達可見一般。

西班牙十世紀時，已知有紙。其最早的紙廠，設於雜地瓦卽現今之聖腓利普。爲歐州最古的早期造紙廠。

義大利是歐洲造紙次早的古國。公元一二六八與六七年間，發卜瑞亞諾，已有許多造紙廠。究由北非傳入？抑十字軍由巴來士登傳入，尚爲疑問。歐洲現存最古之紙文件，是西西里文件，上寫希臘文及阿剌伯文，其年代爲公元一一〇九年，現存巴萊爾姆城。

西班牙與義大利二國，設立造紙廠，孰先孰後，至今仍爭持未決。

法國造紙，則由西班牙傳入，十四世紀，始有造紙廠。阿伯州文獻保管處有一三四八年套義附近設造紙廠的紀錄。一三七六年，另有造紙廠，設於聖克盧。

德國最早的紙廠，概係一三九〇年，設於紐杭伯格，主持人爲施透梅（Stromer）。

英國最初的造紙廠，是一四九〇年左右，由泰德設於黑特非德附近。

美國造紙事業較晚，概在一六九〇年，由瑞登浩斯設造紙廠於德國城。爾時尙未獨立，係英國殖民地時代。

十八世紀時，歐西耶穌教士，將中國紙的發明，製造及造紙所用各種植物原料等方法，帶回歐洲。啓發歐洲人，特別是德法兩國人，試用植物造紙成功，故十八世紀後半期，趨於發達。

以上是千餘年來，中國造紙方法，由東亞向西歐及美洲傳播的概況。紙發明以後，最初六百年間，世界造紙事業，爲中國所獨有。自中國人將造紙方法，傳給阿拉伯人以後，約五百年間，西方造紙事業，爲阿拉伯人所獨佔。自阿拉伯人傳給西班牙人以後，歐洲人始有造紙。

歐亞名人駱飛有言：「巴比倫、埃及與希臘等文化發達，雖比中國較早，但是他們貢獻的重要性，不能與中國造紙發明及印刷發明相等。」又說：「假如沒有紙，便沒有過去適當紀錄，沒有歷史，沒有科學，沒有進步。造紙是人類知識發展的新階段，由野蠻進入文明的階段。」

胡志偉在大陸雜誌二十四卷二期中，撰有「造紙術西傳的經過。」其最後有言：「造紙術在歐洲進展緩慢，但雕板印刷，却發展迅速。紙在歐洲所以緩慢，因歐人習用羊皮紙。同時歐人，很少需整部著作，直至印刷術出現時，仍少大套書籍。紙之傳入歐洲，使歐洲利用印刷術，成爲可能。歐洲印刷興起，使紙的用量日增。在歐洲開始印刷之後，起初是雕板印刷，繼之爲活板印刷。紙因適應需要，代替羊皮紙，而成爲書寫用的唯一物質。」

又曰：「從中國到歐洲，其間高山峻嶺，沙漠綿亙。但紙終於以千餘年的歲月，走完全程，而成爲中國人贈予西方的最有意義的禮物。」

姚從吾氏，對紙張西傳，亦有考訂。所撰：「中國造紙術傳入歐洲考」載於輔仁學誌一卷一期，言之尤爲深切。其引證十世紀阿拉伯著名史學家世界明珠作者「塔阿來比」，對于紙到撒馬爾干，曾稱：

「週遊列國的作者曾說：造紙術從中國傳到撒馬爾干，由於中國俘虜。生擒此等中國俘虜的人，爲鎮將齊牙德、伊布、噶利將軍。從衆俘中，得造紙匠若干人，由是設廠造紙，馳名遠近。造紙發達後，不但供應需要，且銷行各地，爲撒馬爾干對外貿易的一種重要出口品。造紙旣盛，抄寫便利，不但利濟一方，實全世界人類的福利。」

以後阿拉伯學者，哲學家、喀次維尼亦稱：

「撒馬爾干的珍美物品，形色不一，爲各邦所稱羡。卽如撒馬爾干人造的紙，除中國人以外，沒有別的地方，堪與匹比。」

又說：「造紙術傳到撒馬爾干，不久卽成爲撒馬爾干的特產。」

阿拉伯文原史，關於造紙術及其發達的記載，甚爲豐富，姚氏以手頭欠缺資料，不能臚舉。但對阿拉伯造紙傳播，考述頗詳，在阿拉伯及報達，達馬司庫斯與埃及之開羅，北非之非司等，傳入後不久，均形成製紙重地，發達之速，出人意想。且形成西傳歐洲的中心區。分述如次：

一、撒馬爾干。阿拉伯人，善於商賈，曾掌握中世紀世界商業霸權。紙爲東方所有，西方所無，自然爲當時商品之一。以塔阿來比及賽米諾夫天山斯荃主編土耳其斯坦的話，證明撒馬爾干人造紙優美。

塔阿來比說：「撒馬爾干的特色，簡單說：就是造紙。它所造的紙，精美便用，所以不久卽戰勝舊日犢皮，羊革，埃及書卷，取其地位而代之。紙惟撒馬爾干與中國有之。」

賽米諾夫天山斯荃主編的土耳其斯坦說：「撒馬爾干出產之紙，最早最馳名者，爲襤褸造紙。第八世紀中葉撒馬爾干人學自中國人，採襤褸舊布，製造成紙，應用便利，通行遠近，至第七、第十世紀，回教主領域以內，皆是採用撒馬爾干紙，從前羊革，埃及書卷，逐漸絕跡。」（俄羅斯地理叢編第十九册。）

二、報達（Bagdad）（美索不達米的都市）爲撒馬爾干第二個造紙城。公元七九四—五年間，新京擴大，並招收中國紙匠與阿拉伯造紙工匠，在報達設立國營造紙廠，從事造紙，此後衙署公文，亦改用紙。由是遂成爲阿拉伯帝國第二造紙中心。邁耶百科全書也說：「紀元後七九五年左右，造紙術傳到阿拉伯四十年，報達卽建造紙廠。故報達在當時，爲阿拉伯第二個造紙城。由報達傳輸西方各地的紙，直到十五世紀，猶興盛未替。

嗣後報達曾被蒙古人屠燬，但因地位便利，不久復興，製紙業仍甚發達。

三、達馬司庫斯（Damaseus）卽今之敍利亞首都，自古爲東西交通要衝。曾領袖歐亞，爲小亞細亞冠冕，馳名造紙。銷行歐洲各地，中世紀歐人，譽爲達馬司庫斯紙。

四、開羅—卽今之埃及都城。埃及于六四一年被阿拉伯帝國征服，變爲亞拉伯主要省區。埃及產書卷，人民長於書寫，便利精美的紙，傳到埃及，更易受一般人歡迎。第七、八世紀，紙已風形。例證如下：

1.據葛老曼喀拉巴差克教授考證，最早古紙，據所記年月推算，確在公元八一六年之間。最後的埃及紙，年月在公元九三六年。是年以後埃紙絕跡，所有擋案，概爲中國式紙。

2.公元八八三至八九五年間，有埃及古謝函一封，文辭雅潔，書寫整飭。信末有「恕用書卷」字樣。寫信人以書卷爲不恭，紙在當時的時髦可知。

3.公元一〇四〇年，波斯遊歷家到埃及，撰述開羅風景，謂街市蔬菜小販、零賣商人，包裹物品，無不用紙。

4.一二〇〇年左右，報達地區醫生遊歷埃及說，埃及土著及阿拉伯貧苦工作，則負囊持杖，奔走各古城，遺墟檢尋屍衣，綁帶，賣於工廠，供造紙之用。

用紙包蔬菜、物品，當然在造紙通行以後。至於背簍持杖，檢屍衣，舊布、供給造紙，大有今日檢破爛之習，可以想知當時造紙業之發達。

五、非司，爲今摩洛哥城，位於北非。紙從七五一年，輸入阿拉伯後，摩洛哥曾爲法提米朝與西班牙爭雄的地方。非司一度被西所佔，造紙工業，此時卽由非輸入西班牙各地。

非司最盛時，有禮拜寺、教堂、達七百八十五處，公共浴室九十三所，水磨四百七十二座，專供造紙之用。十五世紀前，非司爲著名產紙地。十九世紀時，猶爲其出口大宗。

此外阿拉伯人最早在歐造紙地爲西班牙的沙提瓦，或瓦冷亞西，爲造紙術西入歐洲的橋樑。

中世紀紙由小亞細亞輸入歐洲道路，姚氏認爲有四：

第一、經達馬司庫斯由海道至亞利山大利亞，經繞西西里，入摩洛哥非司，到西班牙，再由陸路入法蘭西。

第二、由小亞細亞、達馬司庫斯入君士坦丁，由此傳入巴爾幹半島，經海路直達維尼斯。

第三、由達馬司庫斯、亞利山大利亞、經西西里入義大利，或直由馬賽入法蘭西。

第四、由海道入義大利者，輸入歐洲內地，沿多惱河、散布、匈、奥各地，而入法國南部。入法蘭西者，再沿萊因河入瑞士、荷蘭、法國西部、北部、越海入英吉利。

德國通用邁耶百科全書紙條：

「紀元七六一年，駐居撒馬爾干的阿拉伯人、接受由戰場獲得中國俘虜的指導，始知造紙。由是變爲造紙中心，漸次推到各地。自是阿拉伯人舊日通用的書寫品，遂歸廢棄。」

關于阿拉伯人與中國人的造紙方法是否相同，姚氏引述喀拉巴差客、維斯納著述中，及德文邁耶百科全書所記方法，如用「襤褸、破布、舊紙……爲主料」，其手續恰與中國舊法相合。其法先將襤褸破布，碎麻舊紙，加以選擇，除去汚腐，用水煮煎，以爛爲度。再漬以水，助藥料石灰。用石杵、木棍搗碎、水磨碾細，攪糊攤薄膜，承於細孔平板之上，半乾時，平壓成紙。

前述方法，確爲中國發明紙張後沿用的舊法。迄至民國二十七年，抗日大戰期間，著者在洛陽故鄉曾採此法造紙，供應戰時印刷出報之需。基於上述考證，紙張傳入歐西，確爲中國之法，中國發明紙張，對世界人類之貢獻，實至大且巨。

十九世紀以後，科學昌明，機器工業突飛猛進。紙張採用機製，頻繁續出。形成大革命性之進步。惟機器製法之傳入東亞，始於一八七〇年。日本受歐戰之賜，泱泱然爲一大製紙國家。我國於清光緒十七年（公元一八九一）李鴻章創倫章造紙廠於上海楊樹浦，是爲新式機器造紙術之創始。二十五年，又設華章造紙廠於上海浦東。三十二年，又與商人合設龍章造紙廠於上海之龍華路。宣統三年，財政部又設造紙廠於漢口礄家矶。他如武昌之白河洲，山東之洛南，廣東之江門，鹽步及香港，又先後各設一廠。於是我國之製紙術，乃環世界一週而歸宗焉。（採自中國報學史二五三頁）。

製紙術之發明，爲我國對於世界之一大貢獻，西籍記載極多。近世名著韋爾斯（H.G Wells）之歷史大綱：「造紙一事，尤爲重要。卽爲歐洲再興之得力乎紙，亦未爲過也。造紙之術，創始於中國。其應用蓋在西元前二世紀。當七五一年時，中國進襲撒馬爾干之阿拉伯回教徒，爲守者所敗。俘虜中有長於造紙者，回教徒遂傳其術。九世紀以來之阿拉伯稿，至今猶有存者。造紙漸漸傳入基督教國，或經由希臘、或由於基督教徒克復西班牙時，佔得回教徒紙廠。唯當在基督教徒勢力之下，時西班牙造紙工業，甚爲衰替。十三世紀末造以前，良紙名箋，非歐洲所能製造。十三世紀後，亦僅以意大利產者爲佳。至十四世紀時，其術始傳入德國，逮本世紀末葉，產量方盛，爲値亦廉，刋印書籍者，方得藉以侔利。

印刷事業，當然隨之而發達。知識生活，亦因之而面目一新。人類知識之相傳，不復如往昔之爲涓滴。至是成爲滔滔之洪水。預其役者，數以千萬計矣」。（採自中國報學史二五三頁）

美國哥倫比亞大學卡德教授於一九三一年，在紐約出版「中國印刷術之發明及其傳入西方考」稱：印刷中最重要之改良，莫如宋代之活字印刷術。其詳見於宋沈括夢溪筆談，爲此項論題之權威。

又云：「十五世紀末，高麗活字板陳簡齋詩集序云：『活字印刷，始於沈括，（此係畢昇之誤）而成於楊惟中。今日新舊各書，皆可用活字印刷，爲用殊廣。惟昔時活字，以膠泥製成，不耐久用，數百年後，始知用銅製造，以垂永久。……吾國自箕子以來，素以文治稱盛，惟以與中國遠隔，書籍缺乏，幸本朝聖主，推行活字印刷之術，俾經史子集之書，家置一編，常時瀏覽，猗歟盛哉！』觀此則活字印刷之創自中國，盛於高麗，亦可見矣。」（夢溪筆談校證）

卡德教授並指出，歐洲初期的印刷術，卽係由中國傳入的。德人顧登堡之發明活字印刷，完成著名的四十二行聖經，較中國遲四百年。並且是受中國的影響。（新聞事業行政概論一六五頁）

卡德推斷之根據，有如下之五個理由：

（一）造紙爲印刷的基礎，而爲中國人所發明。由回教國家傳入歐洲，有歷史事跡，可以證明。

（二）紙牌由中國傳入歐洲，大約在十四世紀時，是歐洲人最早所見的印刷品。

（三）歐洲人最早的造象摹印，無論是內容宗旨方法，均附有中亞印刷物之氣味。

（四）在歐洲未使用印刷以前，許多由中國返回歐洲的人，均樂於宣傳中國印刷物之多。以及歐洲印刷之落後。

（五）中國的活字印刷術，很可能傳到歐洲。茲摘錄卡德原著數段，以資參考：

「歐洲經過黑暗世紀以後，乃與東方之舊文明相接觸，新思潮澎湃於歐洲之十四世紀。火藥、指南針、與黑死病，皆從東方輸入。而較此尤爲重要者，爲紙之進步。在十四世紀之初葉，紙之材料極少，乃由西班牙或大馬色輸入歐洲。」

歐洲知識的生活，既脫離黑暗世紀，而入於光明。於是對於印刷之需要，自然發生。從種種事實上研究，中國却供給許多此項材料。吾人可下一斷語，卽印刷最初的動機，係由中國而往歐洲。」

「當時道路，業已開通，蒙古之勢力又極大，由幼發拉底河達於太平洋。在此開放後交通時代之末尾，歐洲之木刻，方始萌芽。」

「若考察印刷品自身所用材料、技巧，及其共有的性質，可信開放後交通之結果甚大。祇因爲中國之材料，所用墨質，與中國相同，方法亦與中國無大異。且印刷只在紙一面。歐洲與東方之道路既通，若今日將最古之印刷品，如畫像、印刷紙牌，加以考察，卽可知其關係，已爲密切。且此後歐洲與中國之印刷進步，亦同一方向以進行，其證據亦至明瞭。雖有人抱與此相反之意見，但吾人可以假定中國對於歐洲之影響，不僅造紙，卽歐洲木板之初創，最有價值之原動力，亦受自中國。」

韋爾斯及卡德，均爲近世紀知名教授，觀於二位所述，則知西方印刷造紙等術，均由我國傳入無疑。（採自印刷學）

第八章　筆墨改進對印刷的影響

毛筆起源，前已述之。自有毛筆後，迄秦代蒙恬，予以改進，益臻便利。直接應用於書繪，間接亦予木板印刷以影響。與印墨紙張等，同爲促進人類文明之工具。先述筆之沿進，次則述墨。

張華博物志云，秦蒙恬造筆。千字文亦云，恬筆倫紙。古今注曰，牛亨問於顏師古曰，古有書契，卽當有筆。皆稱蒙恬造筆，而恬乃秦人耳，其故何也。師古曰，蒙恬但能爲秦筆耳。古筆以枯木爲管，以鹿毛爲柱，羊毛爲被，非兎毛竹管也。由此觀之，蒙恬所造者，今之羊毛筆耳。蒙恬載毛穎以歸。始皇封爲管城，累拜中書。後人呼筆爲管城子、中書君卽此因。筆頭之尖，又呼爲尖頭。奴桉毛穎傳，或謂古無筆，以鉛畫木記字，故曰鉛槧。至楚以芷梗爲之。蒙恬以竹爲管，以毛爲毫。王右軍曰，紙者陣也，軍者刀、楯也，墨者兵甲也，水硯者城池也，心意者將軍也。（採自古今圖書集成字學典筆考）

筆之製法，代亦不同。北魏賈思勰齊民要術，有筆法一節云：韋仲將軍方曰，先次以鐵梳兎毫及羊青毛，去其穢毛，蓋使不染茹。訖各別之。皆用梳掌痛拍，整齊毫鋒端本，各作扁極令均調平好，用衣羊青毛，縮羊青毛，去兎毫頭二分許，然後合扁捲令極圓訖，痛頡之以所整羊毛中，或用衣中心，名曰筆柱，或曰墨池，承墨後用毫青衣羊毛，外如作柱法。使中心齊，亦使平均，疾頡內管中，宁隨毛長者使深，宁小不大，此製筆之大要也

明屠隆考槃餘事，對筆法亦有敍述：製筆之法，以尖齊圓健爲四德。毫堅則尖；毫多則色紫而齊；用毛貼襯得法，則毫束而圓；用以純毫，附以香裹角水得法，則用久而健。柳貼云：副齊則波製有憑，管小則運動有力，毛細則點畫無頭，鋒長則洪闊自由。筆之元樞，當盡於是。今人毫少而狸毛倍之，筆不耐寫。豈筆之咎哉，爲不用料耳。

毛筆被人採用後，因其爲書寫文字之工具，逐漸改良、功用益大。由漢朝迄於近代，不少人歌頌其對文化之貢獻。贊頌銘賦，代有其人。後漢李尤筆銘曰，筆之强志，庶事分別，七術雖重，猶可解說。投足擇言，駟不及舌，筆之過誤，愆尤不滅。嗣後蔡邕專作筆賦，晉成公綏有棄故筆賦。傅元有賦有銘。郭璞筆贊，歌頌其錯綜羣藝，功蓋萬世。唐韓愈有毛穎傳，白樂夫有雞距筆賦及紫毫筆詩。厥後韋元，竇紃，李德裕及宋代吳淑、歐陽修、林逋、蘇軾、金之元好問輩，相繼撰著贊詠，備致揚渝。元代

郭天錫，贈筆工於友，謝宗可對鼠鬚筆獨饒愛賞。明代曾棨，欣賞吳興筆工，王守仁有鐵筆行，程嘉燧有毛錐行。其他高儒雅士，對羊毫紫毫各類毛筆之記述贊頌，不勝枚舉。玆摘錄白樂天紫毫筆詩，以見其功用。白樂天紫毫筆詩：紫毫筆，尖如錐兮利如刀，江南石上有老兎，喫竹飲泉生紫毫。宣城之人采爲筆，千刀毛中揀一毫。毫雖輕、功甚重，管勒工名充歲貢。君兮臣兮勿輕用。勿輕用，將何如，願賜東西府御史，願頒左右台起居。搦管趨入黃金闕，抽毫立在白玉除。有姦邪正衙奏，君有動言直筆書。起居郎，侍御史，爾知紫毫不易致。每歲宣城進筆時，紫毫之價如金貴。愼勿空將彈失儀，愼勿空將錄制詞。筆在古代，受人重視如此，其對人類文化之進展，自有甚大助益。

墨亦爲文房四譜之一，對文化貢獻，價值亦大。上古無墨，竹挺點漆而書。中古以石磨汁，或云是延安石液。至魏晉時，始有墨丸。乃漆烟松灰夾和爲之。所以晉人多用凹心硯，欲磨墨貯瀋耳。自後有螺子墨，亦墨丸之遺製。唐高麗歲貢松烟墨，用多年老松烟，和麋鹿膠造成。至唐末墨工奚超與其子廷珪，自易水渡江，遷居歙洲，南唐賜姓李氏。廷珪父子之墨，始集大成。然亦尚用松烟。廷珪初名廷邽，故世有奚廷珪墨。又有李廷珪墨。或有作庭珪字者譌也。墨亦不精。宋熙年間，張遇供御墨用油烟，入腦麝金箔，謂之龍香劑。元祐間，潘谷墨見稱於時。自後，中蒲大韶，梁杲，徐伯常及雪齋峯、葉茂實，翁彥卿等出，世不乏墨。惟茂實得法，清黑不凝滯，廣卿莫能及。中統、至元以來，各有所傳，可以仿古。

明代宋應星所著天工開物。對古代製墨之法，敍述亦頗詳盡。略謂，凡墨燒烟凝質而爲之。取桐油，清油，猪油烟爲者，居十之一。取松烟爲者，居十之九。凡蒸油取烟，每油一斤，得上烟一兩餘。其手力捷疾者一人供事燈盞二百副。若刮取怠慢，則烟考火燃，質料併喪也。

造墨色墨外，尚有造硃墨法及雌黃墨者。除製造方法外，歷代詠銘其貢獻者，亦復不少。唐代王起有墨池賦，李嶠、李白、王世貞、闕士琦、或墨銘，或墨記，均有頌贊，以彰墨功。宋蘇軾有孫莘老。墨次韻答舒教授觀余所藏墨。黃庭堅有謝景文惠浩然所作廷珪墨。金段威已有跋秦得眞墨。

玉海：雍熙三年正月，錢俶進草書捐圖二，翌日墨詔奬諭，賜玉硯一，金匣，副之龍鳳墨石錠，紅綠筆白管，盈丈紙百軸。

夢溪筆談：文潞公爲太常博士，通判兗州堂謁呂許公，公一見器之。問潞公大博，曾在東魯，必當別墨，今取一丸墨，瀕階磨之，揖潞公龍觀，此墨何如，乃是欲從後相其背。旣而密潞公曰，異日必大貴達。卽日擢爲監察御史，不十年入相。

後山叢談：供備使李唐卿、嘉祐中以書待詔者也。喜墨，嘗謂余曰，和墨用麝欲其香，有損於墨而竟亦不能香也，不若幷藏以薰之。潘谷之墨，香徹肌骨，研磨至盡而香不衰。陳惟達之墨，一篋十年而麝氣不入，但自作松香耳。蓋陳墨膚理堅密不受外薰，潘墨外雖美而中疏爾。

老學庵筆記：東坡自儋耳歸至廣州，舟覆亡墨四篋，平生所寶皆盡。僅於諸子處，得李墨一丸，潘谷墨二丸，自是至毗陵捐館舍，所用皆此三墨也。

古今圖書集成墨部雜錄：世人論墨，多貴其黑而不取其光。光而不黑，固爲棄物，若黑而不光，索然無紳采，亦復無用。要使其光滑而不浮，湛湛如小兒目精，乃爲佳也。

關於筆墨沿進，歷代典籍，記述累累，要不外製法及效用，期其便於應用。惟其爲書寫文字工具，故對文化貢獻，自應與紙張相埒。同時書寫文字、點畫、鈎摹、緩慢需時。畢竟人力有限，縱長時抄錄，而對大部巨構，恐將累月積年，難期充份供應。如何求其快速，如何適應需要，環境時勢促成有心者之運思改進，在紙張印墨相互使用條件下，筆與墨二者，自亦爲促成木板雕印之一種因素。

第九章　宋元明的鈔券印刷

唐人創用飛錢，與紙幣極爲相似。唐憲宗時，以錢少，復禁用銅器。時商賈至京師，委錢諸道，進奏院及諸軍諸使富家，以輕裝趨四方，合券，乃取之，號飛錢。（註一）

後又流行飛券。極似今日之滙票。此地之錢，得執券至彼地取之。自唐以來，始置爲飛券鈔引之屬。（註二）

宋太祖開寶二年（公元九六九年），曾詔西川，山南，荊湖等道舉人，皆給來往公券，自初起程，以至還鄉，費皆給於公家。（註三）

宋仁宗慶曆中，蜀人以鐵錢太重，私自爲券，名曰交子。以便貿易。諸豪富以時聚首，用同一色紙印造。印文用屋木人物，舖戶押字，各自隱密題號。朱墨間錯，以爲私記。塡貫不限多少。收入人戶見錢，便給交子。無遠近行、動用及萬百貫。其後富人貲稍衰，不能償所負，爭訟數起。寇瑊守蜀，禁民人私造，創置交子務於益州（註四）。是爲宋代使用紙幣之一斑。

其後又有錢引，關子，會子等名，皆爲紙幣。

宋眞宗時，張詠鎭蜀，仍設交子務，以權出入。後又更名錢引，通行諸路、爰改交子務爲錢引務。

南宋高宗紹興中，以舟楫不通，錢重難致，乃造見錢關子，人執關子，赴榷貨物請錢，其制上一黑印。如西字，中三紅印相連，如目字，下兩旁各一小長黑印，宛然賈字也。又紹興三十年，戶部侍郎錢端禮，被旨造會子，椿見錢於城內外流轉。其合發官錢，並許兌會子，赴左藏庫送納。又會子初止行於兩浙。後又詔通行於淮浙湖北京西。除亭戶盐本並用見錢外，其不通水路去處，上供等錢，許盡用會子解發。其沿流州軍錢會中半。民間典賣田宅牛畜車船等如之。或全用子會者聽。又隆興元年，詔官印會子。以隆興尚書戶部官印會子之印爲文。更造五百文會，又造二百三百文會（註五）。

宋紹興二十九年，印給公據關子。赴三路總領所。淮西湖廣各關子八十萬緡，淮東公據四十萬緡。自十千至百千凡五等。內關子作三年行使。公據二年，許錢銀中半入納。

金入宋後，在汴京設局，印造官會，謂之交鈔。與錢銀並行。其時戶部尚書蔡松年，請行鈔引法。遂設印造鈔引庫及交鈔庫。印一貫，二貫，三貫，五貫，十貫五等。謂之大鈔。一百，二百，三百，五百，七百五等，謂之錢鈔。與錢並行。以七年爲限（註六）。

中國印刷紙幣，到了元代，已有數百年的發行經驗。續予發行故多改變。例如宋金兩代，紙鈔銀幣，相輔而行。入元後，則以紙幣爲本位，單獨發行，强制流通。凡人民買賣貨物，均須以紙幣價值，爲計算單位和交易工具，如違者則治以罪。

元史典章卷二十，至元廿四年（一二八七年）三月法令有云：「應典質田宅，並以寶鈔爲則，無得該寫穀粟絲綿等物，紙昂鈔法，如違治罪。」

又世祖紀，「中統三年（一二六二年）七月，勅，私市金銀應支錢物，止以鈔爲准。」

元代發行紙幣，中統以後，流弊漸生，數量既無限制，準備金又不充份。曾改以絲爲本，印造交鈔。規定絲鈔一千兩易銀五十兩。不久以後，又形貶值。改印中統元寶交鈔，仍以楮紙印刷。按照票面價值，分爲二貫文，一貫文，五百文，三百文，二百文，一百文，五十文，三十文，二十文，十文，凡十等。其後又添造五文，三文，二文三種釐鈔，以爲輔幣。至世祖末葉，又改發至元通行寶鈔。武宗至大二年，印發至大銀鈔。順帝至正十年（公元一三五〇——一年）發行至正交鈔及中統交鈔。

有元一代，自興起至滅亡，金融流通，始終行用紙幣。末期數量大增，濫肆印製，造成經濟崩潰之頹勢，要亦爲招致滅亡之一因。

古代印刷鈔票，率用較優楮紙，並指定地區製造，依限貢賦。明會典洪武二十六年，凡每歲印造茶鹽引，由契本鹽糧勘合等項合用紙箚，著令有司抄解其合用之數。如庫缺少，定奪奏聞，行移各司府州，照依上年紙數，抄造解納，如遇起解到部，隨卷辨驗，堪中如法，差人進赴乙字庫收貯聽用產紙地方分派造解。額數陝西十五萬張，湖廣十七萬張，山西十萬張，山東五萬五千張，福建四萬張，北平十萬張，浙江二十萬張，江西二十萬張，河南五萬五千張，直隸三十八萬張。

又明會典，宣德七年令，凡各處進到紙箚，不依原式及水濕不堪者，本部行移本處，抄來賠補原數。九年以福建進到紙箚不合原式及麤薄不堪，令按察司治提調官罪。

明姜子萬有楮寶傳，略曰：楮寶中國人也。其原出楮幣，其先楮先生，出東漢蔡倫之門。趙宋時，有會子者用於世。然猶白衣。逮元朝始佩硃墨之章，乃大顯。洪武中，上召見修飾其邊幅，栽令端方，賜之東方眼色，佩之印，與孔方偕行，民甚賴之。凡居室服食器貨五禮九式之用，無不藉其力。尤通於上下之情，曲直長短齟齬，率能爲解紛。大而山川土田之重，子女玉帛之貴，小而穀粟絲麻之用，飲食蔬果之給，寶皆頤指而致之。公私事無巨細，有寶則咄嗟而辦。蓄之則質可變，灸之則手可熱。寶所親厚者，輒偃賽潛，侈侈然若有所恃賴。寶所否者，則氣沮形消，行止茫然。開口動足，無不背戾。故雖婦人小子，皆愛敬之。

宋元明鈔票，率以木板印刷方法，故多粗略。且其紙張，更無近代之精。因此，鈔票品質，甚難持久。但觀其種類之多，票面之繁，乃至其數量之大，可知其時已能將紙張及印刷，應用於國家社會之經濟範疇中。

（註一）唐書　（註三）俞樾箚記　（註五）文獻通考
（註二）唐書　（註四）宋會要　（註六）續文獻通考

第十章　十八世紀的清代印刷

清代入主中國，以康雍乾三朝爲最盛。中華文物，尤所重視。武英殿雕刻御裝欽定之書，凡經類二十六部，史類六十五部，子類三十六部，集類二十部。故論者謂歷代刻書之多，未有愈於清朝者。

康熙末年，雕刻銅質活字，印刷泱泱大著「古今圖書集成」一書。允稱美備。李之鼎叢書舉要謂：圖書集成，共六彙編，三十二典，六千一百九十部。都一萬卷，五百七十六函，五千册。又目錄二十册。此書初爲陳夢雷侍皇子誠親王所編。時在康熙三十九年也（公元一七〇〇年）。四十五年四月，書成，名曰彙編。凡爲彙編者六，爲志三十有二，爲部六千有奇。越十年，進呈，賜名古今圖書集成。命儒臣重加編校，十年未就。世宗復命蔣廷錫督在事諸臣成之。編仍其舊，志易爲典。殿本以聚珍銅字。其圖鏤銅爲之者最佳。

雍正東華錄，亦有記述。略云：康熙六十一年十二月癸亥諭，陳夢雷原係叛附耿精忠之人。皇考寬仁免戮，發往關東。後東巡時，以其平日稍知學問，帶回京師，交誠親王處行走。累年以來，招搖無忌，不法甚多。京師斷不可留。著將陳夢雷父子發遣邊外。陳夢雷家所存圖書集成一書，皆皇考指示訓誨，費數十年聖心，故能貫穿古今，彙合經史天文地理，皆有圖記，下至山川草木，百工製造，海西秘法，靡不備具。洵爲典籍之大觀。此書工猶未竣，著九卿公舉一二學問淵通之人，令其編著竣事。原稿內有訛誤未當者，即加潤色增删。

古今圖書集成，始於康熙中，至雍正三年始成。該書雖僅及永樂大典之半，內容亦無其博。然永樂大典，成而未刋，類書之印行於世者，則無過於此書。

古今圖書集成印竣後，所有銅質活字，悉存武英殿。後來何故被毀？在乾隆聚珍詩序中云：「康熙年間，編纂古今圖書集成，刻銅字爲活版印刷。工畢，貯之武英殿。歷年既久，銅字或被竊缺少。司事者懼得咎，值乾隆初年，京師錢貴，遂請毀銅字供鑄，從之。所得有限，所耗甚鉅，深爲惜之。」

中國印本書籍發展簡史（趙萬里著）雍正年間用新製的銅活字，排印古今圖書集成，是從來未有的大百科全書，也是歷史上規模最大的一次金屬活字版印刷工作。後被清帝加上了一篇序，攫爲己有。這批活字、後來被監守者盜賣。乾隆初年，又批准銷燬鑄錢。

民國五十三年，台灣文星書店，以照相製版方法，翻印該書若干部。全部共一百大册，頗受社會人士重視。

清乾隆三十七年（公元一七七二年），搜求海內遺書。大興朱筠請將永樂大典擇取繕寫，各自爲書。三十八年，遂命諸臣校核永樂大典，定名四庫全書。

四庫全書提要：乾隆三十八年二月二十一日，大學士劉統勳等議奏。校辦永樂大典條例一摺，奉旨擬議。將來辦理成編時，著名四庫全書。

四庫全書，至乾隆四十七年竣事。計文淵閣著錄者，三千四百五十七部。七萬九千七十卷。其附於存目者，六千七百六十六部，九萬三千五百五十六卷。據日人稻葉君山清朝全史：自乾隆三十八年，開設四庫全書館。任皇室郡王及大學士爲總裁。六部尙書及侍郎爲副總裁。然實際任編纂者，乃爲總纂官孫士毅，陸錫熊，紀昀三人，而紀昀之力尤多。分任編纂事務者，不少著名學人。爲校刊永樂大典纂修官，有戴震。邵晉涵。校辦各省送到遺書纂修官，有王念孫。總目協勘官，有任大椿。副總裁以下，無慮三百餘名。該書至乾隆四十七年告竣。所謂存書，乃著錄於四庫者；存目，則僅錄其書目而已。

四庫輯纂主旨、採六種方法。

第一爲敕撰本。自清初以至乾隆時，依敕旨所編纂者。

第二內府本，乃康熙以來，自宮廷收藏者。凡經、史、子、集存書，約三百二十六部，存目，凡三百六十七部。

第三永樂大典本。存書存目，凡五百餘種。其著名於當時者。如舊五代史，續資治通鑑等編，建炎以來繫年要錄，嶺外代答，諸蕃志，宋朝事實等。

第四爲各省採進本。命總督巡撫，著進獻其地方遺書，採書最多者爲浙江，最少者爲廣東，湖北、湖南、山西、陝西次之。據浙江採集遺書總錄，總數四千五百二十三種，五萬六千九百五十五卷。別分卷者二千〇九十二册。

第五私人進獻本。係當時著名之藏書家所進獻。知名於清初者，爲浙江寧波范氏之天一閣；慈谿鄭氏之二老閣；杭州趙氏之小山堂；嘉興項氏之天籟閣；朱氏之曝書亭；江蘇常熟錢氏之述古樓；崑山徐氏之傳是樓等。四庫館令此等藏書家之子孫進獻之。約以進獻之書謄寫後，即付還。因之地方藏書家進獻頗多。一人送到五百餘種以上者，朝廷各賞圖書集成一部。百種以上者，賜以初印之佩文韻府一部。

第六通行本。乃世間流行之書籍。

總約以上各端，該書蒐羅，實屬空前偉觀。

四庫全書，同時又繕錄七部，分貯於文淵、文源、文溯、文津、文滙、文宗、文瀾七閣。淵源溯津、稱內廷四閣、滙宗瀾稱江浙三閣。嗜奇好學之士，准其赴閣檢視鈔錄。

清代康乾年間，內廷刻書，御勅撰編書籍，種類亦多。清初曾設繙刻房。將資治通鑑，古文淵鑑諸書，翻刻清文以行。嗣又整理國子監，翰林院，專司關於藝文、教學、編著，印行諸官制。欽定日下舊聞考，詳述儲書情況。至武英殿刻版印書，起自何時，清吳長元宸垣識略，紀載頗詳。御定全唐詩及歷代詩餘，概刊印於康熙十五、六年（一七〇六年—一七〇七）何義門則康熙十二年，已兼武英殿纂修。

該殿貯刋書板之久，可以想知矣。

正續東華錄載，乾隆朝在武英殿開雕書籍之諭旨，有乾隆三年，雕十三經注疏板；四年雕明史板，續雕十一史；十年，雕明紀綱目板；十一年，雕國語解板；十二年，雕三通板；四十八年，雕相台五經板。所謂武英殿聚珍板者，則係以活字刋印之四庫全書，更爲人所重視。該板刋印，由金簡主持。武英殿聚珍板程式云：乾隆間三十八年，十月二十八日金簡奏謂：「奉命管理四庫全書一應刋刻刷印裝璜等事。今聞中外彙集遺書，已及萬種，現奉旨擇其應行刋刻者，皆令鐫板通行。此誠皇上天恩，加惠藝林之意也。但將來發刋，不惟所用板片浩繁，且逐部刋刻，亦需時日。臣詳細思惟，莫若刻棗木活字套板一分，刷印各種書籍，比較刋板，工料省簡懸殊。臣謹按御定佩文詩韻，詳加選擇，除生僻字不常見於經傳者不收集外，計應刋刻者約六千數百餘字，此內虛字以及常用之熟字，每一字加至十字或百字不等，約共需十萬餘字。遇有發刻一切書籍，只須將槽板照底本一擺，卽可刷印成卷。倘其間尚有不敷應用之字，預備木字二千個，隨時可以刋補。書頁行款，大小式樣，照依常行書籍尺寸，刋作木漕板二十塊。臨時按府本將木字檢校明確，擺置木漕板內。先刷印一張，交與校刋翰林處詳校無誤，然後刷印。其棗木字大小共應用十五萬餘個。臣詳加核算，每百字需銀八錢，十五萬餘字約需銀一千二百餘兩。此外仍做木漕板，備添空木字，以及盛貯木字箱格等項，再用銀一二百兩，已敷置辦。是此項需銀，通計不過一千四百餘兩。臣因以武英殿現存書籍核校，卽如史記一部，計板二千六百七十五塊。按梨木小板例，價銀每塊一錢，共該銀二百六十七兩五錢。計寫刻字一百一十八萬九千零，每寫刻百字，工價銀一兩，共用銀一千一百八十餘兩。是此書僅一部，已費工料銀一千四百五十餘兩，今刻棗木活字套板一分，通計亦不過用銀一千四百餘兩，而各種書籍，皆可資用。卽或刷印經久，字畫模糊，又須另刻一分，所用工價，亦不過此數。或尚有可以揀存備用者，於刻工更可稍爲節省。如此則事不繁而工仍省，似屬一勞久逸。至擺字必須識字之人，但向來從無此項人役，卽一時外僱，恐不得其人，且滋糜費。臣愚見請添設供事六名，分領其事。所有刊刻木字十五萬，按韻分貯木箱內。其木箱用十個，每個用抽屜八層或十層，抽屜中各分小格數十個，盛貯木字。臨用時以供事二人，專管擺字，其餘供事四人，分管平上去入四聲字。擺板供事案書應需某字，向管韻供事喝取，管韻供事辨聲應給。如此檢查便易，安擺迅速。謹照御製命校永樂大典，計刻成棗木活字套板共四塊，並刷印紅墨格紙樣式各五十紙，恭呈御覽。』奉旨：『甚好，照此辦理。欽此。』」

又：「乾隆三十九年五月十二日，金簡又奏：『前經奏請將四庫全書內應刋各書，改爲活板，擺刷通行。擬刻大小木字十五萬個，每百字約計工料銀八錢，並做成漕板及盛貯木字箱格等項，約需銀一千四百餘兩，嗣又添備十萬餘字，約需銀八百餘兩，督同原任翰林祥慶，筆帖式福昌敬謹辦理。今已刋刻完竣，細加查核，做成棗木子每百個銀二錢二分，刻工每百個銀四錢五分，寫宋字每百個工銀二分，共合銀六錢九分；計刻得大小木字二十五萬三千五百個，實用銀一千七百四十九兩一錢五分。備用棗木字一萬個，計銀二十二兩。擺字楠木漕板八十塊，各長九寸五分，寬七寸五分，厚一寸五分。每塊各隨長短夾條一分，工料銀一兩二錢，計銀九十六兩。每塊四角包釘銅片，工料銀一錢五分，計銀十二兩。板箱十五個，每個工料銀一兩二錢，計銀十八兩。檢字歸類用松木盤八十個，長一尺八寸，中安隔條，每個工料銀三錢五分，計銀二十八兩。套板格子二十四塊，各長一尺，寬八寸，厚一寸，每個工料銀三錢，計銀七兩二錢。做成收貯木子大櫃十二坐，各高七尺二寸，寬五尺一寸，進深二尺二寸，每坐各安抽屜二百個，實用工料銀三十兩，計銀三百六十兩。抽屜二千四百個，成釘銅眼線曲須圈子二千四百副，每副銀一分五釐，計銀三十六兩。木板櫈十二條，各長五尺，寬一尺，高一尺五寸。每條工料銀九錢五分，計銀十一兩四錢。通共實用銀二千三百三十九兩七錢五分。查原奏請領過銀二千二百兩。尙不敷銀一百三十九兩七錢五分，請仍向廣儲司支領給發，將來四庫全書處交到各書，按次排印完竣後，請將此項澧板木子等件移交武英殿收貯，遇有應刋通行書籍，卽用聚珍板排印通行。

印製四庫全書，共刻單字二十五萬餘。乾隆皇帝，以活字之名不雅馴。因以聚珍名之，而系以詩。『稽古搜四庫。於今突五車。開鐫思壽世。積版或充閭。張帖唐院集。周文梁代餘。同爲製活字。用以印全書。精越鶡冠禮。（昨歲江南所進之書。有鶡冠子。卽活字版。第字體不工。且多訛謬耳。）富過鄴架儲。機圓省雕氏。工倍謝鈔胥。聯腋事堪例。埏泥法似疏。成編示來學。嘉惠志符初』乾隆甲午仲夏。

清代初葉，皇室爲吸收中華文物，對典籍圖書，極爲重視。故各類書刋，悉行搜羅。完成古今圖書集成及四庫全書兩部鉅著。惟對雕刻活版之便利，雖有皇親貴族之金簡輩，力肆提倡，亦未能加以發揚改進。

第十一章　清代中葉的官私印刷

清代官書之風，開自朝廷，各州府縣衙署，相繼從事刋刻。書院學校，印行尤夥。洪楊之後，各省官書局先後刱立。況周儀蕙風簃二筆：「咸豐十一年八月，曾文正克復安慶，部署粗定，命莫子偲大令采訪遺書，旣復江寧，開役局于成山，此江南官書局之俶落也。」此江南官書局卽南京之國學書局。

丁申武林藏書錄：「杭州庚辛刼後，經籍蕩然。同治六年，撫浙使者馬端敏，加意文學，聘薛慰農觀察時雨，孫琴西太僕衣言，首刋經史，兼及子集。奏開書局於篁庵，並處校士於聽園。派提調以監之，選士子有文行者總而校之。集剞劂氏百數十人以寫刋之。議有章程十二條。自有丁卯開局至光緒乙酉凡二十年，先後刋刻二百餘種。」中國雕板源流考又云：「自同治己巳江寧、蘇州、杭州、武昌同時設局後、淮南、南昌、長沙、福州、廣州、濟南、成都繼起，所刻四部書，亦復不少矣。」

當學校未興時，各書院爲研究高尙學藝之所，因而梓行書籍者甚多。如薄有德武昌勺庭書院記：「大學士安溪李公所著榕村藏書，有裨後學，爰鐫其版，以訓大湖南北之士，爭購無虛日。大湖以南，舊有嶽麓書院教接生徒。余另鐫榕村藏書，乃于城之東北，得廢宅十餘椽。以書價學金購之，爲藏書所，以所刻書悉貯於是。」既曰「所刻書悉貯於是」，可見其藏板不只一種。昆明有育材書院及五華書院，所刻書各一二十種，光緒續雲南通志載其詳目。江寧尊經書院，自有明貯國學經濟及二十一史板於尊經閣。不幸嘉慶十年閣燬，史板歸於燼。此外曲江書院等亦各有刋行，尤以晚起之南菁書院，兩湖書院，格致書院新刋之書爲多，實我國倡興新學之前鋒。

清代官本之代表，以嘉慶二十一年(一八一六年)阮元所刻南昌學官本十三經注疏爲例。該本增刻經典釋文及十三經校勘記，乾隆四年武英殿刻本而外，羣詡爲十三經注疏諸本中之最足信據者。蓋阮氏當時參考歷來之印刻本，遠起漢，唐、後蜀、北宋、南宋之石經本，石刻本，由北宋，蜀刻大字本及全宋代諸種刋本注疏，如岳珂相臺菁塾，廖瑩中刻本等，近及明代南監本，北監本，明修宋元諸刻本，毛晉汲古閣本與阮氏以前清人校刻諸本；且參校日本山井鼎，物茂卿之七經孟子校文等。觀於此諸版本，可知我國嘉慶時代經籍印刷種類之多。阮氏參考此諸版本，刋行典籍，當完全無缺，可無遺憾矣。然十三經校勘記，成于嘉慶二十一年，阮元時由江西遷撫河南，轉任交替之際，自弗能詳爲校勘。元子福有雷塘盦弟子記云：「此書尙未刻校完竣，卽奉命移撫。校書之人，未能細心，其中錯字甚多。有監本毛本無錯，而今反錯者。校勘記之去取亦不盡善，故大人以此刻本未爲善也。」阮元一代大儒，校刻名著，尙未能遂其志而盡善，豈十三經之不幸歟?於此見印刷校正之難，其亦可發浩歎矣。

清代私家刻書之狀況——清代刻印書籍之盛，以周亮工（櫟園）爲先驅。周氏河南祥符人，世以刻書爲業。清代開國而後，雕板行世，亮工實始其事。洎通籍，所收秘閣書甚多。其子在浚(雪客)與晉江千頃堂黃氏仲子虞稷（俞邰），據所藏善本，同編徵刻唐宋秘本書目，募歙劂之資。時人張芳因爲藏書宜刻，刻藏書宜先經史後子集，藏書宜同心較刻諸論；而朱彝尊，錢陸燦、魏禧、紀映鍾、江楫玉人爲之啓。目中所收，通志堂經解幾舉經部全刻之。武英殿聚珍板叢書，知不足齋叢書，又陸續刋其他史子各種，所未刻者，僅雜史小帙及宋元集部數種而已。

張之洞書目答問曰：「凡有力好事之人，若自揣德業學問不足過人，而欲求不朽者，莫若刋布古書之一法。但刻書必須不惜重費，延聘通人，甄擇秘籍，詳校精雕。書終古不廢，則刻書之人終古不泯。歙之鮑（鮑廷博，以藏書名，書皆所選藏書中之珍品），吳之黃（黃奭，以輯珍漢學堂叢書名），南海之伍（伍榮曜，以輯刻粵雅堂叢書名），金山之錢（錢熙祚，以輯刻守山閣叢書名），可決其五百年中必不泯滅。豈不勝於自著書，自刻集乎？且刻書者，傳先哲之精蘊，啓後學之困蒙，亦利濟之先務，積善之雅談也。」

江蘇虞山張海鵬，輯刻學津討源，墨海金壺，及借月山房彙抄，亦刋布書籍之功者。其藏書記事詩曰：「藏書不如讀書；讀書不如刻書。讀書以爲已；刻書以利人。上以壽作者之精神，下以惠後來之修學，其道更廣。」其說亦有一部分眞理。

藏書、讀書、愛書而外，於奬勸刻書之風，爲清代學者之特色。而叢書自此益顯。有古今著述合刻叢書者；有一人自著叢書者；亦有其他種類叢書者。茲就書目答問卷下附錄清代著名叢書中，古今著述合刻叢書如後：

漢魏叢書　津逮秘書　世德堂六子

古香齋袖珍十種
皇清經解
二酉堂叢書
澤存堂四種
問經堂叢書
經訓堂叢書
岱南閣叢書
知不足齋叢書
士禮居叢書
惜陰軒叢書
省吾堂彙刻書
琳琅秘室叢書
墨海金壺
指海
宜稼堂叢書
拜經樓叢書
觀我生室彙稿
小學彙函
武經七書

武英殿聚珍板叢書
經苑
五函山房叢書
楝亭五種
微波榭遺叢
抱經堂叢書
貸園叢書
小玲瓏山館叢書
文選樓叢書
藝海珠塵
借月山房叢書
得月簃叢書
守山閣叢書
連筠簃叢書
別下齋叢書
嶺南遺書
海山仙館叢書
茆氏輯十種古逸書
三長物齋叢書

通志堂經解
漢魏遺書鈔
五玲瓏閣叢書
雅雨堂叢書
戴校算經十書
平津館叢書
汗筠齋叢書
讀書齋叢書
漢學堂叢書
學津討源
湖海樓叢書
台州叢書
珠塵別錄
半畝園叢書
涉聞梓舊
粵雅堂叢書
古經解彙函
十子全書
龍威秘書

心齋十種　棟亭十二種　函海

唐人說薈六十四種。

其次爲一人自著叢書者。

亭林遺書　音學五書　船山遺書

西河合集　萬氏經學五書　高文恪公四部稿

拜經堂叢刻　望溪全集　范氏遺書六種

文道十書　果堂全集　杭氏七種

叢睦汪氏遺書　戴氏遺書　潛研堂全書

蘇齋叢交　燕禧堂五種　味經齋遺書

甌北全集　顨軒所著書　孔叢伯遺書八種

東壁遺書　洪稚存全集　錢氏四種

授堂集　高郵王氏五種　劉氏遺書

經韻樓叢書　墨莊遺書　淸白士集

四錄書類集　郝氏遺書　傳經樓叢書

焦氏叢書　陳氏遺書　珍藝宧遺書

茗柯全書　浮溪精舍叢書　李申耆五種

竹柏山房十種　陳氏八種　戚氏遺書

求己堂八種　修本堂遺書　王氏說文三種

鄂宰四種　芮氏說文四種　六藝堂詩禮七編

俞氏叢書等四十九種。

此外復有算學叢書十四種，共一百二十四種，可謂甚多。葉德輝書林清話所論叢書中，復有可爲補充者十四種：

小萬卷樓叢書　滂喜齋叢書　功順堂叢書
咫進齋叢書　十萬卷樓叢書　嘉惠堂叢書
貳訓堂叢書　古佚叢書　雲自在龕叢書
聚學軒刻叢書　積學齋叢書　隨庵叢編
嘉業堂叢書　適園叢書

總計清代叢書，實在二百種以上，其子目，多者數百，少者數十，或爲古書，或爲佚書，或屬近者。木版印刷之發達，可謂盛極一時。

乾隆聚珍板而後，民間之以木活字印書因而盛行。長沙葉氏曰：「自後嘉道以來，民間則有吳門汪昌序嘉慶丙寅印太平御覽一千卷。橫川吳志忠嘉慶辛未印五代邱光庭兼明書五卷，元迺賢河朔訪古記二卷，洛陽伽藍記五卷。朱麟書白鹿山嘉慶壬申印中吳紀聞六卷，高似孫緯略十二卷。張金吾愛日精廬嘉慶己卯印宋李燾續資治通鑑長編五百二十卷。成都龍燮堂萬育嘉慶十四年印天下郡國利病書一百二十卷，道光三年印讀史方輿紀要一百三十卷，形勢紀要九卷。京師琉璃廠半松居士印南疆繹史二十四卷，摭遺十八卷，卹謚考八種，南略十八卷，北略二十四卷。留雲居士印明季稗史十六卷，共二十七卷。咸同間則有仁和胡珽琳琅秘室印琳琅秘室叢書五集。江夏童和豫朝宗書屋印明嚴衍資治通鑑補二百九十四卷，附刊誤二卷，宋袁樞資治通鑑紀事本末四十二卷，明陳邦瞻宋史紀事本末二十六卷，元史紀事本末四卷，谷應泰明史紀事本末八十卷，馬驌左傳事緯十二卷，附錄八卷，陳思王集十卷。光緒間則有董金鑑重印琳琅秘室叢書四集。吳門書坊印日本佚叢書全集。光緒戊子姚覲元印北堂書鈔七十餘卷，功未竟而覲元沒，板遂散佚。余見一殘本，前有光緒己丑集福懷儉齋以活字印行字兩行。凡此皆以木刻活字印書者也。」（書林清話）然余所知簿錄之書，有葉氏自有丙辰長沙活字本觀古堂藏書目四卷，及吳縣徐氏之光緒丁亥愛日精廬藏書志三十六卷，續四卷，此書尚有嘉慶庚辰二卷活字本。文廷式續晉書藝文志有宣統己酉湖南活字本等，可以補充者必仍多。又費莫文康著兒女英雄傳，有光緒四年聚珍堂木版排印本。肆以聚珍名，斯必專事活字印刷者矣。（採自清代印刷小史）

清代私家剞劂，始出之於好事。如清初諸家刻書，多聘名人之工楷書者寫之。如倪霱之薛熙寫明文在；林佶之爲王士禎寫漁洋精華錄，爲汪琬寫堯峯文鈔，爲陳廷敬寫午亭文編；王儀之爲王士禎寫詩續集，均極書刻之妙。

清徐康前塵夢影錄云：「乾嘉之時，有許翰屏者，以書法擅名，當時刻書之家，莫不煩其揮筆。苟有一技，洵足以名世矣。黃丕烈、孫星衍及其他諸家所影宋本秘笈皆所手寫。嘉慶中胡克家刻文選、校書者爲彭兆孫、顧廣圻，寫影宋字者卽許翰屏，誠極一時之選，卽今所謂胡刻文選者也。」今黃、孫、胡等諸家刻書雖均署翰屏姓名，然微徐康之記，斯湮沒無傳矣。同時李福之爲黃丕烈寫明道本國語，陸損之爲黃氏寫汪本隸釋刊誤，亦幸皆署名刊本，姓名得與刊本同在。

次之，黃丕烈爲季振宜寫季滄葦書目，江元文爲王芑孫寫碑板廣例，顧蒓爲錢大昕寫元史藝文志。其初刻則直駕宋元而上之。復次手寫己身之著作者，如鄭燮之板橋集，金農之多心集，而江聲自書尚書集注音疏十二卷，經師系表一卷，釋名疏證八卷，補遺一卷；張敦仁草書通鑑補識誤三卷，獨具特點，風行於世。（以上採自書林清話）

清代藏書家，皆喜刻書。其仿刻宋元板本，尤多精絕。如黃丕烈刻宋本儀禮鄭注，汪士鐘刻宋本儀禮單疏及元本孝經疏，汪中影刻宋余仁仲本春秋公豐解詁，孔繼涵重刻胡刻元本資治通鑑及宋本孟子趙注等書，均其著者。

晚清陶子林以刋影宋本書知名。江陰繆氏，宜都楊氏，常州盛氏，貴池劉氏等，所刻諸籍，多由其手。零陵艾作霖，刻工亦精。王先謙、葉德輝、曹耀湘、張祖同諸人書籍，多出其手。金陵蘇杭之刻書風氣，漸移湘鄂。然亦以印刷術的西法東來，而漸趨殁落，民元以後，且歸淘汰矣。

刻書出版之風，雖經官私倡辦，但均墨守舊法，故清代中葉百年間，未有進展，厥後西書頻臨，印刷既精且速，書肆印所，遂均改良矣。

第十二章　元明清至民國的彩色套印

元明至清代初葉，印刷雖仍雕板之舊，用木質銅質活字，與宋代技術，進步無幾。惟值大書特書者，則爲套色印刷。斑爛絢彩，娛目怡情，能使讀者精神爲之一振。其在元代，則爲至正年間（公元一三四一——一三六七）資福寺僧人刋印之金剛般若波羅米經，係套印朱黑兩色，爲我國第一部套色印刷品。現在台北中央圖書館，尚珍存一部。

明代彩色書籍，益爲流行，啓禎間，有閔齊伋，閔昭明，凌汝亨，凌濛初，凌瀛初。皆一家父子兄弟刻書最多者。其所刻書籍，率多朱墨二色套印。至如三色套印，有古詩歸十五卷，唐詩歸三十六卷，其間用朱筆者鍾惺，用藍筆者譚元春。萬曆辛巳九年（公元一五八一）凌瀛初刻世說新語八卷，其間用藍筆者劉辰翁，用朱筆者王世貞，用黃筆者劉應登。崇禎四年、辛未（公元一六三一）有五彩套印的十行齋畫譜。清道光甲午涿州盧坤刻杜工部集二十五卷，共用顏色六種：紫、藍、朱、綠、黃，加上墨色，已達六色矣。

先是，明末烏程人以墨印字，以朱印評點。謂之朱墨本。清代康熙以後，此術益精。衍朱墨爲三色五色。因彩色加多，引人入勝，故謂之套印本。以殿本勸學金科爲最精緻。同時刻圖插頁，亦甚進步。如載書圖詩，酒人觴政雅篇，李躍門百蝶圖，二百四十孝圖等，皆極精雅、甚爲時人所重。

印刷彩色書版外，復能套印彩版，用於箋札。且使其色彩濃淡勻稱，益增美觀。照相製版之法，尚未發明，我先民已能用手工方法，製作彩色印件矣。

關於彩色套印，在劉國鈞所著的：「可愛的中國書」一書中有云：「在雕版印刷術發展到了明萬曆年間（十六世紀）後期，出現了一種新花樣，就是顏色套印。普通書籍都是一色墨印，但是這時期的聰慧工人，却想出了方法，可以在一張紙上，印出幾種顏色，這是一種複雜而需要極度精密的技術。比方，要印紅黑兩色，那就先取一塊板把需要印黑色的字極其精確地刻在適當的地方，另外取一塊尺寸大小完全相同的板把需要印紅色的字也極其精確地刻在適當的地方。這樣兩塊板，每一塊都不是全文，所以印刷時就要把他們合印在一張紙上。印刷時，先就其中一塊板，比如說黑色的，先印成黑字，再把這張紙覆在紅色板上，此時務必極其小心使黑字的板框，完全精密地和紅色板框相吻合，然後印刷。這樣就成了一張『朱墨套印』的書了。假如印刷時，粗心大意，兩板的板框不相吻合，或者刻板時兩板上的字的位置計算得不準確，那麼，印成之後，便會『差之毫里，失之千里』，參差不齊無法閱讀了。如果要套三色、四色、五色都可照這辦法去做，不過套色越多，印刷起來越發費事，所以不是有極其熟練的技術是不能從事的。這樣各種顏色套印起來的書，如果印在潔白乾淨的紙上，眞是鮮艷奪目，美不勝收！明朝萬曆年間閔齊伋、閔昭明、凌汝亨、凌濛初、凌瀛初都是擅長這種印刷術的人。而在清朝這種技術更加發達。這種套色技術結合着板畫技術，便產生光輝燦爛的套色板畫。原板十竹齋畫譜是一個很好的樣本。一張板畫呈現着各式各種顏色，淺深濃淡，陰陽向背，無不精細入微。優美高妙的地方有時勝過了現時的套色石印。這確實是我們中國天才工人的又一種偉大成就。如果我們體會到當這種藝術開始在中國出現的時候，歐洲印刷術發生還不到百年，我們怎能不爲這種光榮的發明而歡呼，而驕傲呢。最近鄭長樂印行的北平箋譜，榮寶齋印行的箋譜都是這種藝術在現代的代表作，是值得大家欣賞的。」

印刷術由西方傳來後，初期以凸版爲多。厥後，石版平印方法傳入，遂漸啓彩色印刷之端。關於彩色石印，最先傳入者，係一九〇四年，上海文明書局，學自日本技師。次年（光緒三十一年）上海商務印書館，習得日本石版描繪（直接印刷）及鋅皮平版（間接印刷）之操作。民國九年（一九二〇）該館始有照相平版。一九二一年，吸收美人新法，能製三色平版。並購置美製海力斯雙色輪轉機，三色套印之法，愈有進步。

近年以來，在臺人士，對三色五彩印刷，更爲注意。公私各廠，不斷採購新機，學習新法，以促印品之進步。其中具有領導作用者，則以中央印製廠之照相製版部。初期石印翻版，繼之照相平版，近年照相平凹版。更有成效。民國四十七年，該廠曾購置西德最新彩色印製機械，採用德比及美國柯達分色方法，印製彩色成品，媲美西法，極受社會歡迎。同時亦予業界甚大鼓勵。繼之而起者，有裕臺中華印刷廠，中華彩色印刷公司，僑聯彩色印刷公司等，先後籌設彩色照相製版器材及彩印機械。迄於今日，均爲我國第一流彩色印製廠。除承製本國印品外，外商亦多有印件委託。復有私人組合的雲祥，華僑、鴻文、秋雨、錦昌、三都、永勝、中台、明華、正豐等多家印刷廠，紛紛購買彩色印刷器材，彩印水準，逐步普及。

民國五十四年（一九六五年）台灣省政府印刷廠，籌設平版工廠，增置照相製版部。後與凸版工廠，一併搬建於台中新址。其平版機，購自日本，照相分色設備，購自西德，均已裝置竣事，開始製作。

主持技術者，悉爲國立藝專美印科之卒業學生。

台灣菸酒公賣局印刷工廠，以承印菸酒包裝商標爲主。因我國工業發達，經濟日臻繁榮，此類包裝印品，急需力爭上游，趕上國際水準。亦籌增照相製版設備，以謀改良。曾考選彩印技術人員，委託國立藝專美術印刷科，代爲訓練。於民國五十四年四月結訓後，均到該廠工作。刻該廠照相製版機件，均在松山新廠裝設竣事，將於五十五年度，正式生產。

私人在台灣設置彩色印刷者，亦日漸加多。雲祥印刷公司，置有照相製版部。藝光彩色製版中心，專做各類彩色版子，以供印刷。三都、正豐、信華等廠，則以承印日曆爲主。尤以藝光彩色製版中心，爲本年度所創設，由呂政雄負責分色操作，甚受印界重視。上述諸廠之照相分色工作，大部由美印科畢業學生負責。可謂人力自給，不須以美金聘雇外人矣。

我國小學教科書，原係黑白印刷。近年來逐漸改印彩色。但爲數不多，總額未及三分之一。自五十三學年起，國民學校全部教科書四十九種，悉數改爲彩色印刷。合計用紙四萬零，計達千萬册以上，爲中國彩色印刷推廣之創舉。使全國就學兒童，觸目悅心，交口稱讚。對教育文化之功能，自有其崇偉之貢獻。

國父實業計劃所示，大量印刷廠所，應由公設機關管理，以便供應國家社會之需，已實現於台灣模範省矣。

新聞紙有彩印設備者，在我國尚屬寥寥。英文中國郵報，於民國五十三年七月份起，部份改爲彩色印刷，開我國英文報紙五彩之新頁。

現代彩色套印，多用於平版。嗣後報紙銷份廣大，逐漸注意捲筒機之套色。美國普立查的世界報，於一八九三年，先用套色星期增刋，極獲讀者擁護。惟輪轉機，性能複雜，求其印刷精美，不無困難。如何將輪轉機的套色，運用妥善，使印品既快又精，曾爲報界所注意。美國芝加哥論壇報於一九二一年，首次試驗成功。他是全世界第一家裝置套色凹印輪轉機的報紙。

彩色印刷，範圍廣泛，其方法亦多。在此未能詳述。惟報紙套色，係製滾筒彩色印版，分四色套印。利用濾色分色，先製翻印原件的底片。此與平印彩色相似。另須利用補色原理，製黑白底片，以資配合。四只滾筒的色版製成後，便裝機待印。捲筒紙由給紙裝置進入。所需的色墨，亦須性能優良，加以配合。第一道經過黃色滾筒印刷後，進入第二道紅色滾筒前，機上有洪乾（卽加熱）裝置，使油墨水份，舒展紙上後，迅速揮發。以便套印次一顏色。其次序概爲黃、紅、藍、黑。依序套印，最後獲得美滿之多色報紙。

彩色印報機的設計，較一般輪轉機、更爲精緻。因歐美各大報，每份報紙版面，平均有四五十處，需要套印全色。因此，印機必有特殊裝置，以資適應。一爲變速滾，使紙張的輾轉，保持一定張力。另一爲測準計，使運轉快速的各種滾筒，調節均衡，減少其套色的最小差度，量出各套色間千分之一吋的微度。因此，縱令原稿純爲黑色，經過製版，修版者的想像，作成四色底版，亦可印成優美悅目的五彩。但此決非一般技術人員，所能辦到。自須製版者有高度學養與判斷能力，方可收效。

套色印報，成本高昂，東方各國，仍多在黑白印刷階段。我國部份報紙，近年以來，盛行套紅裝置，然距用彩色印刷尚遠。同時報份價值固定，任何一家報紙，未便以加印彩色而漲價，站在經營立場言，成本高低自應予以考慮也。（採自史梅岑著印刷學）

第十三章　西法東漸後的近代印刷

西方印刷東漸的肇始

印刷術爲中國人所發明，早已舉世公認。歐西工業革命後，印刷工業，長足發展，突飛猛進。惟其所用印刷新法，何時倒流轉來，其端倪莫可究詰。孫從添藏書紀要，有「天文算法，西洋爲最」之語。歐人挾其天文數學等科學進步知識，佈教東方，自明末以來，日盛一日。貿遷頻繁，交通暢達，南洋一帶，中西文合璧之聖經及其他書籍之刊版印行者，逐漸加多。我國沿海之交通商埠，皆得風氣之先，故西法輸入，率能捷足先登。惟初期之活版鉛印，多爲西教士所經營。清嘉慶十二年春，（公元一八〇七年）英國倫敦佈道會遣馬禮遜（Bodert morrison）來華傳教，因之中文聖經，需要迫切，爰致力印刷之改革。馬在倫敦時，與粵人楊善達從遊。又在博物院中，閱讀中文新約及拉丁文中文合璧之字典，一一親予謄錄。至廣州後，繼續學習華語。故對華語，頗爲精通。馬在遠東期間，最努力於文字。曾將新約譯爲華文，又編華英辭典及文法。幷曾秘密雇人，雕刻字模。後遭官廳之忌，刻工恐禍及其身，悉付一炬。事雖未成，而中文用西法字模，則以此爲嚆矢。公元一八一四年，馬禮遜收刻工蔡高爲教徒。幷遣其助手米憐及蔡高二人，同在馬六甲，設立印刷所，雕製字模，印鑄鉛字，翌年，馬氏因與瓦恩及華人梁亞發創辦察世俗每月統記傳，不僅爲中文印刷創新紀元，或可推爲中文雜誌之祖庭。卒至一八一九年，費五年之力，印成第一部新舊約中文聖經。中文之用鉛活字印刷書籍，要當以此爲首創。

中文書報，採用歐西活字法排印，在此後四五十年間，中外人士，從事研究者，頗不乏人。有從鐫刻字模入手者；有從濤鑄活字入手者；有從分刻拚疊入手者；亦有從澆版鋸字入手者。終以美華書館主持人姜別利氏（Willinm Gambie）將字模、字形及字架等，精詳研究，依部首排字法，印成多種教會文件。集各類西法優點之大成，適用於中文活字排版。自一八六〇年起，迄今百餘年間，雖迭有改革，但未能脫離此一範疇。分別述之於次：

公元一八一五年（清嘉慶二十年），英人馬施曼(Prjoshva msrshman）在印度學習華語，在檳榔嶼譯印新舊約聖經，因託湯姆氏(P.P. Thoms)在澳門鐫刻字模，澆鑄華文鉛字。其書尚有存於我國者。

公元一八三四年，（道光十四年）美國教會，因鐫刻艱難，在華尋到木刻一份，專送美國波士頓，用澆鉛版法，製成華文活字，輸入我國，以備印刷美國教會書報之用。

公元一八三六年，法人葛蘭德氏（N.Le. Grand）因鑒於華字浩繁，乃倡「華文疊積字」，藉以減少字模。其法，以部首與原字分開，例如：「蜿」「碗」「婉」「和」「秋」等字，則祗刻「虫」「石」「女」「禾」「宛」「口」「火」等等模。排植「蜿」字，則以「虫」及「宛」拚合之，「婉」字，則以「女」與「石」拚合，「如」字則以「女」與「口」拚成之。此法字模雖可減少，但排工加繁，且拚合字體與單獨，大小不齊。故在澳門行之不久而廢。

公元一八三八年（清道光十八年），法國巴黎之皇家印刷局，購到中文字一副，嗣後澆鑄鉛版，鋸成活字，輸入我國，排印教會印件。當時頗稱便利，但亦行之未久。是年倫敦教會駐新嘉坡之台約爾教師，研究中文，亦有所成。曾造字模大小二種，排印中文書籍。并名其印刷處所為「華英書院」。鴉片戰後，遷至香港，開局印刷。惟台氏於一八四五年病逝中國，未竟其志。其生前所刻字模，共有一千八百四十五枚。

公元一八四四年（道光二十四年），美國長老會，在澳門設花華聖經書院，由美人谷玄（Bichard Coie）主其事，谷玄為謀印書之需，乃以台約爾之字模，繼續鐫刻，廣印書籍，復作小學及數目字等多種，甚稱便利。其所刻之字，等於今之四號字。外地印書用中文鉛字者，悉來購置。又因製於香港，時人亦稱之爲香港字。

一八四五年間，有荷蘭歷頓（Leiden）之白烈印書館，置備全套華文鉛模。排字工友藉荷人戶民氏之二百十四部首檢字法，按圖索驥，承印歐洲各國中西對照之字典及書版。有斗倫者，服務四十年，連排數千葉之巨著。極少錯誤，彌足稱贊。

自嘉慶初年以來，歐西鉛質活字，雖已風行東方，從事印刷書報。但經營者，率爲西人。且多爲教士所主持。印出成品、概爲宣揚教義之書册。故其時活字字盤之排列，每依福音書中之常用罕用，爲其標準。

一八五〇年（道光三十年）粵人某君，曾仿鑄金屬活字一批，大小計二種，共有十五萬餘枚，專印圖札。倘以印書報，則感不足也。

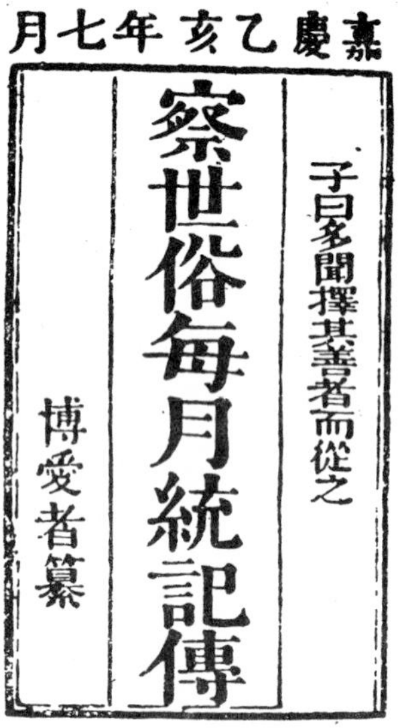
嘉慶乙亥年七月
察世俗每月統記傳
子曰多聞擇其善者而從之
博愛者纂

上圖五十八

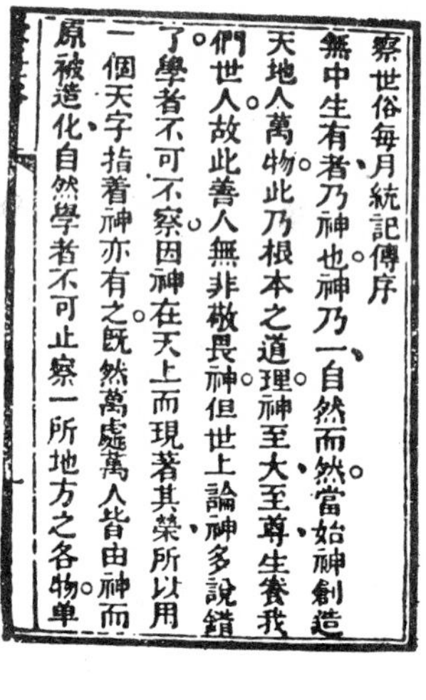
察世俗每月統記傳序
無中生有者乃神也神乃一自然而然當始神創造天地人萬物此乃根本之道理神至大至尊生養我們世人故此善人無非敬畏神但世上論神多說錯了學者不可不察因神在天上而現著其榮所以用一個天字指着神亦有之既然萬處萬人皆由神而原被造化自然學者不可止察一所地方之各物单

圖五十九

改良使用的活版印刷

一八四五年，花華聖經書房，遷至寧波，並改名爲美華書館。一八五八年，美國長老會，遣姜別利氏來華主持寧波美華書館印刷事務。一八五九年，遷於上海。按姜氏愛爾蘭人。早年曾赴新大陸，學習印刷於美國費城。對於印刷，頗有心得。其對中文活版印刷之改良，有三大貢獻：

一、發明中文電鍍銅模

二、採用點數標準制

三、創製元寶式字架

中文初期銅模，則以人工鐫刻陰文。字體細小，筆劃複雜。加以文字孳繁，字數動輒及萬。故欲完成字模一部，屢淹歲月，誠非易事。較諸西文字模之簡便，誠不可以道里計。姜氏基於其從事印刷之經驗，不斷研究改良、乃於一八五九年，創製電鍍中文字模。初以黃楊木刻字，間接鍍模。嗣改以鉛字刻坯，直接電鍍紫銅，鑲以黃銅外殼。雕鐫之工，因以大減。蠅頭小字、亦能鐫製良好。復將鉛字大小，分爲一、二、三、四、五、六、七等號，並比照西文字體，與其體形相埒。此一設計，對排印中西對照之印件，極爲方便。同時並將此七號鉛字，編定名稱如下：

一號曰顯字，二號曰明字，三號曰中字，四號曰行字，五號曰解字，六號曰注字，七號曰珍字。

創製電鍍銅模後，所製鉛字，亟應與國際點數制相符。故各類大小鉛字字體，亦應依照英文字形制，按點計算。使其筆劃深淺，，大小體材，寬窄度數，均有標準規定。關於英文點數制度，早在一七五五年，創始於法人第德。最初根據英寸分劃。一八七八年，美國芝加哥城之馬德路斯公司，改爲「培卡十進制」，仍以英寸計算。一培卡合六分之一英寸，爲十二點。也卽是一英寸有六培卡，七十二點，自此大小字體，均可配合使用。在印刷上、極爲適用方便。此爲姜氏之又一貢獻。

姜氏之第三貢獻，爲中文排字架之改良。清代康乾年間，所印古今圖書集成及四庫全書，均以活字排印、需字數量甚巨。但仍以中式聚珍版的儲字法，存放活字、殊爲不便。姜氏悉心擘劃，自製字架字盤，儲備常用罕用各類鉛字，以供檢取，甚爲便利。

字架以木爲之。正面置二十四盤，（亦稱二十四盤字）中八盤裝置常用鉛字，上八盤及下八盤，均置備用字（不常用鉛字），兩旁四十六盤，則裝罕用鉛字（冷僻字）。每類鉛字次序，悉照康熙字典部首檢字法，分部排列，排工中立，就架取字。排植教會文件，於是大便。此字架之構造，共容八十八盤鉛字，名爲元寶式字架（俗稱三角架或升斗架）。至鉛字之常用罕用，姜氏則以新舊約全書及其書籍二十七册，作統計之根據。二十八書，共四千一百六十六頁，一百一十萬字。計得根字五千一百五十枚。依此根字，按其在書中出現次數，分爲十五類。其中重見一萬次以上者，有十三字；重見一千次以上者，有二百二十四字；（中略）其中重見不過二十五次者，僅三千七百五十字。姜氏得此結果之後，將中文鉛字，分爲常用，備用、罕用三大類，種類分明，裝取自便。此一改良，迄今百有餘年，仍在沿用。

日本長崎人本木昌造，亦創製日文字模，極欲有所改良。適值姜別利返國，道出東瀛。本木卽聘其教授電鍍字模製造法。自此日人擴充其法，製成大小不同之鉛字多種。日人之有電鍍字模，姜氏與有力焉。

中文排字方法，自姜別利倡導於前，後來熱心印刷者，不少改良意見及推行辦法。其以鉛字設館舖印刷書報者，所在多有。最初清同治年間，香港上海之字林西報，設有墨海印書館；申報館設有申昌書室；徐雨之（潤）所設之廣百宋齋；許時庚所設之綠蔭山房；以及圖書集成印書局等，均以鉛字出版書報，頗有可觀。嗣後王立才設開明書局，何天柱設廣智東局，競印新書，頗受時人重視。未幾，又有作新社（按係與中會戢翼翹等創設），文明書局（廉惠卿設），中國圖書公司（張季直，沈信卿設）、國學扶輪社（王均卿設）、神州國光社（鄧秋枚設）、以及張菊生（元濟）夏粹芳（瑞芳）之商務印書館，陸費逵（伯鴻）之中華書局，沈知方（芝芳）之世界書局、三家鼎立。其中尤以張菊生氏，改良獨多。

鉛字點數稱謂對照計算表

一點＝〇·〇一三八三七吋＝〇·三五一四六耗
七二點＝〇·九九六二六四吋＝二五·三〇五一耗

點數	號別	大小 吋×10^{-3}	大小 耗	備註
七二	特大字	九九六·二六四	二五·三〇五三	等於三六點字四個
六三	七行字	八七一·七三一	二二·一四一九	等於二一點字九個，一〇點五字三六個，九點字四九個，五點二五字一四四個。
五二		七一九·五三四	一八·二七五九二	（岩田五倍明禮方體）
四五	五行字	六二二·六六五	一五·八一五七〇	等於九點字四五個，四點五字一八〇個
四二	初號字	五八一·一五四	一四·六七二三	等於二一點字四個，一〇點五字一六個，五點二五字六四個。
四〇		五五三·四八〇	一四·〇五八四〇	等於二〇點字四個，一〇點字一六個，五點字六四個
三六	新初號	四九八·一三二	一二·六五二五六	。等於一八點字四個，九點字一六個四點五字四個（亦稱四行字）
三二		四四二·七八四	一一·二四六七二	等於一六點字四個，八點字一六個，四點字六四個。
三〇		四一五·一一〇	一〇·五四三八〇	等於一〇點字九個，五點字三六個。
二八	一號字	三八七·四三六	九·八四〇八八	等於一四點字四個七點字一六個，三點五字六四個。
二七·五		三八〇·五一七	九·六六五一五	等於一三點七五字四個（日本稱一號）
二五·二		三四八·六九二	八·八五六七九	（岩田方體）

二四	新一號	三三二·〇八八	八·四三五〇四	等於一二點字四個，六點字一六個，三點字六四個。
二二	二號字	二九〇·五七七	七·三八〇六六	等於一〇點五字四個，五點二五字一六個。
二〇		二七六·七四〇	七·〇二九二〇	等於一〇點字四個，五點字一六個。
一八·九		二六一·五一九	六·六四二五九	等於九點四五字四個。
一八	新二號	二四九·〇六六	六·三二六二八	等於九點字四個，四點五字一六個。
一七		二三五·三三九	五·九七四八二	等於八點五字四個。
一六	三號字	二二一·三九二	五·六二三三六	等於八點四字四個，四點字一六個。
一五·七五		二一七·九二三	五·五三五四九	等於七點八七五字四個，三點九三七五字一六個。
一四	四號字	一九三·七一八	四·九二〇四四	等於七點字四個，三點五字一六個。
一三·七五		一九〇·二五八	四·八三三五七	(日本稱新三號)
一三·五		一八六·七九九	四·七四四七一	(岩田清體)
一三·一二五		一八一·六一〇	四·六一二八九	
一二·六		一七五·五四六	四·四五八三九	等於六點三字四個。
一二	新四號	一六六·〇四四	四·二一七五三	等於六點四個，四點字一二個。
一〇·五	五號字	一四五·二八八	三·六九〇三三	等於五點二五字四個。
九·四五		一三〇·七五九	三·三二一二九	(岩田清體)
九·一八七		一二七·一二七	三·二二九〇三	(日本稱新五號。)
九	新五號	一二四·五三三	三·一六三二四	等於四點五字四個，三點字九個。

八·五		一一七·七二四	二·九八七四一	
八	六號字	一一〇·六九六	二·八一一六八	等於四點字四個。
七·八七五	新六號	一〇八·九六六	二·七六七四	等於三點九三七五字四個。
七·五		一〇三·七七	二·六三五九五	
七		九六·五八九	二·四六〇三三	等於三點五字四個。
六·三		八七·一七三	二·二一六一九	（岩田扁體）
六		八三·〇二三	二·一〇八七六	等於三點字四個。
五·二五	七號字	七二·六四四	一·八四五一六	
五		六九·一八五	一·七五七三〇	
四·五		六二·二六六	一·五八一七五	
四	八號字	五五·三四八	一·四〇五八四	
三·九三七五	新八號	五四·四八三	一·三八三八七	
三·五		四八·四二九	一·二三〇一一	
三		四一·五一二	一·〇五四三八	

一九〇九年（宣統元年），上海商務印書館，曾請字學專家，將姜氏排字架悉心釐正。複者去之，缺者補之，用之繁者列於前，字之僻者移諸後。鉛字悉用正體。凡破體俗體、皆列入添盤字，從此排印報章時文，允稱便利。

一九二〇年（民國九年）上海申報館、以元寶式字架，三面包圍，光線不足，又排工中立，一架祇供一人之用，應用殊感不便。爰仿照日本字架，改爲統長架式，既省地位，光線尤足，一架鉛字，堪供二人同時操作。

熱心改進印刷的商務書館

一九二二年，（民國十二年）商務印書館張菊生，鑒於排工終日站立，勢必疲勞。乃創新式排字架。其法：將全部鉛字，分爲繁用及冷門二類，繁用字則造塔形輪轉圓盤以貯之。塔形輪轉圓盤凡二具，各置於木櫃之上，兩櫃之間、及兩盤斜角、設轉椅坐。排工推轉取字、圓盤高低，正與坐人身眼鼻相齊。觀看既便，取字亦無勞高舉其手。推方盤鐵架形如插屏，上下各有鐵板一片，板有槽六道，可將直盤斜勢嵌入方盤，盤可左右移動，前後不相掩。如用第二盤字，則將第一盤推置左邊，則第二盤字露出。餘可類推。此插屏形之方盤架，置於排工座位背後，檢取冷門字時，向後轉動坐椅便得。張氏設計之新式排字架，佔地既省，每架獨用。排字還字，分時而爲。其鉛字分類，與統長架相同。檢字法，則仍採康熙字典之部首檢字法。

民國二十年間，商務印書館之賀聖鼐氏、繼張菊生之後，研究華文排字之改良。在其所著：「近代印刷術」中有言：「我繼張菊生研究改良中文排字，再四研思，輔以朋友之討論，以爲今日而言華文排字之改良，須由排字架，鉛字分類法，及鉛字檢查法，三者同時入手革新，始可完成。」賀氏爰運思設計，雇工自造「引力排字架」一具。在架上摘取第一個鉛字後、第二個鉛字，因引力而自動流下。該架面積頗小，排工可以坐致鉛字，免除奔走之勞。全架除西文字母及通用符號鉛字外，共有不同鉛字五千八百四十餘枚。每字在排植現行書報上之價值，悉以統計方法，重新估定。以其發現次數之多寡，分爲三大類：一曰常用字類，一曰備用字類，一曰罕用字類。類內鉛字，則以四角號碼檢字法排列，以期其易於學習，檢查迅速。與舊日排字，面目全非。賀氏又自言：「此事尚在試驗中，其價值如何，尚不可預必。」賀氏改進之法，雖經試用倡導，但未能普遍推廣。

清末鉛字活版印刷，風行上海一隅外，北平等地，亦漸推行。如北平之擷華書局，專印諭摺彙存，創自光緒十年，延及民國成立以後。其後京華印書館，法輪印字館，經徐又錚、臧碉秋之提倡，印行吳摯甫，林琴南諸家著作，亦鉛印界之翹楚。又誠文信記，創自山東煙台、而盛行於大連，安東，滿洲一帶，所印多爲洋文及學校用書。其他各地，如南京，漢口，廣州，杭州，開封等地，亦漸吸收新法，設置鉛字印刷廠，從事書報之印製。文明之化、因印刷之改良而大肆擴展。

張菊生、賀聖鼐二氏，對中文排字改進，雖多方設法，迄無具體實施。厥後對姜別利牧師之排字法，有所改良者，則爲王雲五氏。王氏利用其長，捨棄其短，並針對所有缺陷，提出改革辦法。曾有中文排字改革的報道，發表於東方雜誌。後又在戰時首都重慶，繼續實驗。亦有成就。茲摘誌王氏報道文中之要點如後：

在報道我的改革方案以前，請先說明向來的字架布置和字彙選擇的情形。現在全副字架，以五號字論，括有七千零十四字，分裝八十八盤，其中二十四盤爲常用者，括有八百四十四字，通常卽稱爲二十四盤字；又六十四盤爲普通者，括有六千一百七十字，通常稱爲部位盤字。兩類字均先按部首，次按筆劃排列，其所以獨稱普通字爲部位字者，則因常用之八百四十四字，其先後位置爲排字人所必須熟記，俾可一望而知，無待利用部首與筆畫，正如電局的譯報員，對於文字與電碼之互譯，可以一望而知，絕不藉部首筆畫而檢查一般。至六千有奇的部位字，以數量較多，其先後位置不易如八百四十四字之可藉熟記一望而知者，祇能按部首與筆畫而檢取。關於字彙的選擇，則八百四十四之常用字中有「耶」、「泰」、「州」等，爲目前不常用字，而在彼時，則或因「耶穌」、「泰西」、「州縣」等詞語，應用頗廣，尤其是「耶穌」和「泰西」兩詞語，在傳教士中最常用之故。反之，在今日許多常用之字，却因二十四盤的範圍有限，和彼時用字與目前不盡同之故，不得不退居於六十四盤的部字和許多罕見之字等視而並行。又字架布置，如亦以五號字爲例，則二十四盤所分諸格較大，每盤有三十六格，每格備同一之鉛字八十八枚，其最常用者如「十」、「四」等字各占四格，即各備同一之鉛字三百五十二枚；「一」、「不」、「中」等字各占三格，即各備同一之鉛字二百六十四枚，「上」、「下」、「三」等字各占二格，即各備同一之鉛字一百七十六枚。其他六十四盤，則每格面積較小，每盤分一百零八格，每格備同一之鉛字二十四枚，其中較常用者亦仿二十四盤例，一字占二格或三格，即各備同一之鉛字四十八或七二十格，此外另有所謂「棧房」字即對於特別常用之字，雖於字盤上多備若干格仍嫌不足者，計二百二十字，各爲另備若干字，以供補充之用。此其大概的組織情形。

現進而評論此種組織之是否合理。首先論字彙之選擇。我對於我國的常用字，嘗作相當深刻的研究，其資料現皆陷於滬港，無從利用。然研究結果，所選定之常用字二千七百餘，腦筋中尙能其記其大概，而斷非現在字架二十四盤之八百四十四字所能盡其功用。試舉一顯著之例：國父遺囑全文一百四十五字，在目前實皆常用之字，然二十四盤中竟缺其十八字，約占全文八分之一。此十八字、遂不得不向六千餘之部位中，費許多時間去檢取，其不合理者一。部位字中許多應列入常用字者如「丁」、「刀」、「占」、「兒」、「宗」、「弱」、「急」、「效」、「敵」、「武」、「活」、「肯」、「落」、「消」等竟與冷僻字如「乜」、「呷」、「畀」、「啅」、「嫄」、「惷」、「惇」、「掲」、「揓」、「最」、「樫」、「淮」、「[illegible]」等並列，以致常用字，因被許多冷僻字擴大其面積，淆亂其位置，而不易檢取，其不合理者二。常用字與普通字之分配，係根據百年前之讀物與出版物情形，今字彙內容已隨時代而有變動，以尙無徹底改革之故，致許多最常用之字，仍留於普通字之範圍內。而區區之八百四十四常用字中，竟括有若干爲今日所不常用之字，其不合理者三。一字兩種寫法如「畧」之與「略」，

「羣」之與「群」，「廠」之與「廒」，「廁」之與「厠」等，以及俗體，古體等字皆宜標準化；此不僅與出版物之字體標準攸關，且一經標準化，便可删去若干不合標準之字，一方面可減檢字之時間，他方面可省非必要之鉛料，乃現有字架對此等兩歧之字，兼收並蓄，其不合理者四。字之常用程度，不宜僅分二級，尤以六千餘之普通字中，實際上甚冷僻者如「乜」、「呷」、「啤」……等，常人一年間，不容易見到幾次，排字人一年間更不易排到幾次，乃亦每字各備同一之鉛字二十四枚，與「丁」、「刀」、「占」……等實際常用之字相同。雖實際常用之字，可以多備一、二格而補其不足，但實際冷僻之字，各備同一之鉛字二十四枚，當然過多。而過多之結果，除多占面積與增加檢字困難外，尚須多備鉛料，多費資金，而使一部份資金，置於無用之地，其不合理者五。字架之面積愈小，則檢字愈省力，愈迅速，現有字架因補充不足之故，無論二十四盤字與部位字，皆就其較常用者各多備若干格。此項多備之格，與冷僻字過分存備枚數，均使字架之全面積，爲不必要之擴大。致檢字時，耗費一部分本不應費之力。實則既有所謂「棧房」字，專供補充之用，則字架上爲若干多備之格，無殊連牀疊架，其不合理者六。二十四盤最常用之字，同時利用之人必較多，然因其僅容八百四十四字，無論如何，而積當甚狹小。不能容較多人同時工作，因而效用不彰，其不合理者七。此外還有最不合理的第八點，就是部首檢查之困難；許多大學畢業生，不能按部首檢得之字，而令小學程度之排字人，逐日依此檢字。因此，除二十四盤之字，全賴熟記致增加初學練習之時間外，六十四盤之部位字，在曾經多年工作者，或亦可藉熟練而助於檢查，然在初任此項工作者，遂不免重感困難。無怪乎學習排字者，雖祇需數月訓練，已能開始檢字，而能達相當速度者、動需二、三年以上。

王氏改革排字具體辦法

我對於排字改革的研究，就是針對上述八種的不合理條件而按症發藥，以達節約人力物力之目的。

經過三個多月的研究，我決定採取左列的具體辦法：

（一）把全副五號字七千零十四字，除按標準字體刪去兩歧之一及俗體，古體約共數百字外，餘則按其常用程度，分爲四級。第一級計五百四十六字，最常用；第二級一千九百六十三字，次之；第三級二千九百八十九字，又次之；第四級一千一百八十八字，多係冷僻而不常用者。此四級又併爲兩類；甲類包括一、二兩級，共二千五百零九字，卽常用字（此於著者多年研究字彙結果之二千七百餘字尚短二百餘字，因手邊無資料，暫缺待補）；乙類包括三、四兩級，共四千一百七十七字，卽普通字。

（二）字架仿向來辦法，分兩部排列，以甲類之二千五百零九字，代替向來之二十四盤八百四十四字；以乙類之四千一百七十七字，代替向來之六十四盤五千八百四十五字。

（三）第一級字五百四十六，在架上各備同一的鉛字六十枚；第二級字一千九百六十三，各備同一之鉛字三十枚；第三細字二千九百八十九，各備同一之鉛字十二枚；第四級字一千一百八十八，各備同一之鉛字三枚。無論何字，在字架上僅占一格。

（四）就最常用之字，選定二百五十，仿向所謂「棧房」字之例，各加備鉛字自一百枚自五百枚，稱爲補充字。另行藏儲，不與字架相混：遇字架上某字所備枚數將用完時，卽從補充字中提出盡量補充之。

（五）各字改按四角號碼排列，以代向來之部首排列。

依照上開辦法，我在商務印書館新設之藝徒訓練所中、實地試驗，結果甚爲滿意。玆將其與現在字架組織比較，所具優點列左：

（一）現在字架常用字部分僅八百餘字，不能包括許多實際常用之字，僅能視爲局部的列舉，須使排字人一一熟記，俾於實際排版時可知某字是否在二十四盤，而不致誤向六十四盤檢取。此項熟記訓練，須經相當時間，初學時頗費力。在我的改革方案中的新字架，甲類卽常用字部分括有二千五百零九字。一般書稿所用之字，除專門性質或有特殊情形者外，百分之九十以上皆可自此檢得。因此檢字時不必從記憶上，決定某字係常用，某字係普通，可以逕向甲類架上檢取，如檢不着，再向乙類檢取，既省記憶之煩，又減訓練之難。

（二）甲類架上所容之字，概三倍於現在之二十四盤，故檢字時，一般幾可全由此類架上檢得，即專門或特殊性質者，所檢得之成分，亦遠較現在之二十四盤爲高。例如　國父遺囑內文一百四十五字中，在二十四盤檢不着者占十八字，而在新字架之甲類二千五百零九字中，則全部皆可檢得。又如舊日排字人因詩句中所含冷僻字較多，故稱凡排不常見字較多之稿爲「詩鈔工作」，遇此等工作，因須向部位字盤檢取之字特多。費時較久，工價亦須稍增。茲舉李白之清平調八十四字爲例，在二十四盤不能檢得者占四十三字，超過半數。此四十三字，除有二字缺銅模須另刻外，餘四十一字須向部位字盤檢取；而在新字架之甲類二千五百餘字中不能檢得者祇八字，此八字除二字須另刻外，祇的六字須向乙類四千餘字中檢取，較向現在字架部位字盤檢取四十一字者，難易相差幾何？

（三）現在字架部位字盤，因按部首排列，學習困難而檢取遲緩；新字架甲乙兩類，均按四角號碼排列，學習容易而檢取迅速。此兩種檢字法，十餘年來，經多次的公開比較，其難易遲速之差額、已有明證，無待贅述。尤以程度較淺之排字工人，學習部首檢字，極難徹底明瞭。而學習四角檢字，則一日小成，十日大成。

（四）現在字架須用之鉛量，以五號字論，計常用字二十四盤，每盤三十六格，共八百六十四格，每格鉛字八十八枚，計七六、〇三二枚。部位字六十四盤，每盤一百零八格，共六千九百十二格，每格鉛字二十四枚共一六五、八八八枚。兩共二四一、九二〇枚按五號字一百七十枚，約重一磅計，合需鉛字一千四百二十三磅。再加上所謂棧房字二百二十，每字多寡不等，合三七、八〇〇枚，約需鉛二百二磅。因此，全副五第字共需鉛字一千六百四十三磅。商務印書館於一二八後，爲省節鉛料，曾規定兩常用字合用一副部位字，實際上將部位字所編枚數減半，所用之鉛，因此較前減四百八十八磅，實需一千一百五十五磅。然此項將部位字全部減半之辦法，未免粗疏，致有若干常用之部位字不敷用，而防礙工作。同時若干冷僻之部位字，仍覺過剩，使一部份鉛料積滯無用。新字架第一級字五百四十六，每字六十枚，計三二、七六〇枚；第二級字一千九百六十三，每字三十枚，計五八、八九〇枚；第三級字二千九百八十九，每字十二枚，計三五、八六八枚；第四級字一千一百八十八，每字三枚，計三、五六四枚；全副字共一三一、〇八二枚，需鉛七百七十一磅。另加補充字，卽舊日所謂棧房字二百五十，每字自一百至五百枚不等，合計四七、六〇〇枚，需鉛二百八十磅。兩共需鉛一千零五十一磅。較一二八前之商務印書館及現在一般印刷廠之字架全副鉛字一千六百四十三磅者，計節省五百九十二磅，所省之鉛量當原需要之鉛量百分之三十六强。卽較一二八後商務印書館將部位字減半後之字架、全副需鉛一千一百五十五磅者，仍節省一百零四磅。約當原需要量十分之一，而可免原部位字不敷與過剩之弊。

（五）現在字架常用字部分所占地位，寬僅四呎，祗能同時容二人工作；新字架甲類字三倍於原二十四盤之常用字，雖每字枚數有減，地位仍加寬二呎，合占六呎，故可容三人同時工作。向來檢字者六人、共需字架三副，今則兩副已足，因此字架可減三分之一，用鉛量亦隨而再減三分之一。如與第四項所省鉛量合計，則一二八前之商務印書館或現在一般印刷廠之字架、全副需鉛一千六百四十三磅，僅供二人之用。每人計需八百二十一磅半，一二八後商務印書館之字架全副需鉛一千一百五十五磅，亦供二人之用。每人計需鉛五百七十七磅半。新字架全副需鉛一千零五十一磅，可供三人之用。每人計需鉛三百五十磅零三分之一磅。是則新字架之檢字工人，每人需鉛當一二八前之商務書館或一般印刷工廠每人所需者百分之四十二强，當一二八後商務印書館每人所需者百分之六十二弱。其所省鉛量之鉅，有如此者。

（六）由於上開各項之優點，商務印書館最近在新設之藝徒訓練所中，以二十名毫無排字經驗之學徒，年齡在十五至十七歲間，教育程度、由小學四年級至六年級，先經四日之四角號碼集中訓練，即令將新鑄鉛字全副插人字架，計費時六日，然後試令從架上檢字排版，接連六次，每次試驗時數、自六小時至七小時半，其成績如左表：

次別	工作時數	成績		平時每時	
		最多字數	最少字數	最多字數	最少字數
一	六時	一、八〇〇	八〇〇	三〇〇	一三三
二	七時半	三、二〇〇	一、九〇〇	四二七	二五三
三	七時半	三、四〇〇	二、〇〇〇	四五三	二六七
四	七時	三、二〇〇	二、五〇〇	四五七	三三七
五	六時	三、二〇〇	二、四〇〇	五三三	四〇〇
六	七時	三、八〇〇	二、八〇〇	五四三	四〇〇

上開成績可證明毫無經驗之學徒，經十六日之訓練後，每日八小時工作，最多能檢四千三百四十四字，最少能檢三千三百字，求諸向來初學排字者，其成功之遲速，殆不能相提並論。

總之，後方技工缺少。而排字工作與文化傳佈攸關。如能以最短時期、造就排字技工，而造就後生產效率較多年之熟練技工，尤有增進，則其影響於文化，似非淺鮮。又戰時物資缺乏，鉛爲排字之重要料料，占其設備之重大部分。目前鉛價奇昂，設能節省半數以上，而仍能維持原有之生產量，甚至尚能增進原有之生產量，則其影響於物資，亦頗重大，願我政府與出版界印刷界同深注意之。(節錄自報學四期)

適用於新聞事業的排字法

大方先生的漢字排檢方法

大方先生認爲何種字彙，最適宜於印刷新聞紙類的字盤，勢非另撰專文不可。現在列舉十種最爲著名的常用字彙，並將所收的字數，摘錄於下：⑴陳鶴琴，語體文應用字彙，共收四二六一字。⑵敖弘德，語體文應用字彙研究的報告，共收四三三九字。⑶王文新，小學分級字彙研究，A作文用，二九五四字；B教科書，四一七九字。⑷莊澤宣，基本字彙，共收五二六九字。⑸陳人哲，民衆實用字彙研究，共收二三〇四字。⑥杜佐周，蔣成堃，兒童與成人常用字彙研究，共收四一七七字。⑦民教會，通用字表，共收三四二〇字。⑧教育部，小學初級分級暫用字彙，共收二七一一字。⑨克萊姆，華文常用四千字錄，共收四千字。⑩商務印書館，華文打字機字彙表，共收五三七二字。比較起來，大盤常用字，應當在三千五百字到四千字之間。

大方先生認爲：沿用百餘年的姜別利氏式排字架，實已不合時代要求，到了非改不可的階段；而百十種新檢字法當中，能適合我們新聞事業的需要者，實亦寥寥可數。因此，我把這問題分爲兩方面來解決：①是字盤的革新，②部首的改進。現在先從字盤說起。

現在的通用字盤，一爲常用字的二十四盤，一爲不常用字的六十四盤，改革辦法，是把這八十八盤，總數七千餘的單字，按現代新聞紙的實際需要，把他們重新淘汰一下。王雲五先生所指出的「一字兩種寫法」的字，當然也應當把它歸在淘汰之列。至於字盤歸併的辦法，我想還是依慣例，把它分爲「大盤」、「小盤」兩種，比較合於現在排字技工的習慣。若是照王雲五先生所設計的甲乙類，而甲類字竟多至兩千五百字的話，那末，現在的一般排字工人，將感到「無所措手足」了。

我之所謂「大盤」、「小盤」，名雖仍舊，其實含有「抽樑換柱」的妙計在內。使一般排字工人，在不知不覺中，接受這一新法，而不致節外生枝，橫加阻碍耳。這個辦法是：第一、把現在通行的大盤字中，最不常用之字，如：予、哉、毋、耶……等加以刪除；而最常用之字，如：一、不、了、的……亦另行抽出；這樣，在總數八四四的大盤字中，將被提去約三分之一的字。第二、把現在通行的小盤字中，比較常用之字如：倒、却、兒、灣……等，乾脆將他剔出，打入「冷宮」。這樣，改組後之大小盤，雖仍維持舊來之形式，而本質已大不相同；而最常用之字，可在大盤字架當中，特設一擴大盤，來容納他們，庶幾一伸手，不必彎腰，就很容易的檢到他們。至於打入「冷宮」之字，可在小盤字架之底部，增設一排小抽屜，將他們收藏在內。如此，既不佔字架上之面積，萬一要用時，一拉抽屜，也很容易取出。

其次，說到檢字方法，我認爲：新部首法、每筆法、號碼法、和音系法、這四種方法當中，以新部首法較爲切合實際；其中；尤其以杜定友的「漢字形位排檢法」和黎錦熙的「漢字新部首法」都不失爲過渡時期的一種好方法。「我現在已將上述辦法，逐一付諸實驗，深得排字技工的密切合作。我希望在這試驗完成之後，把所用的字盤、字表，以及檢字速度，公開發表。徵求我新聞界同仁的意見，俾能精益求精，共策共勉。（採自報學四期）

陳香先生的中文排字辦法

陳香先生自稱：民國卅五年春，費了兩個多月的時間，採用日本長統式的字架，加以改良，裝上元寶式字盤的內容。這種方法，雖然也是像猴子在如來佛的掌上翻筋斗，但的確已就元寶式與統長式的兩種字架、予以捨短取長，合併運用。這麼一來，發覺所收的效用，殊屬不少。順便在這裏作個報告，並加檢討。統長式的字架、臺灣有的是，隨時隨地都可以試驗。

統長式字架，在臺灣的一般印刷廠所用的，普通僅分爲「頭較」（卽大盤，也就是相當於元寶式的念四盤常用字—其名稱出處未詳），「二較」（卽二盤相當於元寶式的六十四盤普通字）；如稍具規模的印刷廠所，或印報設備，則多數又增加了「三較」（卽三盤—專屬於冷僻字）。統長式字盤比元寶式盤略大（統長式全盤可裝滿五號字三千七百二十個，元寶式全盤，僅可裝五號字三千一百六十八個，少五百五十二個）；不論頭、二「較」，每盤皆分四坎（直），「頭較」每坎三十一格，「二較」每坎六十二格（橫）。「頭較」全盤一二四格，每格可容五號字三十字，「二較」每盤二四八格，每格可容五號字十五字。「頭較十二盤，其中除騰出一盤爲「特別出張字」之用（卽集中最有連帶性之常用字於一盤中，備便隨時檢用—出張含有調孔添孔之意—如一、二、三、四、五、六、七、八、九、十、百、千、萬、年、月、日、省、縣、市、鄉、鎭、第、號等等），餘十一盤計一三六四格，可容一千三百餘種字。「二較」二十盤四九六〇格，可容四千九百餘字；「三較」八盤一九八四格，可容一千九百餘字。三部分總計四十盤，有大小一一四〇八格，其中「擴格」（遇常用字往往擴二格或三格爲一格—抽掉間隔中之鐵片或木片），空格除外，至少也可容一萬左右字，足見包含字彙、比七千餘種字的元寶盤爲多。

我們採用這種字架，一方面是看中它的優點；另方面是了解它的缺點。優點一共有三：①元寶式的念四盤，雖有八百六十四格，惟「擴格」「添孔」極多，其中許多常用字，都占着二格三格甚至於四格。所以全部所容字彙，實際上僅有七百零二種，再扣去一些過了時代的常用字，如「歟」「哉」「焉」「耶」，所剩已不上七百。而統長式的十二盤，則有一千四百八十八格，縱使扣除「橫格」「添孔」，至少也可容一千四百餘種字。②元寶式的念四盤架寬僅四呎，同時容二人工作，殊感侷促；統長式的「頭較」十二盤，寬四、八呎，同時容二人工作，當較從容。不但地位略寬〇、八呎，架中所設的字種，又較元寶式多上一倍。顯然所占的地位比元寶式小。地位小，工作也就愈感方便。③統長式的所謂「出張字」，本來在元寶式的字架中，也經常有人運用過，如「妳」「她」「您」「呢」「吧」等字的「添孔」。但却沒有像統長式的成爲成規，十二盤中固定有一盤集中最有連帶性的常用字。舉例來說：如一至十的常用數目字，在元寶式念四盤中，「一」「三」「七」「九」在第一盤，「二」「五」在第二盤，「六」「八」在第四盤，「十」在第五盤，「四」在第七盤。倘使要檢排一張複雜的統計表，則便非上下左右不斷移動不可。統長式卽反是，省時省力而外，猶可以減去碰頭擦臂之苦。但這還只是固定的「特別出張字」，其他還有因事制宜的臨時「出張」制度，常因時因地因人因事而機動調度，運用起來，的確比元寶式的來得便利靈活。

另一方面，統長式的字盤也有不少缺點。這些缺點，非常突出顯明。指出最大的兩點：①因爲字格太小，統長式「頭較」每格只容三十字，「二較」「三較」只容十五字。「二較」「三較」中的大部分、誠屬夠用「王雲五先生對冷僻字還只主張各備三個」。但一部份實在却非增加不可，雖然有「追加字」（卽棧房子）的設備，亦難免感覺麻煩或靑黃不接。尤其是字彙太多，字格又過於狹窄，如無通盤的設計增減，添補實在匪易。②統長式的字彙既多，又因「出張」的各有千秋（指因時因地因人因事而各自機動調度的），且當中還夾雜了不少絕無用處的日本式漢字，所以實在比元寶式、還要混淆複雜。惟至今却仍在因襲沿用，未加整理。舉例來說：筆者前曾參觀一家頗具規模的印刷廠（在臺北），其統長式的「頭較」（等於大盤）字中，「土」字部列有「坊」「坪」「垣」「坤」「堀」「塡」「堺」「塙」「塚」等字；「山」字部列有「岑」「岡」「岩」「崎」「崗」「嵐」等字；「木」字部列有「板」「枥」「枡」「栖」「桐」「梶」「榎」「榊」「楨」「槌」「槻」「樋」「檜」「櫻」等字。雖然這不能全指爲「日本式的漢字」，但冷僻却毫無疑義。而同時需要常用的，反又不列，如「心」字部、僅列「心」「志」「忠」「愛」「思」「慈」「慧」「慶」「應」「懿」「戇」等十二字，而「懿」與「戇」又正是必須刪去的冷僻字（忠、慈、慧亦是念四盤中所未列；「手」字部更少，僅列「手」「拓」「持」「指」「操」等五字而已，其中的「拓」與「操」也是冷僻字。由此觀察，足見其混淆複雜的程度，實在已經達到無可復加的極點。

不過我們採用統長式字架，裝以元寶式內容，確實曾經費過一番的苦心。把它從頭整理：一邊儘量刪掉不必要的字，「擴格」容納常用字；一邊强調「出張字」，並訂下固定的規格。換句話說，也正是把念四盤中所不列的近代常用字，挑選補入十二盤中。關于這種措施，雖然談不上「新」，但的確由於合併兩種字架而經過捨短取長，創立了中日合璧的一種字架。其在運用上所收的實效，局外人雖未得知，當時參加工作的工友，却莫不有口皆碑，稱便不絕。否則，用六號字排印的一張對開日報，只有十七個工人工作，每日又可輪流休息兩人，實數十五人，如非得力於這種字架，誰相信果然吃得消？

話該說回來了，欲求排版技術眞正達到「治標」的改進，除了字架的改良手續簡化而外，最重要的一件工作，厥爲字彙的澈底整理。淘汰冷僻字，添入目前的一般常用字。對於這一工作，筆者自到臺灣以來，得暇卽曾或斷或續的致力從事過。雖無多大成就，但已獲得了些許頭緒。下略（採自報學半年刊第四期）

世新專校之字架字盤

圖六十　世新字架正面

台灣私立世界新聞專科學校校長成舍我，對元寶式及統長式字架，均無意採用，遂自行設計一種、其原則如下：

一、就現有字模之鉛字，選出七千個字為製字架之基數。

二、以一千字為最常用字，列為甲種。

三、以二千字為常用字，列為乙種。

四、以四千字為不常用字，列為丙種，三種均為整數，以便製作字盤。

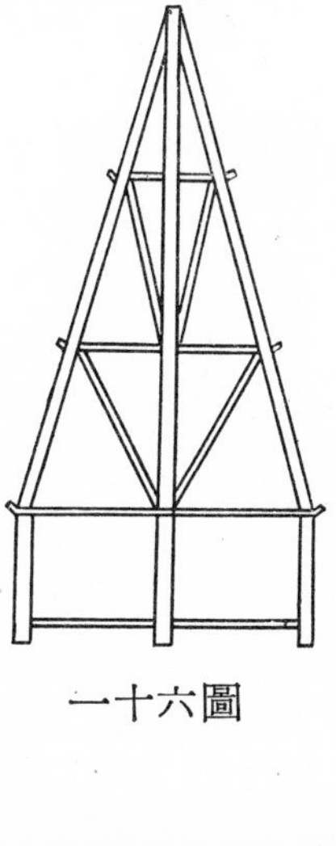

圖六十一

五、字盤之大小，以縱橫各二十英吋長，每盤之縱橫均作整數之等分。甲種字盤，縱橫各十格，每盤計一百格，貯一百個字，十盤共計一千字。乙種字盤縱向十格，橫向二十格，每盤計二百格，貯二百字，十盤共計二千字。丙種字盤縱向十格，橫向四十格，每盤四百格，貯四百字，十盤共計四千字。總計三十個字盤，貯七千個字。

六、字架之高度除基層外，其字盤面積為縱六十英吋高，橫一百一十英吋寬。縱可容三盤，橫可容五盤。兩個字架相連為一組，正背面各貯三十盤，在橫向五盤僅需一百英吋，尚餘十英吋，置二吋半寬

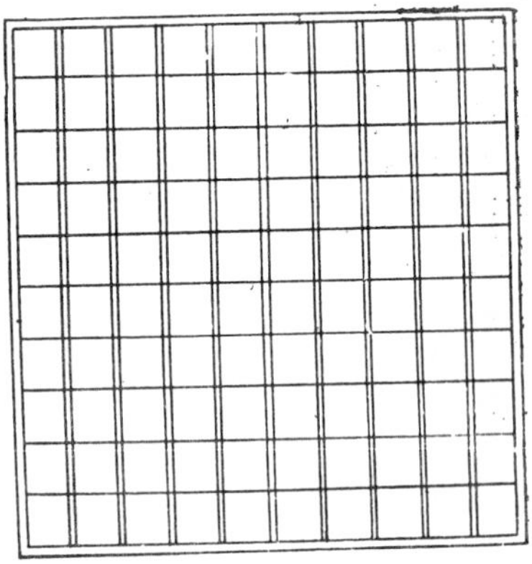

甲種字盤　圖六十二

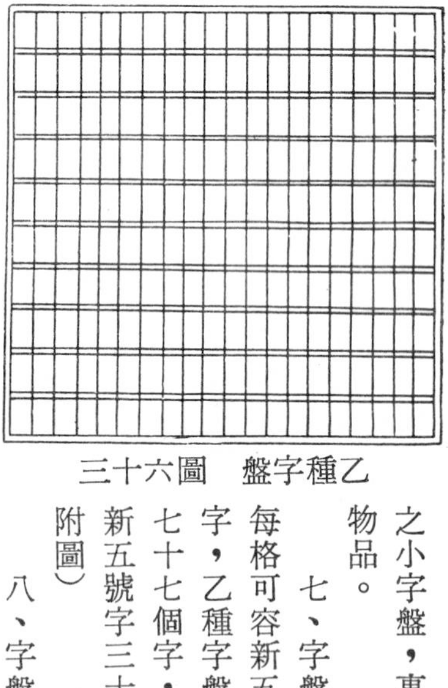

乙種字盤　圖六十三

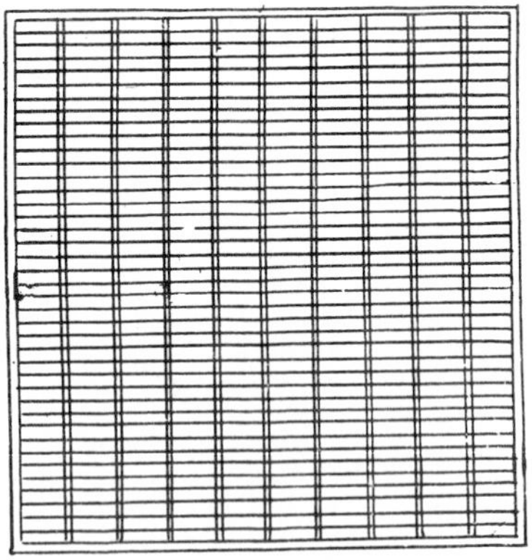

丙種字盤　圖六十四

之小字盤，專容標點符號和其他物品。

七、字盤每格之面積，甲種每格可容新五號字一百五十四個字，乙種字盤每格可容新五號字七十七個字，丙種字盤每格可容新五號字三十三個字。（如上列附圖）

八、字盤之基層做成貯藏櫃，裝有推拉門，以利收藏零星工具，門上編號，每人使用一間。

九、字盤之造價每個約二十二元，一組三十盤，共有六百六十元。字盤一臺約一千元，兩臺相連為一組，卽為雙面各一付字盤。連小字盤共約一千七百元可造一組。

十、字之排列依部首為主國校國語課本之用字為基準，輔以二十四盤用字而組成。（採自印刷學誌創刊號）

鑄字製版及印機的發展

構成凸版印刷之條件，字架字盤及檢排技術外，關於鑄字機器之演進，鉛字體形之流變，製版技術之發展，印刷機器之改進，要均為完成凸版印刷之不可或缺者，茲分別述其發展過程於后：

㈠ 鑄字機器的沿進

鑄字機械，係以之融鉛鑄製鉛字。初期澆鑄鉛字，皆為手拍鑄字爐，每小時僅鑄數十枚。越數年，改用脚踏鑄字爐，每小時可出七八百枚。至民國二年，商務印書館始有「湯姆生自動鑄字爐」，每台每日可鑄一萬五千枚。且每字出爐，均經刨削整理，即可應用。較之舊式爐之必經劃邊、磨身、鉋底等手續，不可同日而語。

活字鑄造機，因動力可分為手搖、自動二種。因鑄型可分為湯姆生與日製的八光、須藤、萬能、萬年、田邊、阿柯米等多種。民國五十二年台灣亦能自製，性能甚優，價格亦廉，比如購日製八光，為新台幣八萬元、台製僅五萬元，並已外銷東南亞各國，甚博好評。

鑄鉛字機而外，我國人對進一步澆鑄及利用照相方法，從事排字，亦有研究試作者。民國十五年，王寵佑先生、曾以西文排鑄機原理，擬製「華文排澆機。」據聞此機未臻理想而中止。

次為我國留美學人桂中樞先生，發明中文照相排字機。曾於民國四十七年，携機返國，在台灣公開展覽，說明其性能。胡適、梅貽琦及印刷學術界人士，均盛加讚揚。自此以後，日製照相排鑄機，在我國頗有銷行，五十四年春，桂氏應中國文化學院之邀，返國講學。復將其改良後之「中文照相排字機」帶來，欲無條件讓出專利權，委人製造，迄因限於客觀條件，仍在進行中。

當桂中樞之機在展覽時，胡適曾宣稱：「蔡元培任中央研究院院長時，曾注意到中國文字摩登化的問題，林語堂先生，也曾研究試驗，并製成『明快打字機』以為改進的初步。到桂先生終於實現了，甚望大家幫助，促其成功。」

在中央社主持電務最久之高仲芹先生，對中文照相打字機類似的機型，頗有研究，迭有發明與改進。其自製中文電動打字機，性能極爲優良，行銷頗廣。

迄於今日，我人已有自製最新機器之技術，惜有關材料機具，未能完滿配合，難期大量製造，實屬一大憾事。

民國五十四年九月間，我國較大報社，中央日報及聯合報二家，先後在日本訂製中文照相鑄排機，以謀印刷之革新。均正試用中。（詳見下章）

（二）鉛字體形的流變

鉛字體形，自發明至今日，變化亦多，益合適用。查中文鉛字，習用宋體。錢大鏞明文在凡例：「古書俱係能書之士，各隨其字體書之，無所謂宋字也。明季始有書工，專寫膚廓字樣，謂之宋體。」因此種字體，多爲明隆慶時人所書，故日人稱之爲「明朝體」。在我國沿用既久，易於書寫，又便雕鐫。不過久則思變，加以一般人有習而生厭之感，故對於鉛字體，流行不久，研究翻製各種體形者，相繼而出。

四類中文字體　圖六十五

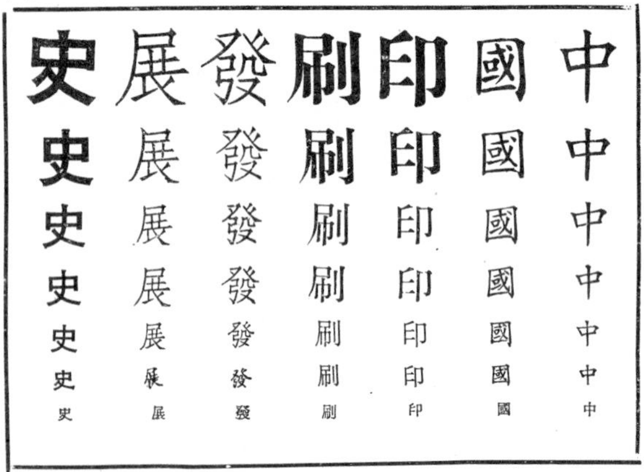

宣統元年，商務書館，翻製二號楷書鉛字。并請江灣徐錫祥、雕刻字模。其法，先以楷書原底照相攝製陰文銅版，每字嵌入銅壳子，製成刻坯銅模，澆鑄陽文刻坯。刻工加工鐫刻，以成原字，再以電鍍法製成銅模，澆鑄鉛字，極爲雅緻精美。此外復刻方頭字，隸書體等字，均有成效。民國四年，商務書館，又聘湖北陶子麟，鐫刻古體活字。陶君係當時刻書名家。曾以玉篇字體，用照相方法，直刻鉛坯。數經寒暑，完成一號及三號古體活字二副。越二年，莊有成亦以宋精本，翻製仿宋活字，然以其不用照相，臨摹宋槧，筆劃精粗不一，故未幾即廢。

民國六年，錢塘丁氏仿宋精刻歐體活字，倡製聚珍仿宋活字，古雅與宋槧相埒。排印大觀錄習苦齋詩集，居易堂集等詩文集，字體極爲秀美。

民國八年，商務書館海陵韓佑之㪷製仿古活字，初擬以西陂類編之宋體爲藍本，用機器鐫刻銅模。但因一一審查之後，西陂類編中可以爲字範者，祇有二千餘字。又因機器銅模，不合雕刻筆劃複雜之華字，乃作罷議。於是韓君以宋元精槧爲範，㪷製仿古活字。俗書訛字，咸加審查，一一釐正，停勻秀美，整齊雅觀。排印善本，古色古香，妍妙無比。同年，教育部頒布注音字母，商務除製爲活字注音字母外，更㪷注音連積字，注音字母與漢字合製一模，非獨排植迅速，校仇亦得便利。同時復有唐海平君，自製活體銅模，其所鑄字，排印書報，亦屬秀雅。

民國十年以後，迄至三十八年，鉛字體形，甚少變化。惟較原始常用者，或大或小而已。其較一號爲大者，爲報紙之重要標題，有出號，特號，特大號等。上海申報新聞報等，均鑄宋體鉛字，排用甚便。且較五號爲小者，則有六號，七號，八號等體。六號多用於印報，七號八號體，多用以排印表格或註釋。

播遷台灣後，印刷所用字體，大都仍舊。惟鐫刻銅模，多來自日本。日本各鑄字廠所，將各號字體，略有變更。字體略小，筆劃亦細。因之各號鉛字，爲二、三、四、五、六、等號字，復有新二號，新三、新四、新五、新六等號字多種。銅模製作亦多，銷售台灣。因此鉛字體形，雖無大變，而鉛字種類，則幾增一倍。茲將鉛字中文書體，簡述如後：

（甲）宋體——我國文字，向用宋體。由於該字既易書寫，又便彫刻，迄今仍被沿用，故名宋體，俗又稱老宋字。今日報紙雜誌及大量發行之書籍、咸採用之。

（乙）仿宋體——係仿製宋代版本的一種字體，用作零件名片及書藉標題等印刷，極爲普遍。間有用於印書者。該字體精細美觀，故由方體仿宋進而有長體仿宋，近年來復有介於長方之間的新體字型問世。以之印書，更爲悅目，珍貴板本，多採用之。

(丙) 正楷體——該種字體卽漢文正楷體，亦爲一般印刷廠所常用之鉛字。用作名片及標題者甚多，亦有以之印書者。

(丁) 黑頭體——此種字體，字鉛粗大，極易入目，書報標題字、多樂用之。該體字有方體圓體之分。方體字已如上述，圓體字係把黑體的方角修圓，因不爲人所常用，故市面亦不多見。

英文鉛字與阿拉伯字書體，種類異常繁多。約分爲普通字，斜體字，黑體字及花體字等數大類。再以各字體的整體方位區分：如普通字，斜體字及黑體字等，又有全體，半體等字體。按英文字體，原以磅數重量分類。重量輕的字體則小，例如九磅重的相當於中文新五號字體。八磅重的，相當於六號。十磅重的，相當於老五號。十二，十四，十六磅重的，相當於新四號，老五號，三號等字體。

英文字體中，使用最普遍者，爲羅馬體及斜體，一如中文的新五號老五號。至零件，廣告等小品印件，其書體變換複雜，種類繁多，看來頗能引人悅目。國人亦多採用。

(三) 製版技術的發展

製版技術，隨印刷之發展，不斷推陳出新。使印刷物品，日漸趨于精美。僅凸版一類，卽有多種製版方法，擇要述其發展類別如次：

活版：活版初爲木刻，繼用銅錫及鉛。沿至近代，則以鉛料爲主。前已詳述，此次只說明其優點與缺點。優點：(一)一版用畢，可拆排二次印版。(二)鉛字不用時可熔爲鉛，充作其他使用，無大傷耗。(三)鉛爲金屬，耐壓力强，雖經多次滾壓，不致萎縮。但活版亦有其缺點，(一)活字製版，存字數量甚巨，每致積壓資金，不利週轉。(二)印竣拆版，再印又須重排。

雖然，近代印刷，仍以活版爲主流。其在我國印刷界，比重仍高，約達百分之六十。其他印刷發達國家，鉛質活版，概佔百分之五十。

泥版：英人士坦荷氏（Farl of Standope）一八〇四年發明泥版。其法，以泥覆於排成活版之上，壓成陰文，以鉛等混合金屬，熔澆其上，即成陽文鉛版。用之印刷，兼有活版之優點。此法何時輸入吾國，無從稽考。大概隨歐式鉛字，流入中土。一八四四年，澳門之花華聖經書房，上海字林西報著易堂及申報館，初倡之時，即有此鉛版印刷之法。

紙型：紙型一名紙版，法人謝羅氏於一八二九年所發明。至一八七一年，美人拔力惠爾氏，始將鉛版改薄，塡以木底，澆版又較便利。一幅紙型，澆鑄鉛版，可達十餘次不裂。自有紙型後，鉛版不必保留。有一紙型，任何時間，均可隨意澆版。同一紙型，可同時澆鑄多幅鉛版，如印大量新聞報紙，或其他較多印件，則更能增高印刷效果。

我國有紙型，始於光緒中葉。時日人在上海開設修文印書局，專事鉛印，其印版多以紙型澆製。民國十年，商務書館，始購新式紙型機，用强力高壓紙型原紙，即可完成。因舊時紙型，須經敷紙，塗漿，刷擊，熱壓諸手續，自不能與新式相埒。蓋新式製紙型機器，手續簡便，出品迅速，印刷日報，更爲相宜。

電鍍銅版：此版係美人魏爾考士（John W. Wilook）於一八四六年所發明。其性能與紙型之用相等，而精美耐用程度，則尤過之。製法，先將木版或其他種凸版製爲陰文蠟型，置於電缸中，經一定之時間，則蠟型鍍銅而成銅版。其上之文字圖畫，與原版無絲毫差異。

我國首先採用者，爲花華聖經書房。惟舊法鍍置一版，須七八日之久，不無遲慢。至宣統年間，電缸使用蓄電池，出品稍見迅速。民國七年，商務書館，始用發電機鍍銅，出品更爲便利。製作鍍版，七小時即成。又因其價值稍昂，若非精美印品，仍多使用鉛版。

石膏版：我國昔印刷圖畫，皆以木刻爲之。宋代畢昇之活版，曾使用石膏，後來甚少沿用。迄於近代，多用木版。惟木質不堅，不合西式印刷。公元一八七〇年（清同治九年）上海清心堂西教士范約翰氏，始刻石膏版。其法，先將平面石膏，鐫刻陰文圖版，用以澆鑄陽文版。同時上海江南製造局，設翻譯館，譯印西書。其所用圖版，係石膏版所刻。因其精美較遜，未能久行。

黃楊版：光緒三十年，日人柴田氏，應商務書館聘來華雕刻黃楊版。其法，用一種藥水，將原圖移於木上。一若照相，按影雕刻，其精美不讓銅版，而精神則過之。又有直用照相法者，其出品如出之名手，則非照相版所能比擬。此法單色之外，尚可製作彩色。終以其價值高昂，用途不廣，未能發展。

銅版與鋅版：近代印刷製版術，益臻精進。用照相方法，攝製印版，與原稿極爲相似，極爲精密清晰。此法發明於法人稽祿脫氏（M. Gillot），其時係一八五五年，但僅能製作鋅版。一八八二年，德人麋生白克氏（Meisendach），創製照相網目版。我國有照相製版術，當推上海徐家匯土山灣印刷所爲最先。公元一九〇〇年，（光緒二十六年）該所夏相公首先試製，未得結果。翌年乃由蔡相公范神父及安相公三人繼起試製，始得成效。並傳授此法於顧掌全及許康德二人。

先此上海江南製造局印書處劉某，亦曾試製照相版，印刷廣方言書館出版之書籍。然其法限於一隅，外間未曾推廣。

光緒二十八年，俞仲還在上海辦文明書局，其時有趙鴻雪君，研究銅鋅版之攝製方法，歷時數月，終獲成功。其所製出之版，雖不十分精良，而其研究精神，彌足欽佩。

光緒三十二年，土山灣印刷所之顧掌全，入上海中國圖書公司，攝製銅鋅版。許康德則於光緒三十四年，進商務書館，攝製教科書銅鋅版。

許氏攝製鋅版之法，得自土山灣印刷所之安相公。一版之成，輒需六七日之久。故其製造，頗爲遲緩。光緒二十九年，商務書館得日本技師前田乙吉及大野茂雄來華攝製照相網目版。並將許氏之法，略加改良。迨至宣統元年商務書館更聘美人施塔福氏（Stafford）來華指導。施氏以美國新法，攝製照相鋅版及前田乙吉之照相銅版。一一咸改新法，出品旣速且精，甚受時人歡迎。

按今日我國畫報畫刋及書中插圖，仍有多用銅版或鋅版者。其製法與往昔略有改進，悉採照相網目法。其藥品亦愈沿愈精。台灣製版廠家，營業頗爲良好。

彩色版：一六六六年，牛頓證明太陽光可分爲七色光譜，同理，亦可合七色光譜爲白光（卽太陽光）。一八〇七年，楊氏（Young）證實人類眼睛，有三種不同視紳經，卽只感覺赤，綠和靑紫三色。視神經受到種種不同比率的的刺激，所以有種種不同的彩色。基此，混合適當三色的光，現出各種彩色，謂之加色法。而加色法的三原色光，稱爲三原色光。進一步又有減色法，補色法以爲配合，漸有進步。當一八九六年，法人賀龍著彩色照相術一書，闡述此理。一八七三年德人胡格爾教授，發明攝影彩色片。一八九二年，美人孔士氏（William Kurtz）利用賀胡二氏之說，遂有三色照相網目版之發明。無論若干色之圖畫，以濾色鏡分色法，將赤黃藍照片，攝製三種銅版，次第套印，均可成多色彩圖。吾國有彩色銅版，亦始於商務之施塔福氏。其時雖有成效，但變化網目，基於移轉原圖，自甚遲緩。後郁厚培君，民國九年赴美考察後，改用圓盤網目，出品益精。

㈣　印刷機器的改進

印刷機械，爲完成印刷品之後一階段，利用壓力，達成印刷適性。歐人最初輸入中國之凸版印刷機，爲手扳架，每日印數，不過數百張。旋有自來墨架，不必手工上墨，出數較快。至公元一八七二年（淸同治十一年）上海申報館，始有手搖輪轉機，每時可出數百張。嗣後以自來火引擎及蒸汽機引擎，代

人工印刷圖

圖六十六（一）

人工印刷圖

圖六十六（二）

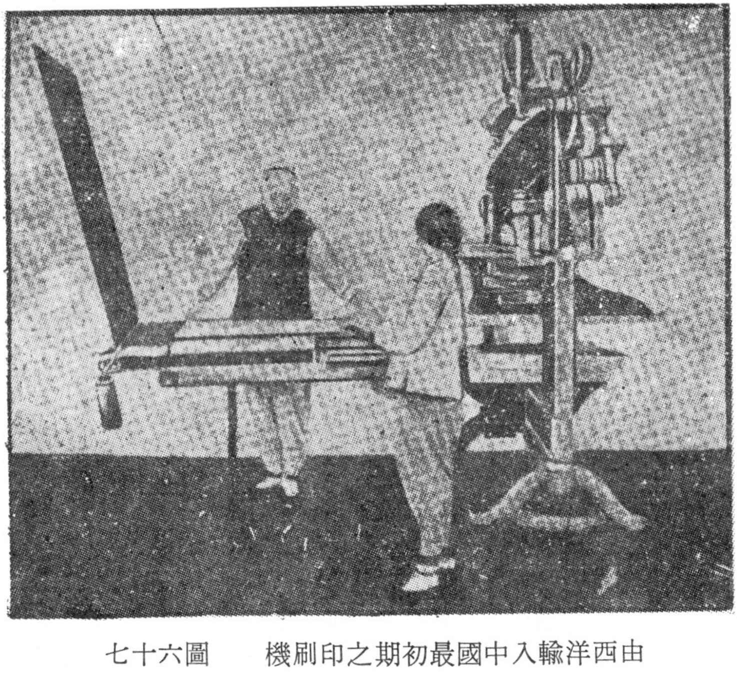

圖六十七　由西洋輸入中國最初期之印刷機

手搖圓盤機

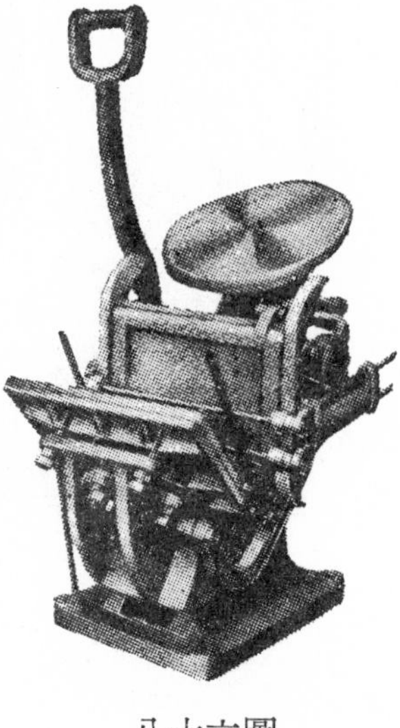

圖六十八

替人力。速率較前增高一倍。光緒二十四年間，日人以日本仿歐式輪轉機輸入中國，以價值較廉，國人採用者頗多。光緒三十二年，始有華府台單滾筒機，用電氣馬達，每小時可出一千張。此機爲一八六〇年，英國華府台之道生氏（William Dawson）及何脫萊氏二人所發明。以其來自英國，故俗又稱之謂大英機。民國元年，申報館購辦亞而化公司雙輪轉機，每小時可印出二千張。

民國八年，商務書館始有米利印刷機，出數較大英機尤速。此機係美人米利氏（Bober Miehle）於一八八九年所發明。因其滾筒輪轉不停，故又稱爲雙迴輪轉機。單色米利機以外，復有雙色米利機，專印彩色。又有兩面米利機，印刷書籍，效果亦優。吾國印刷界，多已採用。

一八六五年，包羅克氏（William Bulloek）發明滾筒印刷機，最初時期，祇能用於印刷日報。民國五年，上海申報館，始有法國式的日本製造滾筒印刷機。出品之快，數倍於輪轉機。每小

足踏圓盤

圖六十九

電動圓盤機　圖七十

時能出八千張。惟無摺疊機裝置。民國十一年商務書館、購得德國愛爾白脫公司之滾筒印刷機，兩邊出書，並有摺疊裝置，每小時能出雙面印八千張。其速度每台可抵米利印刷機十架。民國十四年上海時報館，購置德國馮曼格彩色滾筒印刷機，同時能套印數種顏色。在遠東印刷界中，首創精美悅目之套色報紙。

民國二十年前後，上海形成遠東第一大商埠，商賈輻輳，

圓壓式凸版印刷機　圖七十一

高速新聞輪轉機　圖七十二

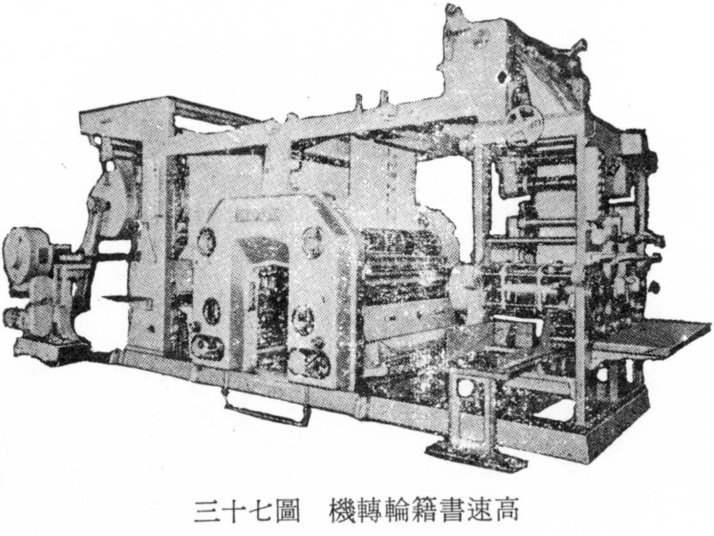

高速書籍輪轉機　圖七十三

工業勃興。印刷機械製造，日臻發達。以明晶機器公司及建業機器廠等，所出凸版印刷機，銷行頗廣。種類亦甚繁多。屬於印刷機類者，有全開、對開、四開、圓盤、打樣機等多種。屬於澆版類者，有澆版機，壓版機，鐫版機，修版機等。屬於壓釘類者，有截切機，釘書機，切書機，打洞機，圓角機，修邊機，高壓機等。屬於鑄字類者，有手搖鑄字機，半自動鑄字機及全自動鑄字機等，他如刨條，切線，修版等機，甚爲繁多。惟多屬小型機件，內地新聞印刷及出版印書，採購者頗多。其時大型機件及新型機械，仍源源進口。尤以上海申報館爲最。著者於民國廿年參觀申報時，其底層印報機，僅有三架，每小時各印二萬張之譜，且係手工動力混合製版。民國廿六年夏，又參觀時，不但印機全新，每架每小時能印三萬份，且同一牌號機器，已達十台之多，製版技術，全採電動。六年之間，有倍蓰之進步，申報如此，新聞紙，時報，時事新報，莫不皆然。可以推想印刷機器發展之速矣。

平版印刷的發展

前節所述，皆爲凸版印刷，亦卽活字版印刷。以下再述平版印刷之發展。

平版印刷，自發明迄今，雖百有餘年。而其用途，則日臻廣泛，爲人類所樂予採用。因平版印版的本質，概爲金屬，質輕耐用，壽命長久，且其版面所接觸者，爲橡皮面，故其耐刷力，較直接印刷，大爲增加。在今日印刷界，所有平版，幾全用照相製版。縱使最普通的紙張，也能套印成多種顏色。兼之速度增高，生產力强。復可利用原版，反覆晒製複版，連續印刷，製作大量印品。平版印刷的利益，其範圍之廣大，卽此可見一班。

平版傳入我國，石印，金屬印刷，先後相續。今則金屬印製，極爲普遍，石印已屬寥寥。且逐漸趨於淘汰矣。

一、石版印刷之沿革

石印術係一七九六年，奧人施納飛爾特氏（AloisSenefelder）所發明。施氏在一七七一年，生於奧國波希米邦之首都巴拉叩。性好藝術，喜愛作曲。以謀生之故，權作伶人。嗣以所作曲詞，無力付諸雕刻銅版印刷，乃圖以石版印刷。屢試屢敗，決不氣餒，數經寒暑，終抵於成。

我們石印方法，肇始於上海徐家匯土山灣印刷所，其時係公元一八七六年（光緒二年）。該所首創石印者，為法人翁相公及邱子昂二人。爾時所印者，僅係宣揚天主教義之物品。至以石印方法印書，則以上海點石齋石印書局為最先。該局為英人美查（F. Major）所設。美查初與其兄弟販賣華茶，精通中國語言文字，後因所業失敗，思欲改圖。其買辦贛人陳華庚，見上海報紙之暢銷，乃說以興辦報紙，并推介其同鄉吳子讓為主筆。美查贊同其議，乃延錢昕伯赴香港調查報業情形，以資仿效。時日報初興，競爭者少，其兄所營茶葉，亦大有轉機。故美查歷年經營，頗有所得。於是先後添設副業，點石齋石印書局，為其副業之一。

點石齋石印，初開辦時，延土山灣印刷所之邱子昂為技師。最初印刷聖諭詳解一書。姚公鶴上海閒話：「聞點石齋石印第一獲利之書為康熙字典，第一批印四萬部，不數月而售罄，第二批印六萬部，不數月又全售罄。」書商見其獲利之鉅且易。於是至光緒七年，粵人徐裕子（鴻復）有同文書局之設。購石印機十二架，雇工五百人，專事翻印古籍善本，如二十四史，康熙字典及佩文齋書畫譜等書，行銷甚為暢旺。寧人則有拜石山山房之設。當時石印書局，三家鼎立，盛極一時。上海有石印以後，各地相繼開設。如武昌、杭州、蘇州、開封、北京等地，紛紛設置石印書局，初期多印萬年歷及致富全書等，但其印品，則次於上海各書局矣。

彩色石印，係光緒三十年，由上海文明書局，首先創辦。習自日本技師，學作濃淡色版。手印圖畫色彩，深淺明暗，均與實物相仿，甚爲成功。

商務書館於光緒三十一年，聘日本彩色石印技師和田滿太郎，細川玄三，岡野、松岡、吉田、武松、村田及豐室等來華，從事彩印，此道益彰。仿印山水花卉人物等古畫，其設色幾與原稿無異。

照相石印法，係法人奧司旁氏（John W. Oshorne）於公元一八五九年所發明。其法：以照相攝製陰文溼片，落樣於特製膠紙，轉寫於石版。吾國初期石印書籍，多用此法製版。唯此法以膠紙轉寫，筆畫較細之物，無由翻製清楚。至民國九年，商務始用直接照相石印法，不用膠紙，以陰文直接落樣於亞鉛版，出品既精且速。至民國二十年，又有傳眞版，其法又見便捷矣。

自石印方法傳入後，雖風行一時。惟彩色石印製版之法既繁，手續亦多。一石只容一色，印四色者，即須四石而印四次，多色者次數益多。其笨重不便，自爲極大缺陷。

影印版出，以之印製圖畫色版，效果極佳。此法係民國十年，由美人漢林格氏（J.F. Hentinger）輸入中國。其原理與三色照相網目版相仿。用亞鉛版裝成平面版，用膠版機印刷。此種印刷，無須光紙，能以少數印版，印成美麗色畫，較之彩色石印，速而且精。

二、金屬平版之發展

利用鋅、鋁、鎂、銅等金屬爲版材，所製作之平版，謂之金屬平版。

現在我國幾乎全用鋅爲版材，亦有採用鋁版者，但數量極少。並多應用於照相平版，使用間接平印印刷之。不過描繪、轉寫等手工製版、仍然沿用，其基礎作業、與石版多共通之處。

金屬平版發展至今日，能成爲平版印刷之典型代表，其原因有三：

(1)版材質輕，便於處理及操作，且無破損之虞，保存方便，所佔空間亦小。

(2)易得大版面之版材，價格亦低廉。

(3)可以彎曲，故能裝於輪轉機上，印速因之大爲提高。

雖然如此，但亦不無缺點，諸如保存時易氧化；表面平滑，水分保持困難，須加以硏磨，使呈微粒紋，因之過份精密的畫線，製作時有其一定限度。

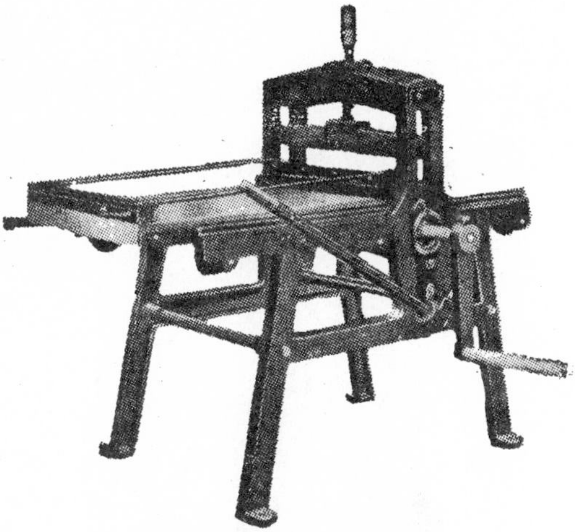

圖七十四　手工落版機

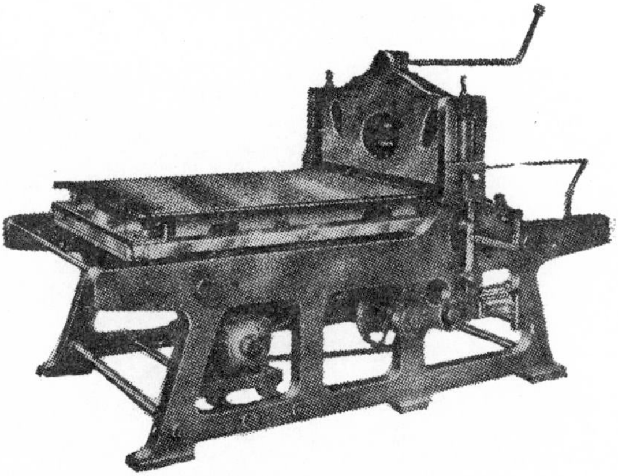

圖七十五　電動試印機

平版版面構成之原理，非常複雜。其理論仍未充分明瞭，但可視爲含肥皂脂肪之物質（如解墨），因受腐蝕液分離所產生之脂肪酸、與金屬結合生成金屬肥皂，此種脂肪成分、爲金屬所吸着，形成畫線部份接受印墨，雖水分亦不能分解之。

非畫線部份，因阿拉伯膠液之吸着，及腐蝕液中之磷酸等生成一種金屬化合物。因其善於保持水分，反撥印墨，終於形成了平版的版面。

電動彩色試印機　圖七十六

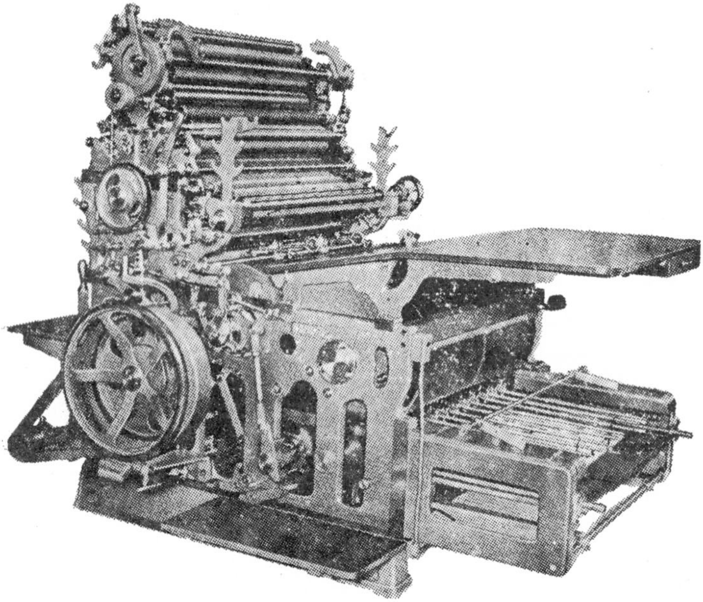

單色平版印刷機　圖七十七

雙色平版印刷機　圖七十八

關於金屬平版印刷之發展，係經多人研究，終於改良成功，普遍應用。遠在公元一八一七年，德人孫斐特，試以鋅版代替石版，開金屬爲平版材料之先河。一八六五年，德人馬別歇爾，發明以金屬版材爲感光膜基層之珂羅版法。

一八八六年，英國詹士敦發明使用鋅版之平印輪轉機。一八八八年捷克修斯尼克教授，發明使用水銀法之平版。一八九〇年日本參謀本部之地圖課石版主任多湖，在德學習金屬平版法，傳之日本。一八九五年德人巴爾達曼發明金屬平版輪轉機。一八九九年，日本村井兄弟商會，購美鋁版平印機，用以印製香菸裝璜包盒。自此金屬平版印刷大有進展。一九〇〇年，英人萬代克發明使用陽圖，以重鉻酸鹽膠液爲感光液之金屬平版法。美國於一年後，亦有類似之發明。一九〇三年，美人路貝爾，發明間接平版印刷原理，與沙烏德一及啓洛等合作，創製橡皮平版印刷機，對平版印刷，爲一大的貢獻。

中國上海浦東公司，於民國初年，購入多色鋁

全自動快速單色平印機　圖七十九

全自動快速雙色平印機　圖八十

多色輪轉平印機　圖八十一

使用捲筒紙的平版多色印報機　圖八十二

版印刷機，用以印製香菸包裝紙盒，甚爲成功。商務印書館亦倡以鋅版代石版，使用鋁版印刷機，一小時可印一五〇〇份時在光緒三十四年，公元一九〇八年也。一九二二年，（民國十一年）商務書館，購入雙色橡皮機。自此以後，平版印刷，在中國迅速發展。上海以外之南京、漢口、杭州、廣州、平津一帶，紛紛輸入平印方法。抗戰結束後，除印刷界力圖復原外，幷吸收新穎多色印機及製版技術，水準亦有進展。播遷台灣後，基於十五年來之安定環境，經濟日臻繁榮，照相平版印刷，極爲發達。一九六〇年，台灣自製對開平版印刷機，性能優良，價格低廉，年來大量產製，且推銷於東南亞各國。

第十四章　現階段印刷

自動排鑄機的類型

自動排鑄機的發明，對印刷技術，係一種新的貢獻。此類機器，能將檢字，鑄字排版等手續，一次製作。幷且省去許多存鉛的資金，及其所有附帶設置。自此機發明後，直接影響於新聞及印刷事業之發展，間接促進教育文化之普及。美國爲自動排鑄機之發祥地，近七十年來，所創造之種類，不下數十種之多。至對中文排鑄機器，雖有人研究製造，但尚未能達到完滿使用階段。茲擇美歐常用之自動排鑄機數類，述之如次：

一、長條排鑄法

長條排鑄法，係將每行字模排好，鑄成一條，即可付印。此種排鑄機，普通應用者，有四種：即立拿排字機（Linotype）

圖八十三　立拿自動排鑄機

中文單字自動排鑄機　圖八十四

泰坡谷諸福（Typograph）應特爾（Intertype）勒德羅（Judlow）是也。

立拿排鑄機，係美人麥根泰來（Offmar Mergenthaler）於公元一八八三年所發明。其字鍵類似打字機。用手指按動字鍵，銅模自動滑下，循序順槽成行。銅模間之距離，亦自動調整適度。鑄成長條後，字條由下排出，供人排成大版。字模歸還原處。供給陸續使用。此機製成後，首先被紐約之講壇報，於一八八六年試用，效果良好。不數年間，風行美洲。及至一九〇〇年，各報館爭相購用矣。

美人若吉兒斯於一八九〇年，發明泰坡谷諾福排鑄機，其字模懸於鋼絲。排字之發動，亦類似打字機。鑄字成長條後，由開機人用手舉起機柄，向後傾斜，字模仍歸還原處。字面樣式及字體大小，可全盤更換。其所鑄長條，頗似立拿機之出品，惟較爲簡易。且用電力或人力，均可聽便，尤利於小型印刷廠。後以麥根泰來公司，得美政府專利，不許其在美銷售，故在坎拿大及歐洲諸國，用者較多。厥後，

圖八十五 蒙諾排鑄機

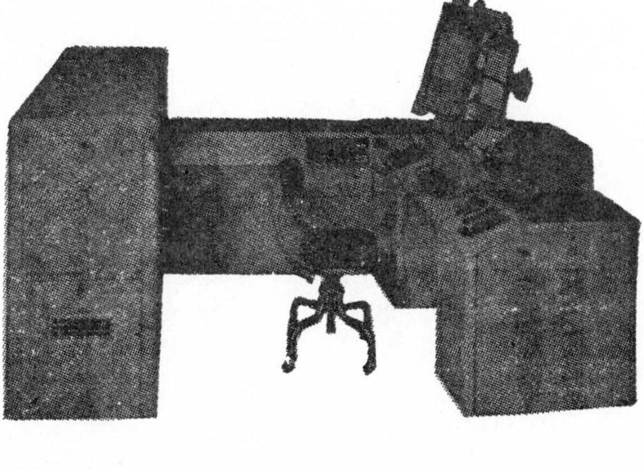

圖八十六 福通照相排字機

立拿專利期滿，至一九一三年，斯若得兒，改良立拿機，又製一較爲迅便之機，定名爲「應特爾排鑄機」。繼起者有勒德羅排鑄機，亦爲鑄字成行之機器。其與立拿，應特爾及泰坡谷諾福等機，有不同之點，前三機係用字鍵盤排字，勒德羅係用手工排銅質字模，然後裝上鑄字機，澆成長條。且可任意重鑄若干條。其字體大小不同者，亦可任意參雜排列，均能鑄出。最適用於排列雜碎零件及廣告等，報館雜誌社，採用者最多。

一九二八年，美人莫銳（Walter W. Morey）發明電機排字，用於立拿排鑄機上。同時能在數處距離不同之地點，對所設之排字機，同時開動，最適於新聞之傳佈。美國若且斯特城報館主人甘勒替，擁有報館十數處，首先採用。從此排字工作，以一人而能代數人至數十人矣。

近年立拿排鑄機，增加新的裝置，效果更爲良好。此機名爲「新式立拿高速排鑄機」。先利用特利搖控排字機，將紙帶打好洞眼，嗣經字鍵旁的機動操作器，迅速控制字鍵與銅模，長條鉛字，隨即自動排鑄。如用發報機向外地發播，對方紙帶，亦可同時打出相同洞眼，以供排鑄。此種機器，設備簡單，既省人工，效率亦高，頗爲風行。

二、空氣壓力排鑄法

空氣壓力機的原理，係利用空氣壓力，冲過刺孔紙條，管束字模而鑄單字。再以單字、組織篇幅，皆可大小自如。此機鑄出之字，明晰整齊，排印較精緻之書籍及各類表格，極爲醒目美觀。此機稱爲蒙諾排鑄機，發明人爲美國藍斯騰，（Tolbert Lanston）。於一八八九年完成。

蒙諾機之構造，係由兩種機械組成。一爲字鍵打洞機，一爲鑄字機。打洞機的鍵盤，有二百餘字鍵。一捺字鍵，機內所裝紙帶，卽現洞眼。紙帶打完，移置鑄字機上，施行鑄字，機內壓縮空氣，透過紙帶洞眼，控制字模。則鉛字逐粒送出，供給使用。歐美各大印書局，除用立拿排鑄機外，以此機爲最普遍。

三、照相排鑄法

公元一八九八年，英人穀倫氏倡用鍵盤聯於字母，一經發動，則字母排列成行，置於照相鏡頭之前。自動將字照印於金屬版上，然後用化學藥品，腐融成字，可供印刷。迨一九二一年，美人達騰(Asthur Dutton)創造用照相方法組織成版，頗宜於排印廣告。數年後，屢經改良，一九二四年，有奧格斯及項特爾二人合力研究，結果製成奧項照相排鑄機。用照電影之膠捲，製成主字。用投射光線之儀器，能將主字放大或縮小，隨心所欲。一九三〇年，德人巫爾發明新式照相排字機，命名爲巫爾台樸機(Vhertype Machine)。此機排字成行，立刻攝影於膠片上。每行成一單獨長條片，類似長條排鑄法之原理。已照之膠片，其一切工作如冲洗顯影等，皆屬機器自動，不用人力。片條兩端，有一小孔，以便裝版上機，整齊排列。迨整頁裝竣，校正無誤，然後裝置製版機上，藉光力而投射於感光劑之金屬版，經藥水腐蝕，卽可付印。

現階段照相排鑄，更有進步。初由福通照相打字機開始，經過十數年研究，由法人里尼西貢奈(Bene A. Higonnet)和路易梅洛(Lonis M. Moyroud)二人合作發明。後由美國印刷研究基金會，於一九四九年完成。簡述其性能如下：

福通排鑄機的性能，有三部重要結構。一爲電動打字機；因其構造優越，有拚組指標，可供排製表格及標題等字，并調配適當位置。二爲電子計算機；內置電腦兩組，一組記錄字母電碼，另組調整字母寬度。三爲照相設備。置鏡頭圓塔，攝製各種英文字體。此機共用鏡頭十二個。構造精巧，操作簡易。除供排製表格及標題等大小不同字型外，還能利用特利搖控排字機，將紙帶打洞，自動排鑄。速度之高，每小時能打四萬三千二百個字母。此機完成後，美加歐洲等國家大型報社，迅卽採用。其在歐洲方面，雖調換牌號爲(Lumitype)，實在仍爲福通式之變形。

西方國家排字，已由手工操作，改用機器排鑄，進而又用照相方法。返觀東方各國印刷，則以日本較爲進步。日本文字，雖有平假，片假之分，但亦有二千字左右的漢字，混合使用。所以他的方法，可供參考。茲擇要述次：

一、奧知式排字箱：此種字箱，係基於字架而蛻變。將鉛字縱列箱內，前低後高，槽底舖鑲黃銅。檢字由前端取出後，其第二字，依次滑出，陸續備檢。還字則由後端補入、故可二人同時操作。該箱體積小於字架十倍，故所佔面積亦小。此機無大量流行，要亦爲排鑄工作之一種改革。

二、日式自動排鑄機：一九二〇年，日人杉本京太郎有排鑄機。近年日本各報社，雜誌社，已多使用自動排鑄機。製作此種機件者，亦有多家。以中川機械株式會社出品爲優。該機係鍵盤鑿孔機與排鑄機混合應用，亦可分置兩處，聯同使用。鍵盤機容量、約爲一千一百餘字，每字鍵有上下兩字，共儲單字二千二、三百個。在日本所用漢字中，幾已夠用。工作時，照稿打字、依字按鍵，鍵內繼電器與齒槽輪幹，相繼依序輪轉，連結的鑿孔針、卽將油質紙條，鑿成所需符號。而此紙條，卽變成選字符號。再將符號，轉入自動排鑄機，（較遠地區，則以電信傳出）機上繼電器，相繼起動，驅動齒輪。選出所需銅模，排行鑄字。銅模用畢、自動歸還原處，與西方國家的立拿，蒙諾等機性能一樣。亦能自動調整字距。據每日新聞社社長谷川的實驗報告，該社自一九五三年起，改用此機、每機每日可排二萬五千字，較手排效率，增高百分之五十。次爲日本東京機械製作所。所製印刷機器，種類繁多，性能亦優。該所創設於一八七四年，擁有九十年光輝歷史，規模宏大、設備完善。所產活字鑄植機，高速輪轉機，及工作機械出品，早已馳名世界。其榮譽出品多色新聞高速輪轉印刷機、日本各大新聞社，均已紛紛採用。最近應中國台北聯合報及中央日報之託，製出中文全自動鑄排機，已於民國五十四年九月，運裝兩報試用。（詳見後段）

關於排鑄方法，因東方文字與西方不同，致多滯碍。蓋西文單字僅有二十六個，配以各類大小體形，數量亦極有限。故立拿、蒙諾等機，銅模庫能容一千餘個、排鑄西文印件、文字即可充份供應。得心應手，任意選排。中文字則單字繁劇，動輒數千以至萬個左右，再加大小體形之分，非達三五萬以上不可。因此自西法傳來後，改革者雖大有人在，迄無具體成效。現仍在不斷改進中。將來成效如何，只有待諸事實之證明。茲將現階段從事研究改進者，擇述於後。

桂氏中文照相排字機

我國留美學人桂中樞先生，發明的中文照相排字機，曾於民國四十七年，携機返國，假歷史博物館展覽。由桂先生詳予說明，由國立藝專美術印刷科黃浩準、陳孟樑等擔任操作表演（如插圖）。展覽揭幕時，中央研究院已故院長胡適博士及爾時教育部長梅貽琦博士，均蒞臨致詞，備加讚勉。一時甚爲轟動。印刷界人士，咸寄以莫大希望。惜未能大量製作，概因此項機件及附屬材料，均乏工業產品之配合，故而緩延擱置。惟此一展覽，對國人頗具啓示作用。自此以後，日製「照相排字機」在我國頗有銷行。近年益廣。茲摘錄桂中樞發明的中文照相排字機。簡況於後：

桂先生所發明的中文照相排字機，是由五個主要部份組成：一是半透明的圓柱字筒，上面裝有約七千五百個中文單字的照相底片；二是一架照相機；三是一部小型馬達；四是其他使照相機將文字印在滾筒上的機械和光學儀器；五是電眼。全部機器設備寬二十吋、長四十吋，最高點三十吋，所佔的地方，約爲一中型的寫字桌；機身重量，約八十磅。使用時，操作的人、坐在照相排字機前，每檢攝一字，祇經過兩個步驟：一、轉移透明字筒，按照字表，將所要檢攝的字，轉至鏡頭前，字筒自行對準停定；二、脚踏一下開關，字就被攝入暗匣內的照相紙上，同時照相紙即自動前進一格，以便攝取次一字。此種排字機，可以由上至下；排成直行；也可以由右至左、排成橫行。由直轉橫，或由橫轉直，只須把暗匣一轉卽可。排字用35mm寬和一百呎長的照相紙，每捲紙可供攝排兩行，共可檢排六千字。至於速度，據說在裝置電眼後，每小時可排一千〇二十餘字。在操作上與日製的中文照相排字機較爲方便。

此機攝完一捲紙後，卽由暗匣內取出冲洗。冲洗時間、約四分鐘；再用清水洗淨，約十分鐘；用烘器烘乾，約五分鐘。但因爲中文印刷有一個特點，就是每一行字，有一定的字數，不能增減。如把文稿，排成一頁後、再來校對，則不易加入遺漏的字；也不易删出不要的字。所以照相排字，應先將照相紙烘乾後，在特製的切紙板上，將一捲冲洗完成的照相紙、分切兩條，逐條校對。遇有錯字，切除補貼。不用的字，亦可剪去。再將字條接好。遺漏的字，則在遺漏的地方、將字條剪開，將需要的字，補貼上去，然後把紙條接好拚妥。

校對完畢後，便在預先印好的格紙上（印的格子的距離，乃確定各行的距離寬窄，毋需特別加工），將紙條拚貼成印刷版面。如每行預定爲五十字，第一行就貼五十字，然後續貼第二行，餘依此類

圖八十七　桂氏中文照相排字機

推。待每一頁再行校對後，即可拍成底片，用以製鋅版凸印，或平版平印，隨意選擇付印。在全部排字過程中，所需的零件，不過一支尺、一把剪刀、一張刀片、一瓶紙膠、一塊橡皮、一支鉛筆、和幾張白紙而已。

日製照相排字機 ㈠普通型 圖八十八

㈡六十型書版機 圖八十九

㈢五八型零件用機　圖九十

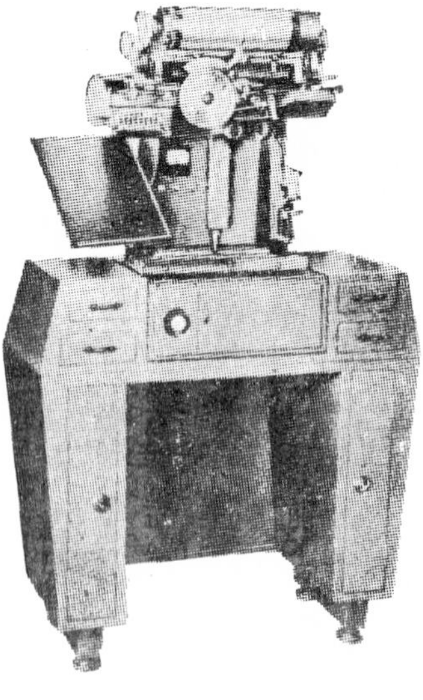

㈣英文專用機　圖九十一

㈤標題專用機　圖九十二

㈥縱橫兩面用機　圖九十三

桂先生表示：印刷業有一重大的問題，那就是印一本書的時候，要等校對校好後，才能付印，於是在校對完成前，幾十萬或幾百萬鉛字，排在版上，不能另作別用。一版一版堆積起來，佔用許多地方，花費許多房金，凍結鉛字成本。如用照相排字，貼成一版，每版可以放在架上等候校對，佔地祇一紙之薄，一紙之寬而已。

桂氏此機發明後，日美人氏，對此研究頗力。日本近年通行之普及五型照相排字機，即由此機演變而來。此種機械，構造簡單，性能優良。操作亦甚容易，且能經久耐用。該機鏡頭、光源，爲機械中心部份，裝置穩妥固定。文字盤配置完備，並有各種書體，可以隨意變換。

茲將日文照相植字機，圖說如右：

日製照相排字機如附圖：㈠、㈡、㈢、㈣、㈤、㈥。

美人中文照相排字機

美國方面，對我國文字排版研究者，近年亦復不少。一九六四年，美國依德克公司（Itck Comrp）發表一種研究成功的新型奇可得（Chicodear）打字機。此種機器，係依據林語堂先生第一次發明的分類方案，用攝影方法，製成字模母片。由上而下排列。字鍵三十六個，其中三十二個、較爲基本。打字甚易記憶。該機構造，由相等的複合電路，連接僅有的兩個電鈕。機上可置一萬零五百個中文字及標點符號。其製造和發明人Gilbert WKing 博士，係依德克公司的副總經理兼發行部主任，他說：「新的依德克公司，在溝通東西文化思想的傳統方式與新的科學工藝之間，建立了一座橋樑。」惟此機剛在發明，果眞能容一萬餘字，則對中文排字，自可適用。據聞該機構造簡單，售價亦不高昂，其眞情如何，尚有待於事實的證明。

另外一種是美國印德公司，所製造之印德照相排鑄機（Tntentype Photo-Setter），其構造與立拿機大體相同，另裝八個大小鏡頭，利用鏡頭之光學原理，攝製八種不同大小字體。因此，銅模庫貯備字體，可減八倍。此機銅模，字身黑白清晰，一字一行，均經鏡頭爆光，反映軟片之上，卽可隨時冲洗。洗出底片，直接製版，供橡皮機印刷。

公元一九五九年，美人卡德威爾（Pro F. Samuel H. Caldwell）氏，發明中文照相排字機（Sinotype），構造甚爲精美，使用方法，亦較新穎。他的構造，有兩個主要部份：一爲電動打字機系統，一爲電子計算系統。將中文分爲二十一種筆劃，每一筆劃，配一電碼爲其代表。字鍵裝置，控制筆劃電碼外，他如標點符號及部首等，亦均受字鍵控制，操作時，依筆劃順序，按動字鍵，機中電子計算系統，迅將電碼遞加，其中檢字器，據以加算總電碼。而中文單字二千四百多個，卽被找出，自動出現於打字機之鏡頭內。經操作者查看無誤，再按攝影橫鍵，該字片卽被强力光波，透射底片之上。而後施行冲洗、晒圖、製版，以供平版印刷之用。此種機器，名爲卡氏中文照

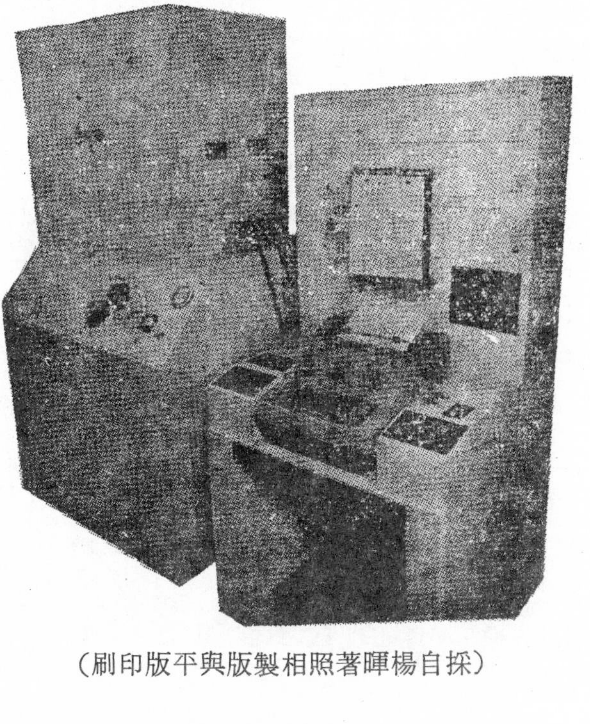

美人卡氏中文照相排字機　圖九十四

（採自楊暉著照相製版與平版印刷）

相排字機，橫排直排，隨心所欲。且同時可排四種大小不同的字體。每人每小時可排二千字以上，較人工檢字，已快兩倍。

聯合報中文自動鑄排機

我國台北「聯合報」於民國五十四年九月，（一九六五年）採用「中文全自動鑄排機」。為我國報界，創一新紀元，亦印刷界劃時代的新設施。據該報專刊介紹此項新機略云：

遠在宋慶曆年間國人畢昇已經發明活字排版，使印刷術開創新紀元。可是幾千年來，我們依然墨守陳規，用人工檢排活字。而其他國家則先後都採用機械操作了。這最大的因素，由於中國單字為數太多，機器無法容納，同時即使能容納使用時記憶亦不易，因此歲月蹉跎，至今猶無發明一架理想的機器，來代替人工排字。

本報近年來對於如何促使報紙排字的機械化，一直耿耿於懷。六年以前本報發行人王惕吾至日本訪問報業，參觀各報自動鑄排機後，覺得我國亦可利用其機器來自動鑄排中文。問題在我們應如何選用最常用的字和如何排列來提高此種機器的效力。從這個時候開始我們就着手研究中文常用字選和排列方法了。

中文全自動鑄排機主要包括兩部份，其一是字鍵及紙帶鑽孔機。其二是自動鑄排機。這種機器的特點是將人工操作部份（即按字鍵）和機械機動部份（即鑄字排字）分開，使兩者互相不受限制，發揮其工作最高速度。

中文全自動鑄排機的字鍵共有一一八八個，最大容字數可以達到四七五二個。當然字數愈多，操作上亦愈遲緩。因此本報為求增加操作速度，選定每鍵二個字，所以全部選用的常用字二三七六個（包括標點符號二十個）。這二三七六個常用字假使寫作的人能隨時注意用活的文字來寫作，應該是足夠使用

圖九十五　字鍵紙帶鑽孔機

了。至於排列方面我們曾考慮過用部首，字尾，以及四角號碼等各種方法。結果因為我們對於部首的編排已有根深柢固的印象，所以仍舊沿用這種排列法。同時在這二三七六個單字及符號中再選出九六〇個最常用字，依照新聞上常用連詞分類排列在字盤的中間，以增加操作上的速度，當這份「聯合報式中文全自動鑄排機文字列表」送到東京機械製作所後，以該所歷年製造的經驗看來，認為這是一項最有價值的創作，所以自動給予本報這種排列法的「專利」。

全自動鑄排機

紙帶鑽孔的機械速度，每分鐘可達三百十二個字，不過操作人員的記憶與使用的熟練程度，通常每分鐘鑽孔速度約在八十字左右。即每小時可以打出四千八百字。一部鑽孔機相當於四個人的工作能力。本報現有六部鑽孔機，即增加二十四人的工作能力。自動鑄排機鑄字和排字的速度每分鐘僅為一一二字，每小時為六七二〇個字。本報現有自動鑄排機四部，其鑄排能力正與鑽孔機六架相配合。

中文全自動鑄排機的鑽孔操作頗爲簡單。操作人員祇要記熟二三七六個字的排列法，便依着原稿輕按字鍵，鑽孔機卽打出各種有孔紙帶，然後將紙帶送至鑄排機，卽可鑄出鉛字並排列成行，而後拚版。

普通一家印刷廠每每在事前鑄出大量鉛字，存放於字架之上，以備檢排之用，中文自動鑄排機使用以後，至少對於其所容納的二三七六個常用字可以不必預先鑄出大量鉛字，所以節省材料的準備和儲存鉛字的地位。同時其鑽孔後的紙帶亦可以隨時保存，以備再版時的需用。這是中文自動鑄排機的另一個優點。

高速度澆版機

此外本報近年來由於報份不斷上升，所以印報機器亦不斷增加。目前有五部輪轉機同時印報，猶感不勝負荷，本月底另有新機四部卽將製成安裝，參加印報。故今後澆版工作非常吃重，每天需澆鉛版計二百餘塊，原來兩架人工澆版機無法於短時間中澆出。所以最近亦向日本東京機械製作所購入高速度全自動澆版機一部及自動刮版機一部，新的自動澆版機每分鐘可以澆出鉛版四塊，這

自動鑄排機　圖九十六

樣才能配合印刷的時間，這項全自動澆版機不僅在台灣是最新式的，卽使在日本也是最新式的。

本報此次購置中文全自動鑄版機四部，鑽孔機六部及高速度全自動澆版機一部，自動刮版機一部，全部設備費計新台幣六百萬元，再加新製輪轉機四部及擴建廠房設備共達新台幣一千萬元以上，這是本報一本以往「投資再投資，進步再進步」的宗旨，以服務於本報讀者的實踐，願讀者共鑒之。

聯合報中文全自動鑄排機常用字彙表

11 (一) 丁丈上下不丑且世丙丢並
1 (丨) 中
4 (丶) 丸丹主之
5 (丿) 乃久乎乘乏
6 (乙) 乙乞也乳乾亂
4 (亅) 了予事于
5 (二) 云互井些亞
7 (亠) 亡交亦京亭亮享
108 (人) 人什仁仇今介仍仔他仗付仙代令
以仰件任份企伊伍伏伐休你伯伴伶伸似但
佈佔位低住佐何余佛作佩佳併使來例侍供
依侮侵便係促俄俗俞修俘保信俱俾倆倉個
倍們倒倘候借倡值倫假偉偏做停健偵偶偷
傀傅傘備傳債傷傾僱僅像僑僞價儀儉儘償
儡儲優
11 (儿) 允元兄充先兇光克兌免兒
4 (入) 入內全兩
7 (八) 公共兵其具典兼
3 (冂) 冊再冒
1 (冖) 冠
8 (冫) 冬冰決況冷准凍馮
1 (几) 凡
4 (凵) 凶列出函
33 (刀) 刀分切刊刑刻初刪判別利到刼制刷
刺則削刺前剖剛剝剩剪副創劇劉割劍剿劃
21 (力) 力功加劣助劵努劾勇勉勒動務勛勝
勞募勢勤勳勵勸
3 (勹) 勿包匈
2 (匕) 化北
2 (匚) 匪匯
2 (匸) 匹區
7 (十) 升午卡半協博南
1 (卜) 占
7 (卩) 印危卷卸卻卽卿
5 (厂) 厚原厲厭厘
1 (厶) 去
8 (又) 又及友反叔叛取受
91 (口) 口古句史只叫召可另台右叨司同吃
合吉名后吐向各吊吋吏吸否吧吵君吠吞呈
吹吼吾吳呀呂和呆含呢告味呼周咸命咨咬
咳哀品哈哉員哥哩哭哲售唐啊唯唱商問啓
喚善喊喜喝單嗎嘆嗣喪嘉嘗嘴器嚇噸嚮嚴
噴囂囊囑
13 (囗) 囘囚囮因固圈困國圍團圖園圓
41 (土) 土在地址均坐坡坦垂垣型埃塲基培

埋城堂堆域堅執堤堡報塑塊堵堪塔塡塞塵
境增墨墾壁壞埔壓
3 (士) 士壯壽
1 (夊) 夏
7 (夕) 夕外多夜夠夢夥
17 (大) 大天太夫央失奇奈奉奏契奔套奠奪
獎奮
40 (女) 女奴奶奸好如妄妓妙妥妨妻妹妳始
姐姑姓委姚姦姿姻威娘娛娶娼婆婚婦媒媳
媽嫁嫂嫌嫖嬌她
13 (子) 子孔孕字存孝孟季孤孩孫孰學
42 (宀) 它宅宇守安宋完宏宗官宙定客宜宣
室宦宮害宰宴家容宿寂冤寄密富寒寓寞察
寡實寧寨審寫寬寮寶
11 (寸) 寸寺封射將專尉尊尋對導
4 (小) 小少尖尙
2 (尤) 尤就
15 (尸) 尺尼尾局居屆屈屋屍屏展屠屢層屬
13 (山) 山岡岩岳岸峯島峽崇崗崩嶺嶼
4 (巛) 川州巡巢
5 (工) 工左巧巨差
4 (己) 己已巴巷
15 (巾) 市布帆希帝帥師席常帶帳帽幕幣幫

6 (干) 干平年幷幸幹
3 (幺) 幻幼幾
19 (广) 序底店府度座庫庭庶康廂廉廈廖廟
廠廢廣廳
3 (廴) 廷延建
2 (廾) 弄弊
1 (弋) 式
8 (弓) 弓引弛弟弱張强彈
4 (彡) 形彭彰影
20 (彳) 彷役彼彿往征待很律後徐徑徒得從
復循微徵德
83 (心) 心必忌忍志忘忠忙快念恆忽怎怒怕
怖思怠急性怨怪恃恐恢恥恨恩恭息悉悔悟
患悲悶悼情惑惜惠惡惰惱想惹愁惟愈愉意
愚愛感愧愼慈態慌慕慘慚慣慢慨慰慶慷慮
慾憂憐憑憤憲憶懇應懲懶懷懸戀
10 (戈) 成我戒或戡截戰戲戳戴
4 (戶) 戶房所扇
114 (手) 手才扎打托扣批抵扶找技承抉把
抑投抗折抬抱拖押抽拆拉拋拍拒拓拔拘招
拜括拳拿持指按挑挖振拚挺挽捉捐捕捧捨
捲捷掃授掉掌排掘掛採探接控推措掙掩揆
提搭插揚換握揭揮援損搏搖搜搬搶搾摘摩
摸撕撒撤撞撥撫播撲擊擁擅擇操擎擔據擠
擱擦擬擲擴擺擾攤攜攝

1 (支) 支
23 (攴) 收改攻放政故效教敏救敗敍敝敢散
敦敬敲敵敷數整斃
1 (文) 文
3 (斗) 斗料斜
5 (斤) 斤斥斯新斷
8 (方) 方於施旁旅族旋旗
1 (无) 旣
39 (日) 日旦旨早旱旬昂昇昌昏明易昔星映
春昨是時晉晚晤
晨普景晴晶智暑暖暗暢暴暫暮曆曁曉昭
10 (曰) 曰曲更書曼曾替最會
9 (月) 月有朋服朗期朝望朧
87 (木) 木未末本朱李材村杜束杭杯杰東松
板枉析林枚果枝枯架柏某染柔查柯柱柳柵
栗校株核根格栽桂桃案桌桿梅條梨梯械棉
梁棄棍棒棚棧森棲植楚楊業極楷榜榮槍構
概樂標樞模樣樹橋機橡橫檀檢權樓欄櫻
12 (欠) 欠次欣欲欺欽款歇歌歎歐歡
9 (止) 止正此步武歧歲歸
9 (歹) 歹死殆殉殊殘殖殲

4 (殳) 段殺毀毅
4 (毋) 母每毒
1 (比) 比
2 (毛) 毛毫
3 (氏) 氏民氓
1 (气) 氣
119 (水) 水永汁求汗汝江池汪污汽沈沉沒
沙汰河沿油治波泉泊法泛泥注泰泳洋洗洛
洞津洩洪洲活洽派流浦浩浪浮海消涉液涼
淋淅淘淚淞淡淨淪淫深混清淹淺添減渡温
測港游湖湘漏湯源準溝溪溺滯滴滿漸漆滑
滅滋漠漢漫漲漁澈漿潔潘潤潭潮潰澄濟澎
演滬溉澤澳激濁濃濤濫濱潛灘灌灣
33 (火) 火灰災炎炸炬炭烈烏烟烽焚焉無焦
然煉煤照煩熄熟熱熾燃燈燒燕營燬燭爐爆
3 (爪) 爭爲
4 (父) 父爸爹爹
2 (爻) 爽爾
1 (爿) 牆
3 (片) 片版牌
1 (牙) 牙
8 (牛) 牛牢牧物牲特牽犧
19 (犬) 犬犯狀狂狗狠狡狽狼猛猜猶猾獄獨
獲獵獸獻
1 (玄) 率
13 (玉) 玉王玩玻珍班現珠理球瑞璃環
1 (瓜) 瓜
3 (瓦) 瓦瓩瓶
2 (甘) 甘甚
2 (生) 生產
2 (用) 用甫
17 (田) 田由甲申男界畏留畝畜畢略番畫異
疆當
2 (疋) 疏疑
14 (疒) 疫疲疾病症痕痘痛瘋瘡瘦療癒癡
2 (癶) 登發
5 (白) 白的皆皇皂
1 (皮) 皮
12 (皿) 盆盎益盒盛盟盡監盤盧盪盜
18 (目) 盲直相盼盾省看眞眼眷眼着睛睡督
瞎瞭
1 (矛) 矛
4 (矢) 矣知短矩
15 (石) 石砲破研硬碎碧確碼磁磨磅礎礙礦
16 (示) 示社祗祖祝神祠祥票祭禁禍福禦禮
23 (禾) 秀私秋科秘租秩秦移稀稅程稍種稱
稻稽稿積穗穢穩穫
11 (穴) 穴穿突究空窗窟窮窺竄竊
9 (立) 立站竟章竣童竭端競
29 (竹) 竹竿笑符第筆等筋答策筵算管箭箱
節範篇築籤簡簿簽籃籌籍籠籲
9 (米) 米粉粒粗粵精糊糖糧
66 (糸) 系糾約紀紅紊納紐紙級紡素索純紛
累細紳紗終組紹結絕絡結統經綁綠維綱綵
網緒緊綿線緝締緣編緩緬緯練緻縛縣縮縱
總績繁織繞繡繩繪繫繳繼續纖纔纏
2 (缶) 缺罐
8 (网) 罪置罰署罷罹羅羈
5 (羊) 羊美羞羣義
6 (羽) 羽習翁翻翼耀
3 (老) 老考者
2 (而) 而耐
2 (耒) 耕耗
11 (耳) 耳耶聖聘聚聞聯聰聲職聽
3 (聿) 肆肅肇
33 (肉) 肉肚育股肥肩肯肺胃背脈胎胞胡胸
能脅脚脫脹腐腦腸腹腿膏膚膠膨膺膽臂院
3 (臣) 臣臥臨
2 (自) 自臭

2 (至) 至致
5 (臼) 舅與興舊舉
7 (舌) 舌舍甜舒舘舖舞
8 (舟) 舟航般舶船艇艘艦
2 (艮) 良艱
1 (色) 色
69 (艸) 艾芝芬花芳芽苗苛苟若苦英苦范茫
茅茲茶草荒荷莊莎莫菌菓菜菩華菲萃萄萊
萎菹落葉著葛葡葬蒙蒼蓄蓋蓬蓮蔑蔗蔚蔡
蔣蔬蔽蕉蕩蕭薄薛薩薪藉藍藏藝藥蘇蘭董
8 (虍) 虎虐處虛虜虞號虧
11 (虫) 蚊蛇蛋蜀蜜蝕融蟲蟹蠅蠟
2 (血) 血衆
6 (行) 行術街衛衝衡
26 (衣) 衣衫表衷袁袋袍袖被裂衰裁裏裹裔
裕裙補裝製褫褲褒襲
3 (襾) 西要覆
9 (見) 見規覓視親覲覺覽觀
3 (角) 角解觸
77 (言) 言訂計訊討訓訖託記訟訪設許訴詞
診註詐評詢試詩話該詳詹誇誌認誓誕語誣
誠誤誰說課誹誼調談請論諒諸諭諷諸諾謀
謁謂謊謗講謝謠謬謹證識譚譜警譬譯議譴
護譽讀讓變讚諜
1 (谷)
4 (豆) 豆豈豐豔
4 (豕) 象豪豬
1 (豸) 貌
42 (貝) 貝貞負財貢貧貨販貪貫責貴貶買貸
費貼貿賀賂賄資賊賑賬賓賜賞賠賢賣賤賦
質賭賴賺賽贈贊贓
3 (赤) 赤赦赫
9 (走) 走赴起越超趕趙趣趨
14 (足) 足趺跑距跟跡路跳踏踐踴蹟蹤躍
2 (身) 身躬
22 (車) 車軌軍軟較輔輕載輛輜輝輩輪輯輸
輻輿轄轉轍轎轟
5 (辛) 辦辨辭辯
3 (辰) 辰辱農
52 (辵) 迄迅速迎近返透迫述迷追退送逃逆
逐途逕這通逝速造連逢逮週進逼逾遂遇遊
運遍過道達違遜遠遣適遲遭遵遷選遺避還
邊邀
16 (邑) 那邦邱邵邸郊郎部郭郵鄭鄉鄙鄧
16 (酉) 酋酌配酗酣酬酷酸醉醒醜醞醫醬
釀
1 (釆) 釋
5 (里) 里重量野釐
27 (金) 金針鈞鈔鈴鉅鉛銀銅銓銘銷鋒鋼錄
錦錫錯鍾鎖鎮鏡鐘鐵鑑鑒鑽錢
1 (長) 長
14 (門) 門閃閉開間閒閣閥閩閱闊闖闢關
29 (阜) 阮陋防阻陣陪阿附降限院除陰陳陵
陶陷陸陽隆隊隱階隔隙際障隨險
1 (隶) 隸
13 (隹) 隻雀雄集雅雇雖雙雛雜雞離難
16 (雨) 雨雪雲零雷電需震霍霖霜霞霧露霸
靈
3 (靑) 青靖靜
2 (非) 非靠
1 (面) 面
3 (革) 革鞋鞏
2 (韋) 韋韓
1 (韭)
3 (音) 音韻響
24 (頁) 頁頂頃項順須頌預頑頒頓頗領頭頸
頻顆題額顏願類顧顯
3 (風) 風飄颱
1 (飛) 飛

10	(食)	食飢飭飲飯飼飽飾餉養餅餐餓餘館
1	(首)	首
1	(香)	香
14	(馬)	馬馳駐駕駛罵騎騰騷騙驅驕驗驚
2	(骨)	骨體
1	(高)	高
2	(髟)	髮鬆
3	(鬥)	鬥鬧鬨
5	(鬼)	鬼魂魄魏魔
4	(魚)	魚魯鮑鮮
7	(鳥)	鳥鳳鳴鴉鴻鵬鶯
1	(鹵)	鹽
2	(鹿)	鹿麗
2	(麥)	麥麵
2	(麻)	麻麼
1	(黃)	黃
5	(黑)	黑默黛點黨
1	(鼎)	鼎
1	(鼓)	鼓
1	(鼠)	鼠
1	(鼻)	鼻
1	(齊)	齊
2	(齒)	齒齡
1	(龍)	龍
17	(數字)	一二三四五六七八九十廿卅參拾百千萬
20	(標點符號)	，。、•；：！？』『【】×…△（）「」○

新聞印刷的進步

報紙銷路廣大，注重時效，所用印刷機，既需出品精美，更求時間快速。因此，印刷報紙之輪轉機（卽一般人所稱之捲筒機），爲從事印刷者所亟謀改良。而製作廠家，遂亦精益求精，新型機器，層出不窮。由初期的頁紙印刷，進而爲捲紙印刷；由每小時數千份的輪轉，進而至萬份數萬份，以達十萬份以上。復由單面改爲雙面，黑白進爲套色。逐漸能同時印成雙色，以至多色。印品之美，時間之速，迄於今日，已達成高速多色新型輪轉，普遍爲新聞界所樂予採用。

輪轉式印刷，係採圓版圓壓式，使版筒與壓筒，互作接觸而回轉，紙張穿越其間，完成印刷。故所用紙張，亦爲捲筒紙，作單向回轉。因之，印刷速度，由於機械與紙張的不斷回轉，印刷效能，顯著增加。同時由於使用捲筒紙，所以不用人工擺紙。印刷機構，更便於自動化，如果加添兩套印刷裝置，可以一次印刷兩面，最適於趕時間的新聞印刷採用。

關於將版面裝置在圓筒上，以壓筒加壓的印刷方式，早在十八世紀末葉，英國之尼格爾遜，卽已發明。根據此種原理，美國於一八四六年，首先製造輪轉機。此係將活版，裝入版筒，用圓頁紙，施於印刷。一八六五年美國之巴路克，首先創製使用捲筒之輪轉機，然亦必於印刷前，將紙剪斷，成爲頁式而印刷。

迨一八六八年，英國倫敦泰晤士社，製成一部印刷輪轉機，其特有性能，爲使用捲筒紙，由兩套版筒裝置，一次完成兩面。但仍須將紙，截爲頁式。雖能回轉續印，但沒折疊裝置。與現代輪轉機，頗爲接近。不久以後，法國巴里之馬利諾尼社，製作馬利諾尼輪轉印刷機。卽行問世。

輪轉印刷機，有使用捲筒紙及頁紙者。凸版輪轉機，除特殊用途外，均採用捲筒紙。

採用捲筒紙之凸版輪轉機，有新聞紙用輪轉機及書籍用輪轉機兩種。前者，在版筒上，裝置鉛版，施行印刷。印刷速度極快。使用於新聞報紙及印量較大之各類教科書籍本，日刋、週刋及雜誌等型之印刷，其機上裝置，不論給紙、着墨、排紙機構，均適於此種印刷。後者較前者爲小型，使用於書籍印刷，因其速度較慢，宜於文字插圖，照相版混合而成之版面印刷。印品精度甚高，機上各種裝置，均適於印刷高級印品之用。

使用捲筒紙之印刷機，印刷物之大小，決定於版筒之圓周尺寸。不能作大於此圓筒之印刷。反之，若小於此，紙張必有空白剩餘，則甚浪費，極屬不值。因此，適用此類機械之紙張，多爲特定尺寸，如我國各報社採用之新聞紙，率爲三百五十公斤的圓筒紙，均由中興紙業公司羅東紙廠承製。倘改用他型機械，未有不先注意其滾筒之尺寸者。日本及歐美各國大致相同。

輪轉機之構造，雖不甚複雜，但沿用至今，日有進步。所有裝置，如給紙、排紙、着墨、噴濕、截切、折疊、報數等以及加套彩色電力控制，無不配合時效，力求精進。故今日流行的高速多色新型轉輪機，已爲人們所習見。至其各部重要結構，則有下列之裝置。

使用捲筒紙輪轉機，主要部份如次：

一、給紙裝置　　二、着墨裝置

三、排紙裝置　　四、印刷裝置

五、切截及折疊裝置　　六、方向變換裝置

七、防止反印裝置　　八、靜電除去裝置

九、加油噴濕裝置　　十、安全控制裝置

以美國高斯公司言，印刷輪轉機，便有多種。有適用於大城市之大報者，有適用於中型城市之報紙者，亦有適用小城市之報紙者。該類印機，形體較小，佔用面積不大，便於安裝。更有適用週報紙及雜誌者。每小時出份，雖不甚多，但有其獨特的性能，銷行頗廣。

近年高斯公司，出品新型印報輪轉機，速度最快，設備又極週全。自動調配油量，自動加油，自動點數，自動摺疊送出，裝紙續紙，全爲自動，運轉時正在印刷，任何一部發生故障，自動停車聽人檢修。同時，對工作人員安全設備，亦極週密。美國已有二百家報社，相繼購裝此機。我國中央日報，前已裝有此機，性能極爲優越，每小時可印五萬份，如開快車，則可增高數額。前歲中央日報，以銷路增多，特委由宜昌機械公司，仿製此機，經安裝印刷，極爲成功。迄仍與泊來品，無所軒輊。近年台北聯合報等新聞報社，亦訂製此型機械，蓋其性能優越，最適用於爭取時效之印刷。

多色輪轉凹印機　圖九十七

多色聚乙稀塑膠膜印刷機　圖九十八

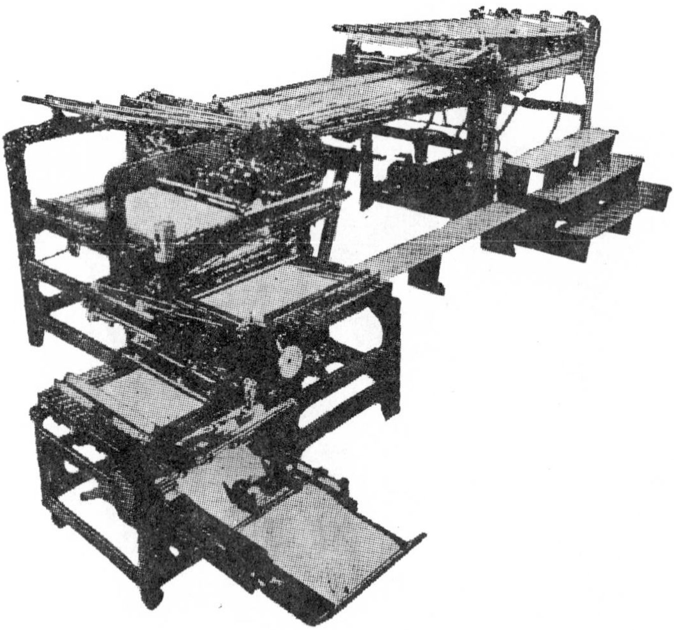

自動折紙機　圖九十九

自動裝釘機　圖一百

事務用品專用印刷機　圖一零一

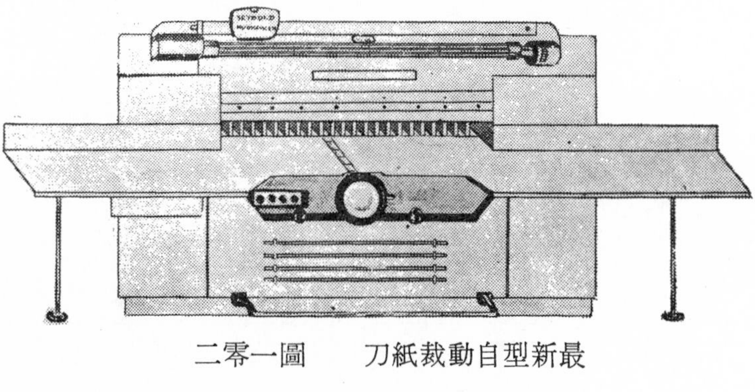

最新型自動裁紙刀　圖一零二

電子照相製印的發展

電子照相製版，從事印刷，爲現階段的新興事業。在照相製版方面，已獲成就，尙未大量採用。至電子用於印刷，正在試用，相信此一技術，在不斷的研究改進中，將有新的發展，以貢獻於人類。茲將電子照相製版的發展現況，簡述於次：

一、中文電子字碼機

中文電子字碼機，最近由美國波士頓城愛德公司研製成功。林語堂氏於民國五十四年（公元一九六五）夏、旅行期間獲悉，極爲快慰。林氏對中文打字機及中文檢字問題，經過五十年的思考，並傾家蕩產，努力而爲。曾發明中文打字機成功，被美國麥根泰勒公司收買。因製造成本較高，迄未生產，殊堪惋惜。茲將中央社特約專欄的「林語堂中文電子字碼機」原文錄後。

今夏我在旅行中，收到波士頓城愛德公司（Itek Corpyration）發明中文電子字碼機完成的消息，非常快慰。這部機器名爲Chicoder(卽 Chinese Encoder之意)，意思是一部電子機器，能將華文各字用打字機方法，打出電子號碼的鑿孔紙帶（Puncheb Tape），也能打出華文本字。我們知道鑿孔紙帶是普通計算機及他種電信傳達之基礎。所有孔位就是依二元進位的信號（Binary Code Signals），叫電子機器去工作，或計算或傳達或印字應用無窮，而可達到驚人的速度。這個試驗，係美國空軍主動，宗旨在發明由中文譯成英文的翻譯機器。但是既有了這部中文電子字碼機，於印刷、打字、電傳等用處很多。據該公司報告：『凡一切輸入及輸出（Input, Output）的工作，都可用這單位進行。如計算機用鑿孔紙帶的輸入，計算機用打字方式或紙帶的輸出，排出中文及日文，及利用現成的電訊工具電傳及印出文字，都是這部中文電子字碼機的正常設備的工作。』

簡單的說明，凡是計算或翻譯機器，都有兩個重要部分，叫做輸入機及輸出機。輸入是由打字機員，將應要知道的消息告訴計算機；輸出機是計算機算好，打出計算的成績給你看。在翻譯機器，你將要譯的中文打在輸入機，請他翻譯。翻出來的英文，由機器用打字方式，打出來給你看。輸入及輸出，都是一部電子打字機。其中翻譯部分，却是一部華文字典，所以這機器翻譯也叫做Look-up System，就如查字典。妙在今日科學發達，利用電子之靈速，叫你不敢相信。譬如俄、英翻譯機器，裏面是一部俄英辭典（自然都是電子信號）有三四十萬條。只用磁性記在一張九吋直徑的留聲機片，而所佔地位，僅是該留聲機片外圍寬約一吋的圓圈而已。電子眞用迅雷不及掩耳手段將那一字查到。如萬一錯誤，太往前或太往後，又會自動回來覓到該字。所以這一部份稱爲Storage and Retrieval System，就是收錄及取出系統，略如人身頭腦的記憶。三十年前舊事，也不知用磁性記在神經何處。平時不理，一秒鐘間，可以取而出之。平常也講「機器記憶」，其實機器有什麼記憶，就是裏面只要電子信號相符，便可毫釐不爽，登時於一秒鐘百分之幾檢出。翻譯機器，還有一層麻煩，就是排字成句，這都要靠文法規則。我看俄、英翻譯機器，打出來一段三五行，便須停一下約三十秒鐘左右。這停下不動時，就是機器已將名字譯出，却在那裏「消化」一下。將俄文文法關係分析，再依英文文法排成句子。句子排好，再打一段出來。打出來成績，大概八九成文從字順，有一兩成須再用人工修改，成爲完全通順的英文。

兩年前，國際商務機器公司（IBM）已先作一試驗。所選的僅是華文一段兩千字的文章。因爲國語文法，到底未弄清楚，中文的辭猶未定，所以華、英翻譯機器，當尚有幾年工作。那時的報告文詳見「科學的美國人」。後來這公司的一班人退出，就聘於愛德公司，在那邊進行，仍舊是美國空軍資助及主持。因爲輸入輸出皆須用華文打字機，打字機又須要有打字鍵盤（KEY-BOARD，亦可稱爲鈕盤）所以採用我所發明的「明快打字機」。這是由美國空軍經過各方研究所指定的。那鈕盤有製圖說明，文見一九六三年夏的「科學的美國人」雜誌。這明快打字機，不論筆順，只論高低，所以該文中及此次愛德的報告都說『不懂中文的人，也可以於短期內，學會每分鐘打出二三十字。』這是美國各方專家研究出來的結論。

還有一點可以敍述的，就是攝影驚人的進步。我們知道現在美國偵察機上由上空二三十萬尺照下來，地面上小如一粒足球大小的東西，可以照相出來。明快打字機，將各字依首筆末筆形體分門別類，同首筆（如ウ刂）及末筆形體（如L小）的字，按字映在打字機前的小窗口。這部電子字碼把中文一萬零五百字的縮小，所佔方位僅是二方英吋，但是由電子的作用，却能毫釐不爽對照出來，加以放大，映在窗口，淸淸楚楚。所以這部機器的說明書，說可以用華文三萬字而不發生問題。自然，二吋見方的面積，再加一兩吋，是不難的。

我對華文打字機及華文檢字問題，可以說自一九一六年，經過五十年的思考，並傾家蕩產爲之。一九四八年打字機成，一九五一年，由美國麥根塔勒(Mergentbaler Linotype)公司收買過去。這是第一架有鈕盤的華文打字機。機器雖好，成本太大，價錢必高，所以麥根塔勒公司，永遠不敢進行製造。此回無意中，由翻譯機器之發明，而利用造成電子打字機，可謂了此夙願。當然，這電子字碼機，改用於電傳打字機，及中文排印機，都成業已解決的問題。就中我想，還是中文照相排印機（photoomposition)，將影響於我們人生最大。鑿孔紙帶，每秒鐘可印五個字，即一分鐘三百字。我們想到西洋報館所用高速度排印機（High-Spech-Printer）用鑿孔紙帶印出來，一印出來同時印出二三十行，又回想我們的排字老法，眞叫人感慨不勝。一九六五年十一月十五日於紐約。

二、電子檢光製版的發展

將原稿施行檢光（Scanning）藉以彫刻成版之機器，其進入實用階段雖係近年之事，但利用自動彫刻方法以製作凸版的構想，卻在早年就已開始，現依年代順序，敍述其研究、發展經過。

1899年　N.S. Amslutz製成了所謂 Aktograph 之單線彫刻機，其後隔了一段期間，沒有引起世人所重視。

1938年　隨着電子工學的發展，自動彫刻製版，再度爲人所研究，此年 Hassing 與 Nielsou 製成了網目版用電子彫刻機之模型。

1949年　一月美國 Fairchild 公司，出品了 Scan-A-Graver 機，爲最初進入實地使用之電子檢光製版機。

1952年　美國無線電公司（R. C. A.）研究成功了電子修正裝置。

1954年　德國 Rudolf Hell 工廠發表了 Klischograph 係一種性能優異，適用於新聞製版的電子彫刻製版機。1955年　美國無線電公司出品了色修正機（Color collector）。同年瑞士Elgrama 公司，出品了 Elgrama 機。

1956年　英國 Penrose & Co. 發表了 Autoscan, 係一種複照儀型的電子檢光製版機。同年美國 Fairchild 公司研究成功 Scah-A-Sizer，此機可行四倍半至五分之一放大或縮小，自此電子檢光製版，乃自原寸製版，進入可伸縮自如的階段。

1957年　德國 Rudolf Hell 工廠發表了Color-klischograph，係一種分色修正用機。

1960年　彩色印刷上的電子工學研究甚盛，同年英國介紹了 Scan-A-Tron機。

截至目前，電子檢光製版（Electronic engraving, Scan engraving），除可製凸版外，其他尚可行凹版製版，並試製平版中；但就全體而言，尚未臻完美，有待繼續研究。

三、電子照相製版的改進

電子照相法的原理乃1937年美國人Chester F. Carlson所發明，該氏於翌年着手其根本之實驗，至1939年終于發明了所謂靜電照相法（Xerog raphy）。但於開始數年並未引起世人之興趣，延至1944年之後，Battelle Momoral Institute（於俄亥俄州）之印刷研究室，才重新開始研究此法。接着於1947年之後，Haloid公司（Rochester）也參加了此一研究。後來Signal corps, Army Engineers corps 等軍方機構，支援此法之研究，終于正式成功了Xerography法。

另一方面美國無線電公司（R.C.A.）的 David Sarnoff 研究中心，於 1954 年間以 C. J. Young 及 H.G. Greig 等人爲主，從事於 Electrozax 之研究，即將氧化鋅微粉，用樹脂分散之而製成具有感光性之軟片，而成功了另一種電子照相法，此法後來應用於電子照相製版上。並正在發展中。

四、靜電印刷

靜電印刷，係新發明的無壓力印刷。（Pressurel ess Printing）這種印刷方法，是在一塊金屬細網上除要印的圖様外，全部加上一層塑膠薄膜，通以陽電。另在相當距離處，裝置通以陰電的金屬平版。將被印物體，放置平版上與細網之間。再用品質極細的乾粉油墨、放近細網，使之感受陽電，再被平版的陰電荷强力吸引，通過網上細孔，直線向平版進行。此時油墨粉末，即自印刷機上，通過帶濾網孔噴出，聚集於被印物體之表面，形成所需之圖様。然後經紅外線或化學方法處理，即時黏牢。此種新的印刷方法，被印材料，根本不與機器接觸，故無須使用壓力。且其所用油墨，則爲乾質粉末，亦與一般油質之墨不同。

美國自一九六四年，己發明此種靜電印刷。並有數家公司，正在研究發展，且已步出試驗室，跨入商業市場。正式試用於印刷馬鈴薯、蘋果、蛋黃及其他食品之上。故又名爲「純淨食品印製器」。此外，又能印刷於藥片，石塊、剃鬚膏、絨布，電晶體等物體之上，亦極清晰美麗。應用範圍，正在發達中。

圖一零三　美國飛而采電子製版機

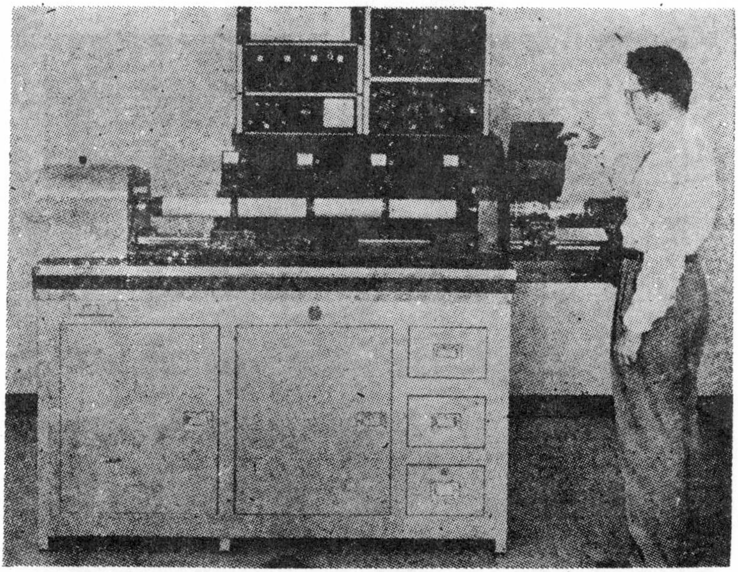

圖一零四　美國飛而采光電分色機

圖一零五　光電修色機

圖一零六　萬能式電子製版機

研究此種印刷者，有美國加州聖雷蒙市猶尼馬克公司，美國太陽化學公司，歐文司伊利諾玻璃公司，美國製罐公司，洲際製罐公司，瑞士紡織機器公司等，均在大力研究，擴充使用能量。將來各種飲料及其容器如塑膠瓶袋，玻璃及陶瓷，紡織品花色圖案等，俱將採用此種印刷法，以達快速而成本低廉之期望。

五、電腦學術與印刷

印刷技術，今日發展益速。在美國已由電子階段，躍向電腦階段。隨着工業的發展，趨向全自動化。關於電腦技術，係美國一九四六年發明。一九五三年，始以成品向民間推銷。一九五六至五八年以後，在美國工商界逐漸推廣。因此，斯項人才，極感缺乏。而社會的需要量，既多且甚迫切，從業人員待遇，亦遠較其他行業爲高。所以許多大學、都在增開有關課目。

民國五十四年夏月，我國旅美學人電腦學專家范光陵先生，回國講學，携其十餘年從事電腦之研究成就，著有「電腦和你」一書，由文星書店印行。他很謙虛的自稱：「在國內我權充一次報曉鷄，向國人呼籲第二次工業革命之來臨，並介紹三大電腦新學問——電腦管理學，實驗管理學和電腦文化觀。」（註二）范氏根據美國權威的「電腦與自動化」（Compnters and automation）雜誌一九六四年的研究報告，電腦已甚普及。其應用範圍，達七百種之多，如文法理工及一般公務，均已採用電腦。推斷五年十年之後，應用範圍，應在這數字十倍，百倍以上。

近年電腦範圍，更大量應用於報章雜誌的排版工作。其效率且甚高。平常排字工人一小時的工作，電腦只要十七秒鐘可以完成。范氏引證美國新聞權威之一的康樂候教授（J. Donoghue）稱：「許多報社已經用電腦來排字了。例如洛杉機時報就使用無線電公司的ＲＣＡ三〇一型電腦來排字；一九六三年七月芝加哥時報，用電腦排分類廣告版，同時計算價目幷印就收費單據。新澤西州的川頓時報，用電腦做發票工作。芝加哥太陽時報及每日新聞於一九六三年三月，購置一部IBM一四〇一型電腦，幷担任八十二項工作，計有發薪、發行、廣告、會計，財政等；溫斯敦，沙龍報用一部RCN出品的電腦發薪；與耶魯大學有密切聯繫的紐里芬報，使用RAC三〇一型電腦，担任新聞排字工作。」近年美國印刷者協會（ITU）其入會條件，已規為定須有使用電腦之訓練。（註二）電腦在美國之發展，實極驚人。茲附美國萬國商業機器公司之一四〇一型電腦圖，可以參考。（圖一〇七）在電腦技術程序中，資料經

萬國商業機器公司之一四〇一型電腦——男士工作處是輸入部之讀卡片機與輸出部之打孔機，女士工作處是控制部之打字機；中央為數學與邏輯部，燈光板則屬控制部；右後方為儲蓄部；右前方為輸出部之印刷機。

圖一零七

過輸入以達輸出時的最後一關，爲一台輕型簡便之印刷機。該機能將計劃中所需要之印品，如發票、賬單、成績單之類的小型印品，大量印成送出，以供使用。

美國電腦製造公司，共有二十四家，其所售出電腦中，已在美國裝設者兩萬四千二百二十部，定貨待交者（交貨期間一年半左右）一萬一千一百六十五部。（註三）其中最大公司，以萬國商業機器公司（IBM）已售出一萬四千四百三十八部，定購在製者六千七百八十二部。次爲國家收銀機公司（N C R）已售出一千一百一十二部，定購待交者二百七十六部。其他控制資料，波若、夢露等公司、出品多少不等。睹此可知美國電腦事業之進展矣。（註四）

我國已有電腦數部，如台大、交大二大學，均已裝有此機，惜尚在萌芽階段、未能廣爲應用。各大專學校，允宜遴聘師資，開設有關電腦各種課程，社會熱心人士，更應廣肆策動，組立學術研究社團，積極吸收新知，以促電腦計劃之進步，迎頭去趕。

美國計算機自動化，正在急劇發展，說者謂將掀起第二次工業革命。更有認爲遠較第一次工業革命，來得偉大。美國電子機研究專家愛麗絲，瑪麗、希爾頓女士著有「邏輯、計算機、自動化」一書，一九六三年出版。她對自動化的發展推斷，名之爲「御控文化」。亦稱電腦學。其要略云：「自動化」（Automation）一詞之內涵，就其最廣義解說，遠過於通常所用狹義的界說——只要能或多或少的「自動」（Automatic），如受機器管理的製造方法等。以我這樣不願在新名詞洪流中再加添新名詞的人，實在找不到一個已有名詞能夠包含此一廣泛的新現象之全部內涵。這是正在進展中的科學——技術革命在社會、經濟和文化方面的形態。這種文化我稱爲「御控文化的革命」（Cybercultural Revolution）。「御控文化」一詞，是御控學（Cybernetics）——關於控制的科學（Science of Control）——和文化——社會的生活方式兩詞所合成。

「御控文化時代」靜悄悄的開始，幾乎使我們覺察不到它的發生。只能凑合許多孤立的事例，接連一些從表面上看似乎沒有關聯的偶然事件，以及從觀察趨勢上能夠找出這種文化革命的證據。當然現在我們所見之御控文化時代，只是它的嬰兒時期。不過，已經可以證明，這樣深刻的變化，一定是文化大變動的先鋒。而這種文化大變動的規模，只有數千年前的農業革命可以與之相比。將自動化的結果，僅稱之爲「第二次工業革命」，實在太過狹義，沒有充分注意到兩者間性質與份量完全不同。由於擴展體力的機械化帶來工業革命，它的過程，從史前時期已經開始：如輪的發明；自然力——火的發現、使用和控制；以及槓桿的應用等，逐漸累積而來。

但是由御控文化帶來的御控文化革命，是人類心智力量的擴展。它有兩項最顯著的特色：將人從必需做的重覆工作中釋放出來，完全交給機器去做；用機器以不可思議的速度，來進行複雜計算，以充實人的創造性思想能力。所以，御控文化是「人當人用」(The Human Use of Human Being)的時代，這是人類只需做最高級創造性的智力工作，而不需做其他事情的開始。所有其他的工作，都可以用機器完成。人所需要或期望的一切事物，都可以用機器來生產，並且僅需用機器，不需任何人的干預或勞動。這種變動，能爲人類做些什麼?對人類有什麼影響?我們現在還只能猜測。不過，我們的社會，一定將有急劇變化。在短期之內，轉變爲我們前所未知大不相同的社會。(註五)

我國另一留美學人唐道南博士，對美國電動計算機，亦饒有研究，在美國萬國商業機器公司研究中心服務，從事電訊網路理論，改錯碼理論以及其他有關計算機的研究。民國五十四年十月，應台灣大學之聘，返國講述電網合成及消息理論。他指出我國社會文化與西洋文化迥然不同。在機械方面固應接受先進國家的技術，但在電碼順序方面，則應別出心裁，自行分析本國文字的特殊結構，自行整理出一套文字索引順序，並寫成不相重複的電碼。然後計算機的應用，將可普及於電動中文打字，翻譯，識字，翻閱檔案，查尋資料。甚至診病、作曲、數學、下棋及彌補身體殘障缺陷……等等。

唐氏又說，我國現在的各種中文索引順序，都有不能適用於計算機的困難。例如，部首偏旁，多有兩度空間，很難造成順序：王雲五四角號碼索引，也有許多字同一號碼，不能適用「電碼不重複」原則；注音符號的缺點，爲同音字太多；羅馬拚音，排列順序固便，但與傳統文化脫節，必然造成紛擾；電報電碼，但爲機械記憶號碼，無法達成理解快速反應的要求。凡此種種，都可看出計算機之應用於中文，在索引順序方面，還有很多障礙。不過任何科學技術的發明，都不是突然而來。多是在原有文化基礎上逐漸演進。國人對於本國文化之瞭解，多有優良根基，果能把握原則，從事整理，使中國文字索引，既便理解又易反應，則電動計算機（卽電腦）之應用，不難計日而圖功，趕上最近國際間的新潮流。

其他

近年美日等國，均有輕便印刷之發展。中國亦有研究此道者。民國五十四年九月七日，中央日報載有台北義華企業公司，研究多效複印機成功，幷已申請專利。略云：台北義華企業公司，經十餘年之研究，根據透視，反射，熱反應的原理，創製一種多效能複印機。具有複印、影印、製幻燈片、製油印版、晒圖、熱反應方式複印等六種功用。現在申請國際專利中。此項定名爲「義華牌」的複印機，曾陳列於台北市南京東路五段二四五號，供各界參觀試用。

（註一）電腦和你自序第十五頁
（註二）電腦和你第一三一頁
（註三）電腦和你第八六頁
（註四）美國電腦與自動化雜誌一九六五年二月號
（註五）商務書館出版月刊第九期第三十七頁

第十五章　中國近年印刷教育的發展

印刷教育在我國，乃近三十年的新興事業。蓋中國發明印刷，迄今雖逾千年。而歷代朝野人士，對印刷學術，設校育才，迄未興辦。至社會教育，如陳列展覽，專題講座，技術示範指導等，亦少有人倡導。卒致此一偉大發明，湮歿不彰。良堪惋惜。

印刷爲大衆傳播事業之一，關係人類文化，至大且鉅。國父以印刷爲文明進步的因子。西洋人以印刷爲文明進步之母。歐美人士，對我先賢之發明印刷，備極推崇。德人對顧登堡，至今又讚頌不置。迄於近代，印刷隨科學的昌明而日新月異，由教育文化領域，擴展至工商實業。印刷學術，突飛猛進。由手工而機械，由人力而電動，由單色而五彩，由平面而立體，馴致人類生活的任何一環，幾乎無不賴有印刷，以爲之備。試觀人類精神食糧的書報雜誌外，商品的包裝，日用品的盒袋，乃至牙膏肥皂以及生活必需的鈔劵，無一非精美的印刷品，更無一非絢爛悅目，五彩美麗，以求制勝市場，供應人羣之需。印刷之攸關人生也如此，故鑽研印刷的人才，爲科學昌明時所必需。如何訓練，如何培育，因此，印刷教育之興辦，應運而生。

茲就學校教育與社會教育二類分述于次：

一、學校印刷教育的發展

中國印刷術之創始，年深代遠。但其製版印刷方法，率由手工操作。傳授之方，亦屬師徒相因，墨守成規。間有聰明才智之人，有所改進，每不爲社會所重視，卒致日趨湮歿。故雖有舉世公認之偉大發明，但無後繼人才，研究改良，不僅進步甚尠，且迄於近代，更遠落人後。

十九世紀以來，印刷技術、由西歐賴傳教之力倒流囘來。近百年間，新法源源輸入，機械印材、不斷購進。且公私各方，亦有專人出國學習。上海一隅，已形成吞納集散地，逐漸內移，傳遍全國。對舶來印品的精美，到處倍加欣羡。但對從根作起的教育政策，乏人重視。所有大專學校，既無科系之設置、更無研究機構。中等教育，亦無專技之培養，縱在大專中學內，亦未開有印刷專業課程。是印刷行業，既無學校作育人才；社會方面、又恆視爲工匠之事，亦無人鼓勵倡導。欲期印刷水準之提高，印刷知識之普遍，豈不憂憂乎難哉！

民國二十六年後，對日抗戰軍興，政府有感於此項人材之需要，爰由教育部在四川重慶廟溪嘴，創辦國立四川造紙印刷職業學校，內設印刷科。雖爲時僅五年有奇，要爲我國中等學校有印刷科之創始。首都復員後，交由重慶市接辦。教育部遷返南京後，再度創辦「國立高級印刷學校」。校址在南京后宰門內。原擬分設六科，計凸版印刷科，平版印刷科，凹版印刷科，照相製版科，印刷美術科，工廠管理科。但只有三科招生。未及兩年，陷入赤匪。政府來台後，銳意經建，力謀復興，深感印刷人才奇缺，急待從事培育。爰於民國四十四年十月，由前教育部部長張其昀先生，於創辦國立藝術學校之始，卽置美術印刷科。張氏在開學典禮上有言：「教育部爲實施　總統手著『民生主義育樂兩篇補述』中，關於樂方面的指示，特籌設國立藝術學校。其目標在培養革命藝術人才，充實戰鬥文藝力量，並進而奠定復興民族文化之基礎。」蓋深以印刷爲傳播文化之利器，雖係以工業手段生產，但必具有設計之運思、成品方期美滿，達於藝術之境界，而使閱者賞心悅目。印刷而冠以美術，並置於藝術學校者，以此。民國四十七年定爲五年專科制，旋卽改爲正式專科學校。變爲三年專科制，參加大專聯考甲組，爲我國大專學校，有史以來，首創之唯一科系。

藝專美術印刷科，自民國四十四年創辦起，每年招考初中畢業學生一班，五年屆滿，卽到社會就業或深造。第一二屆，均須修滿二百學分，第三屆起，調整爲一百九十學分。其教學重點有三個中心。一爲印刷技術之傳授；儘量講述印刷新知，在學子思想方面，施以有系統的理論灌輸，鼓舞其研究發展的興趣。二爲設計運思之輔導；厚植其描繪設計之構想，務期在印刷之先，有美滿的標準原稿。三爲管理人才之培養；蓋自由中國印刷界，亟須明瞭技術而有領導能力的人才。此種科學管理的教育，係針對目前需要而設置。因此五年制畢業各班，到社會服務後，三種職務，均能各隨興趣而就業。

民國五十一年，藝專美印科，改爲三年專科制，參加大專聯合考試，每年錄取甲組一班四十名。教育方法，特重學理及實驗研究。其課程配備略有調整，如附表一。歷屆畢業學生，就業情況極佳，大有供不應求之勢。五十三年春，爲應社會需要，開設夜間部，使在職的社會青年，有求學上進的機會。

民國五十二年夏，中國文化學院，設置印刷研究中心，民國五十三年，改組爲印刷工業研究所，（其組織規程如附表二）邀集自由中國印刷界及其有關人士，共集一堂，從事印刷工業的全面研究。復置理事會，延攬國內外專家及學者，以資配合。聘任羅福林爲所長、史梅岑爲理事長，經一年之籌備，業於五十四年十月，在該院大仁館正式成立。同時闢設展覽室，將世界各國及我國精美印品，陳列展出。中外人士，絡繹滋臨參觀，備加推許。頗獲好評。該所並設有基金籌委員，一俟基礎奠定後，將從事翻譯出版及招收研究生。

此外，自由中國各大專院校，未設系科而有印刷課程者，亦復不少。國立政治大學新聞研究所及新聞系，開有新聞印刷。師範大學工業教育系，有印刷工藝組，世界新聞專科學校，及政工幹部學校新聞系，均在其報業行政中，置有印刷課。上開各大專學校中，對此一課程，均列爲必修學分。尤以師範大學，訓練師資爲主，灌輸以技術理論及基礎操作。師大工業教育系，爲訓練印刷技術，特在系內，設印刷工廠，以憑培養工藝師資。養成其教學技能。該系分工藝、工職兩組教學，工藝組必修印刷工四學分，選修印刷工業八學分，照相製版四學分。工職組必修印刷工業八學分，照像製版四學分，印刷工二學分。計工藝組十六學分，工職組十四學分。五十四學年起，爲適應工業學校印刷行業科之師資需要，課程略予調整。在專業知識及專業技術方面，均有增加。概在二十四學分以上。調整後之課程，自較完備，充任工職印刷行業師資，將益臻正確而切合適用。

其次述及印刷工業學校。近多年來，臺灣工業職校，設置印刷科者，有臺北市立工業職業學校。五十二年夏，臺灣省立高雄工職，添設印刷科。五十四學年私立高雄國際工職，亦擬增設此科。足證此種工業人才，爲社會所急需。故公私立各工業學校先後紛紛設科，其課程如何實施，茲摘錄師大「訓練印刷工課程芻議」爲最切實的說明。

訓練印刷工課程芻議

民國四十四年秋季起，省立師範大學工業教育系內，增設印刷工場，旨在培養工藝教師，到普通中學內、去教學生們有關印刷的基本知識與技能，俾青年們可以了解這一門與文化有關的工業。師大成立印刷工場後，接着就替台北市立工業職業學校、籌劃添設印刷工科，其目的在造就印刷行業之技術工人，以適應印刷工業界之需要。並爲改進我國印刷工業之基幹。到了四十五年，台北市工內的印刷科成立了，並且獲得了美援供應之機器設備，是年秋季即開始招生。

一種訓練能否發生優良效果，最主要的因素是師資、設備與材料、教材與教法三項。目前各校對於這三項因素、都感覺困難。而尤以教材教法爲甚。這是因爲優秀的印刷技術人才、多數沒有教學的經驗，他們知道怎樣印刷，却不知道怎樣做教師。爲了補救這一缺陷，師範大學工教系、乃舉辦了「工場師資班」，招收優秀技術工人，給予師資訓練，使他成爲合格的教師。同時該系課程研究室，並爲各教師擬製「教學明細計劃」，以便教師根據計劃去教學。譬如建造房屋，必先經工程師詳細設計，繪製藍圖與施工說明，則所造的房屋、才可望合乎要求。我們所謂「教學明細計劃」，正是教師用以訓練學生的「藍圖」和「施工說明」。

本文所載爲工業職業學校印刷工科教學明細計劃之序文部份，稱爲「工業職業學校印刷工科課程說明」，原意在使工業界專家及教育界人士，可以迅速閱讀，了解其原則。

工業職業學校印刷工科課程說明

——師大工教系課程研究室擬

引言：印刷工科課程說明，係按下列各基本原則而釐訂

一、印刷工具爲一種單位行業，有關工場一切教學活動，均以該行業之內容爲準。

二、根據該行業之分析，從事此項行業之技工，應熟練於使用印刷工所用之手工具及鑄字機、紙型機、打樣機、凸印機、平印機、切紙機、裝訂機、照相機、腐蝕機、晒版機、鑽版機等工作機械，以印製各種印刷品。

三、有關石印、彫刻凹印、電鍍製版、印鐵、印軟管等項，均不在本科訓練範圍之內。

四、本科訓練計劃，在使學生於畢業時，具有良好之基本技能，俾能於從事印刷之實際工作中，憑以繼續學習，而期吸收進一步之技能與知識。

五、凡本行業所需之技能及直接相關之行業知識，均由工場實習教師、於規定之工場實習時間內教授之。

印刷工科設立宗旨：

印刷工科、係爲本省各高級工業職業學校學生對印刷工行業具有興趣，並有志從事印刷工作者而設。本科一年級新生、應爲初級中學畢業並經入學考試及格者。在三年之課程中，以工場實習爲主。每日

連續實習三小時。每週五日，全年共爲四十週。此外，尙設有相關科目及普通科目。三年全部課程設施，旨在培養學生達成下列之標準：

一、技能方面：在印刷工行業範圍中，發展其所需之基本手工及機器操作之技能。

二、智識方面：獲取直接與印刷工行業有關之重要知識，俾促進其良好之判斷力，以助其個人技能之進展。

三、品德方面：具備合作服從之民主精神，正確安全之工作習慣與認眞考究之工作態度。

本科爲本省工業職業學校推行行業教育之一部門，列爲一種行業養成教育。

本科訓練具體目標：

一、教導學生習用扳手、銼刀、起子、榔頭等一般手工具。

二、教導學生習用彎釘、飛納尺、刻線刀、分厘卡等專門手工具。

三、培養學生並使精練於排版之技能。

四、培養學生並使熟練於使用圓盤機之技能。

五、使學生熟習於使用凸印機、平印機、鑄字機、鑽版機、腐蝕機、晒版機、紙型機、打樣機及照相機等工作機械之技能。

六、培養學生組排表格、圖表、及雙色套版等項工作之技能。

七、培養學生排印書籍、雜誌、報紙及內容複雜之多色套版等項工作之技能。

八、培養學生照相製版工作之技能。

九、培養學生印製多色套色及彩色印刷工作之技能。

十、培養學生使具有設計版式及複製原圖等方面之能力。

十一、使學生獲悉安全原則、行業名詞、數學運算等方面之相關知識。
十二、培養學生使具有識別紙張與鑑別版式之能力。
十三、培養學生具備良好之工作習慣、高尚之工作道德及認眞考究之工作態度。
十四、培養學生善與同事相處，與服從上級之工作精神。
十五、啓發培養學生在工作上之判斷力與處理能力。
十六、培養學生之領導能力。

工場設備概要：本科所用之主要工場設備爲：
一、印刷機械——圓盤機、凸印平臺機、自動凸印機、平印機等。
二、附屬機械——紙型機、打樣機、裝訂機、切紙機、鑽版機、晒版機、腐蝕機、照相機及鑄字機等。
三、手工具——扳手、起子、銼刀、榔頭、鉋刀、墨刀、手盤、墨滾及彎釘等。
四、其他設備——鉛字架、組版台、鎔鉛鍋爐、鉛塊模、排字盤、工作台、工具橱及完全設備等。

教學活動要旨：在實習過程中，應採用種種實習作業，或練習作業，學生始易領會各種基本技能。爲顧及學生之個別差異計，故應用工作單、操作單、及知識單等以輔導其實習工作。平時對能力特優之學生，除規定之實習外，可鼓勵其擔任程度較深之額外工作。對學習遲鈍之學生，則應特別注意予以輔導。

每班學生人數：本科目每班學生人數，以四十人爲原則，爲配合實習工場容量，並提高教學效率起見，工場實習、應分成兩組、分別教學。

實習工場面積：印刷工一、二、三年級實習工場面積、均以不小於一六五〇平方呎爲原則。除排列印刷工作機械及工作臺部位外，並有適當之空間、作爲工場教學地位及工具與材料供應地位之需。工場長度與寬度之比宜約爲一五比一。

附表一

國立臺灣藝術專科學校美術印刷科學分表

中華民國53年8月修訂

類目	科目	學年 時數	學年 學分	第一學年 上 時數	第一學年 上 學分	第一學年 下 時數	第一學年 下 學分	第二學年 上 時數	第二學年 上 學分	第二學年 下 時數	第二學年 下 學分	第三學年 上 時數	第三學年 上 學分	第三學年 下 時數	第三學年 下 學分	備註
基本科目	1 國父思想	4	4	2	2	2	2									
	2 國文	8	8	4	4	4	4									
	3 英文	8	8	4	4	4	4									
	4 中國近代史	4	4					2	2	2	2					
	5 自然科學概論	2	2					2	2							
	6 體育	6	0	1	0	1	0	1	0	1	0	1	0	1	0	體育學分另計
	7 軍訓	8	0	2	0	2	0	2	0	2	0					軍訓不計學分
	小計	40	26	13	10	13	10	7	4	2	2	1	0	1	0	
相關科目	1 化學	4	4	2	2	2	2									
	2 物理	6	6	3	3	3	3									
	3 應用數學	6	6	3	3	3	3									
	4 有機化學	4	4	2	2	2	2									
	5 新聞編輯學	2	2	2												
	6 第二外國語	6	6					2	2	2	2	2	2			分德日語兩組(12)

目小計	共同專業科目																
	1 印刷概論	2 攝影學	3 印刷廣告學	4 製圖學	5 印刷色彩學	6 凸版印刷學	7 平版印刷學	8 照相化學	9 印刷材料	10 照相製版	11 新聞印刷	12 特殊製版印刷	13 工廠管理	14 印刷品質管制	15 印刷適性論	製版印刷應用	小計
28	2	4	2	3	2	2	2	2	2	4	2	2	4	2	2	26	63
28	2	4	2	3	2	2	2	2	2	4	2	2	4	2	2	13	50
12	2	2															4
12	2	2															4
10		2	2													4	8
10		2	2													2	6
2				3	1	2	1	2		2						4	15
2				3	1	2	1	2		2						2	13
2					1		1		2	2	2					4	12
2					1		1		2	2	2					2	10
2												2	2		2	6	12
2												2	2		2	3	9
													2	2		8	12
													2	2		4	8

製版印刷應用：
一下分三組……12
二上分二組……8
二下分二組……8
三上分二組……12
三下分二組……16
（56）

分組專業科目															總計	
印製組					印刷化學組					印刷機械組						
1 印刷設計	2 特殊印刷學	2 彩色照相製版	4 印刷工業研究	小計	1 無機化學	2 應用化學	3 定性分析化學	4 定量分析化學	小計	1 機械原理	2 應用力學	3 印刷機械	4 機構學	小計	時數	學分
4	4	4	4	16	4	4	4	4	16	4	4	4	4	16	147	
4	2	4	4	16	4	4	4	4	16	4	4	4	4	16		120
															29	
																26
															31	
																26
2	2			4	2	2			4	2	2			4	28	
2	2			4	2	2			4	2	2			4		23
2	2			4	2	2			4	2	2			4	23	
2	2			4	2	2			4	2	2			4		18
		2	2	4			2	2	4			2	2	4	19	
		2	2	4			2	2	4			2	2	4		15
		2	2	4			2	2	4			2	2	4	17	
		2	2	4			2	2	4			2	2	4		12

附註：民國五十四年又略有調整，因無大差別，故不附入。特此說明。

中國文化學院印刷工業研究所組織規程

（民國五十三年八月定）

第一條　中國文化學院爲宏揚我國文化對世界人類三大貢獻之一——印刷工業，促進科學建設事業，加强國際印刷技術之合作，並致力印刷理論之探討與培植國內印刷工業人才，使我國印刷工業，能躋於世界印刷工業之林，本此宗旨，特設立印刷工業研究所（以下簡稱本所）。

第二條　本所任務與目標：

一、研究印刷工業之發展與印刷技術之改進。

二、培植印刷工業專門人才，代辦印刷技術人員之講習與訓練。

三、辦理國際間印刷工業之技術合作，人才交流，及相互觀摩訪問考察等事宜。

四、聯絡國內外有關印刷工業之學術團體及學人專家。

五、接受國內外有關印刷工業之經理、生產技術方法之指導，工廠興建改革之技術顧問，疑難問題之研判解答。

六、編印印刷工業辭典、叢書、及期刊。

七、舉辦印刷學術專題講座及印刷樣品展覽。

八、協助大專學校印刷工業科系課程與教材之規劃。

第三條　本所設所長一人，綜理所務，副所長一人襄助之，均由中國文化學院董事長院長聘任之。

第四條　本所爲謀求印刷工業之全面發展，應由所長簽請中國文化學院董事長院長，敦聘國內外對印刷工業有興趣、有成就，且熱心贊助本所之人士爲理事或名譽理事，組成理事會，以贊助本所之建設與發展，理事會組織規程另訂之。

第五條　本所暫設下列各研究組，推行研究工作。

一、中國印刷史編纂研究組。

二、中國文字印刷字體研究組。

三、印刷設備標準研究組（分印製廠房機器設備，工廠佈置配備設施等）。

四、照相技術研究組（分攝影場，原稿攝製，彩色及黑白製版，底片攝製）。

五、製版技術研究組（分化學製版，物理製版及電子製版等）。

六、印刷相關工業研究組（分印刷、製版、裝訂、機械製造、造紙、製墨、印製材料等）。

七、印刷工業應用發展研究組（分電導體印染，以及各種特殊印刷等）。

八、印刷工業管理研究組（分產品品質管制，成本管制等）。

九、印刷工業標準規格研究組（分作業標準，及印刷用品標準，印刷適性標準等）。

十、世界印刷工業現況研究組（分印刷文獻收集、保管、交換、編譯、出版等）。

第六條　本所設研究教授、研究員、特約研究員各若干人，由所長就具有左列資格之一者、提請中國文化學院董事長、院長聘任之：

一、曾任國內外大學教授、副教授，或研究所研究員，有研究印刷工業之專門著作者。

二、曾在國內外大學研究所研究印刷工業，獲得碩士以上學位者。

三、曾在公私印刷工業機構，服務十年以上，具有專門學識與豐富經驗，並對印刷工業有特殊貢獻者。

第七條　本所設助理研究員若干人，凡在國內外大學畢業，或高考及格，對印刷工業或印刷相關工業有

第八條　本所研究教授、研究員、助理研究員，均應擇一研究組，參加研究工作，每研究組由所長就該組研究人員中，聘一人爲召集人，綜理各該組研究事宜。

第九條　本所設秘書一人，掌理文書印信等事宜，秘書人選、由所長就教授或研究員中遴選，報請中國文化學院董事長院長聘任之。

第十條　本所暫設所員、辦事員各一人，由所長提請中國文化學院董事長院長聘任之。

第十一條　本所所長爲策進所務，得召集所務會議，爲推行研究工作，得召集研究會報，爲推行編審工作，得召集編審會議。

第十二條　本所於年度終了前一個月，應將全年研究情形及成果，提中國文學院院務會報。

第十三條　本所所長請假時，由副所長代理之，所長副所長同時請假時，由所長指定研究教授一人代理之。

第十四條　本規程報經中國文化學院院務會議通過後施行，修訂時亦同。

二、社會印刷教育的推廣

我國社會教育，對印刷學術，向來乏人注意。民國四十四年冬，自由中國印刷界人士，發起籌組中國印刷學會，於次年九月，在台北市正式成立。自此以後，印刷學藝的活動，漸次展開，關於學術的研究，技能的示範，專題的講述，印品的展覽，在短短的第一屆理事會推動下，連續舉辦了多次。對於印刷水準的改進，確實做了不少的具體工作，爲從事印刷者所讚佩不置。最有紀念價值者，爲「印刷學誌」之創刊。理事長謝然之在發刊辭中，大聲疾呼，促請社會人士，共同支持此一社會教育活動，以共謀水準之提高。他說：

「印刷術是我國貢獻於世界人類三大發明之一，它是一種人類文明賴以進步的重要學術，也是人類生產精神食糧不可或缺的一項工具。國父說：『印刷爲文明之母』。這確是一句至理明言。」

關於印刷學誌之編印出版，由該會各委員會分工合作，得以順利發行。它的內容，理論與技術，兼收併蓄。對印刷學術之推進，確具有極大的鼓舞力量，甚得社會好評。

謝然之氏，對印刷學誌的任務，更有透切的說明。其略曰：中國印刷學會，限於本身力量的薄弱，不足以將所有有關印刷學術進展的一切事體，都融滙在一起，來從事研究改進。也只有單就印刷術的本身問題，多加探討了。於是剏刊了這一份「印刷學誌」，作爲與各界溝通意見的津梁，和會員們交換實際經驗互相切磋的公開園地。我們將使這一本刋物，擔當起以下的幾項任務：

一、提倡現代印刷美術：因爲現代的印刷術，經過數百年在技術上的改善，以及彩色攝影，和平版影印術的進步，它在使命上，已不僅只限於文字的留存傳播了；而是已經成爲美術的一部門。我們要使它以美的感觸、將世間景物，準確的複印出來。

二、介紹歐美和日本有關印刷術最近的進步情況：我們將在這裏，把幾個印刷先進國家所研究獲得的成果，傳達給國人，作我們研究改進的參考。這一項的內容，無疑的將是偏重於原著的譯述方面。

三、交換會員的實際經驗，以收互相切磋效果：我們希望就我國現有的設備，用我們的智慧和技巧、來克服物質上的困難，達成技術改進的目標。這就需要滙合大家經驗，來解決實際的問題了。

四、研討當前自由中國印刷改進的實際問題，並規劃大陸光復後的印刷事業如何發展！這將是一項謀求實際與理論的如何融會配合，和設計繪製我國印刷企業的建設藍圖的艱鉅工作。

今值本誌剏刊伊始，謹將我們編發這一本刋物的動機和意義，約略說明，就權充爲本誌的發刊詞吧！

中國印刷學會，自籌備至成立，頗費時日，玆摘吳祖蔭先生的會務報告。以資瞭解。

中國印刷學會會務概況報告。

甲、從籌備到成立

台北市印刷界同仁，因鑒於世界民主各國凡印刷業發達，莫不有全國性之學會組織，以求本事業之改進與發展。蓋以印刷事業、旨在輔助籍册之流傳，與今日社會大衆接觸最爲密切，斯業之興衰，實有繫於歷史文化之延續與教育學術之普及。溯以我國印刷術創始最早，彫版之術始於隋而行於唐，至宋而益盛，慶曆年間卽有膠泥刻字之活版，清乾隆時已具木刻活字，其於文化學術宏揚之貢獻，厥功甚偉。然以國人墨守成規，近數百年來，蠕進甚鮮，終而不能並駕美歐諸國，使印刷術有所猛進，並對文化學術之進展抑滯殊深，實屬遺憾。民國四十四年多，先進學者有鑒於此，卽有籌組全國性印刷化學會之擬議，並廣徵各方意見，終於四十五年六月在台北市正式舉行發起人會議，旋卽組織籌備委員會，推舉謝然之、時壽彰、閻奉璋、李唯行、李季燕、毛懋猷、顧柏岩、顧筱園、羅福林、王永清、朱聿文、金友岑、郭玉衡、史梅岑、陳才英等十五人爲籌備委員，先後共召集籌備會五次，並着手草擬章程，申請成立，徵求會員諸事，經過凡四閱月，方告就緒。

成立大會於四十五年九月二十八日下午三時，在台北市衡陽路新聞大樓舉行，到會會員一六七人。中國國民黨中央黨部第四組主任馬星野，行政院新聞局代表郝亦塵先生，皆以來賓身份參與盛典，內政部派由社會司科長李國安出席指導。大會公推謝然之先生擔任主席，毛懋猷先生代表籌備委員會報告籌備經過，到會來賓亦先後致詞，旋卽討論通過會章全文及提案，最後選出第一屆理監事大會於下午六時圓滿結束。

乙、一般性會務

第一屆理監事會於四十五年十月九日開始執行會務，截至本年四月份止，半年內共召開理監事聯席會及常務理監事聯席會共四次，其間前半期側重於一般性會務之策劃與開展，後半期則重於研究工作之建立及「印刷學誌」之編纂與印行。其中可資報告者如：

（一）訂定工作計劃。第一屆第二次常務理監事會議通過本會研究、出版、財務三委員會及聯絡、總務二組之工作進程，並特定研究、出版二項活動為本會主要工作。

（二）為研究學術增進智能。本會半年來、曾舉辦三次講演會。第一次於一月廿七及廿八兩日下午七時半，假中山南路教育部大禮堂與中國攝影學會聯合主辦，請日本寫眞學會會長兼東京大學教授菊池眞一，印刷製版家沼倉順二先生分別主講「國際彩色之新趨向」及「製版材料與印刷技術」，並放映彩色幻燈片。第二次於五月十二下午三時，假衡陽路新聞大樓四樓請中央印製廠楊樾先生主講「印刷概論」。以上兩次演講會、出席會員均甚踴躍，並已引起各大專學校青年學生之注意，會後紛紛申請入會，深信對研究工作業已開其端倪。第三次係在六月卅日下午三時新聞大樓請羅福林先生報告赴美考察印刷工業經過及其心得，主題為「印刷業之過去及未來」。

（三）研究委員會為使工作能迅速展開起見，曾於第一屆第三次常務理監事會通過分別成立平版、凹版、輪轉機、鑄字、檢排、照相製版、印刷材料、印刷機器、彩色印刷及特種印刷等十個研究小組，即將籌備徵求會員自由選擇參加，以發掘印刷上之諸疑難問題，共同研究以求解決。

（四）研究委員會現又致力於一項印刷辭典之編纂工作，嗣後擬由出版委員會予以刊發，該項辭典之編印，對於印刷學及其統一譯名等皆有所裨益。

丙、印刷學誌之創辦

「印刷學誌」之編印，係基於會章第五條第四項之規定，復經本會成立大會創議，旨在彙刊本會會員及印刷學有特殊研究者之個人或集體之研究心得，以及中外印刷史實、印刷管理等理論與研究性之文字。後經常務理監事會商討，並成立「印刷學誌」編輯委員會，於五月份開始徵稿，六月初開始編印，以至出版發行，前後歷時二月餘，始克集稿付梓。其間自該誌徵稿以後，諸承印刷界先進學者、踴躍惠寄大作，使之成爲自由中國印刷界代表性之刋物。並企於此一創刋號之後、獲得各界人士之支持，爲本會奠定下一期刋物之基礎，更爲印刷業創下光榮之記錄。但以本會同仁能力所限，其一切編校工作，均係利用業餘時間爲之。致會務之推進，時感迂緩，不足以副社會之殷望，良用愧疚。（下略）

中國印刷學會第一屆滿期後，謝然之氏，因公忙辭去理事長職務。推廣活動，頓形減少；印刷學誌，亦無能爲繼。五十三年起，藝專美印科師生，爲研究印刷學術，交流印刷技術、同心協作，合力出版印刷雜誌一種爲半年刋。至本年春，已出版三期。異軍突起、印刷界頗爲歡迎。

中國文化學院印刷工業研究所，亦擬本年起出版印刷工業季刋，現正籌備中。

亞洲第三屆印刷會議，於五十四年二月，在菲律賓召開。出席國家，有我國，菲律賓，泰國，日本，韓國，以色列，伊朗，新加坡，香港，琉球及印尼，澳洲，美國、西德等十四國家地區。我國參加者，有侯彧華，劉氷，鄭水龍，張欽楷，葉金福，陳上典，洪錦和，洪木成，熊典評，高壽川等十餘人。另有徐世全，丁炳南二人充任顧問。在討論下屆會址事，印尼與我國，頗有爭執。終在我出席人努力下，順利成功。定五十六年（一九六七）在我國召開第四屆亞洲國際印刷會議。屆時我國印刷界，當有一番表現，爲國爭光也。

印刷發展沿革簡明表

爲明瞭印刷發展沿革，茲將其年代國別及重要事跡，分凸版、平版、凹版，製就簡明表於次：

一、凸版印刷發展沿革

凸版印刷，以活字版爲中心，其發展沿革如表一

紀元年	國別	年號	有關人名	印刷事迹述要
（公元前）一四〇一年起至一一二三止	殷		盤賓至紂	一、尚書多士篇：殷人有典有册。 二、董作賓考訂、殷時有寫字毛筆及刻字用刀。
（公元）一〇五	漢	元興	蔡倫	造意以樹膚、麻頭、魚網、破布爲紙。
九五三	隋	開皇		一、勅廢像遺經悉令雕（造）板。 二、中國雕板源流考：雕板肇自隋時。
七四〇	唐			一、白居易詩，被人模勒衒賣。 二、司空圖一鳴集，化募雕刻律疏。
七六四	日本	稱德天皇		百萬塔陀羅尼經係初唐時中國刻印術傳至日本所印製現存日本德隆寺。
八六八	唐	咸通	王玠	雕刻金剛般若波羅密經，在敦煌石室發現，藏於倫敦大英博物館。
八八三	唐		柳玭	蜀字書小學陰陽雜誌率雕板印紙。
九三一	後唐		明宗	初刻九經板爲我國雕版印刷經傳之創始。
九七二	宋	開寶	太祖	雕板印成大藏經一五二一種五千餘册，十三萬餘頁。
一〇四一起至一〇四九止	宋	慶曆	仁宗	畢昇創用膠泥製造活字板貢獻世界人類文化至大中國發明印刷，以此爲新紀元。

一二三〇	韓國			用銅活字刊印「詳定禮文」二十八部爲最古之金屬活字印品。
一三一二	元	元祐	王楨	一、雕刻木質活字，製成活版，印出書籍多種，其自創寫韻刻字法，鎪字修字法，作盔嵌字法，造輪法、取字法、作盔安字刷印法，最足珍貴。 二、此時曾以朱黑二色，套印大部書籍，今存中央圖書館甚爲清新。
一三一二	元	元祐		王楨農書有「近世有鑄錫作字」，證明已使用金屬作活字，惟應用不廣。
一四八八	明	弘治	華堅 華燧等	華燧會通館創刻銅質活字印刷書籍爲中國以金屬活字之成功者，流行甚廣。
一四二三	德國			年代明確，歐洲最古之木版畫「聖克利斯特弗像」出現。
一四三〇	明			使用銅質活字印刷多種書籍。
一四三八	德國		顧登堡(J,G.Gutenberg)	發明木質印刷機。
一四四七	德國		顧登堡	發明鉛合金活字，並開設活版印刷所。
一五五〇	德國		登納(Denner)	將木製印刷機，加以改良，使用鐵製之螺桿，並改進壓板，此係發明木製印刷機一百多年來，第一次改良。
一四五五	德國			完成四十二行聖經之印刷，係鑄造活字版印刷之世界現存最早精美古本。
一四五七	德國		斯可華(P.Schoeffer)	刊行「聖經篇」之初版，爲現存歐洲最古之彩色套印活字本，書後並附出版格式，歐西彩色印刷，由此肇端。
一四六五至一四八〇	歐洲			鑄造活字之活版印刷新技術，次第推廣於歐洲各地。
一五九三	日本			後陽天皇敕新命刻活字十一種，刊印書籍。
一六〇八至一六一四	日本			開始使用整面木版以刊印藝術的豪華印刷品。
一六一五	日本			德川家康在靜岡補鑄銅活字，並與朝鮮之銅活字、混合應用於印刷。
一六二〇	荷蘭		布萊德(W.J,Baled)	改良手搖印刷機之壓盤下降裝置、及版台之進退機構。

一六三八	明	崇禎		始以活版印刷邸報。
一七三七	法國		佛尼亞(P.S.Fournier)及詹奧亞(L.Genour)	發表活字之大小比較，於一七六四年定最初之點數制（Point System）。
一八〇〇	英國		斯坦荷普伯爵(E.Stanhope)	利用板桿（Levr）裝置改良印刷機，使成全鐵製之機構。印速每小時爲二百至三百張。
一八一一至一八一三	英國		柯寗(F.Koenig)	於一八一一年發明蒸汽動力之停止滾筒機（Stop cylinder press），一八一三年、完成實用機之製作。
一八一三	美國		脫福特(OTuft)	應用肘節連接（togglejoint）原理，發明手搖式印刷機。
一八一四	英國			柯寗應倫敦泰唔士社之請，製作雙壓筒雙方交互給紙之複動圓壓式印刷機。印單面每小時可達一千張至一千二百張。
一八二九	法國		詹奧克斯(Genaux)	得到法國政府給予之温式紙型鉛版鑄造法專利，爲用紙型鑄造鉛版之始。
一八三八	蘇俄		嘉克比教授(Jacobi)	發明用電流雕刻銅版製造複製版的方法。
一八三八	美國		布魯斯(D.Bruce)	發明手搖鑄字機，獲得專利。
一八四二	英國			排字機與解版機同時具備之Pianotyre出現，每小時可排五千字，爲排字機實用化之始。
一八四七	英國		馬林尼(H.Marinoni)	發明四人給紙之雙面活版印刷機，印速爲四份頁每小時兩千至兩千五百張。
一八五〇	日本			荷蘭國王送Stanhope prass一台及歐文活字一式給德川家康。
一八五一	美國		葛登（G.P.Gnrdon）	發明竪式印刷機。
一八五五	美國		本頓（L.B.Beuton）	完成頓本式雕刻機，自此，始有雕刻銅模之製作。
一八五六	日本			於長崎之西役政所內，設活版印刷所，專作荷蘭船來原文書籍之再版刊印。
一八五七至一八五八	美國		赫爾（R.M.Hol）	製十人給紙十支壓筒之頁紙式輪轉機，作爲新聞印刷之用。印速每小時一萬五千至二萬張。

一八五八	日本			江戶蕃書調所使用Stanhopl印刷機及歐文活字，作荷文書籍之印刷。
一八五八	日本			第三代之木村嘉平、試作電鍍銅模。
一八五八	英國		姜別利（W.Gamble）	在中國使用電鍍法、製成漢文活字銅模，將活字分成大小七種，並依部首創二十四盤字架，形成中國近代活版印刷之基礎。
一八六〇	日本		大鳥圭介	完成鉛活字之鑄造。
一八六九	日本		本木昌	創活版傳習所，集同志研究西式活版及活字製造，由姜別利指導。
一八七一	美國		Robert Hoe社	製作捲筒紙印刷之活版輪轉機。印速爲四頁每小時一萬二千張至一萬四千張。
一八七一	德國		Marnoni社	製作捲筒紙活版輪轉機。
一八八六至一八九〇	美國		馬堅塞拉(O.Mergenthaler)	所發明之Linotype，在北美各地新聞社開始實用化。
一八八六	美國			全美活字鑄造業、決定美式點數制，使活字規格一定。
一八八七至一八九二	美國		蘭斯頓（T.Lanston）	發明單子自動鑄排機（Monoiyre），於一八八七年獲專利，一八九二年加以改革，並使達實用化。
一八九三	美國			支加哥紀念哥倫布之萬國博覽會上，展出米勒雙迴轉凸印機。
一九〇四	日本		大阪朝日新聞社	仿Marinoni輪轉機製成朝日式輪轉機，爲其國產輪轉機製作之始。
一九〇八	美國		湯姆生(J.S.Thompson)	發明自動鑄字機。
一九一九	日本		杉本京太	發明豎式邦文Monotyrpe。
一九二四至一九二九	日本		森澤信夫及石井茂吉兩人	協力將照相排字機試作完成，一九二九年達到實用化。
一九四九	美國			電子製版機初步實用化。

一九五〇	日本		東京機械製作所，	製成四色輪轉，使用於日本新聞界。
一九五〇	日本		中川機械公司	完成長距離控制方式之SC.R型之邦文Monotype。
一九五一	日本		東京機械製作所	製成CMR型五色高速輪轉機，先用於朝日社，其新聞界購用者，達二十五台。
一九五四	美國歐洲			電子雕刻機實用化。如美國之Scaner Siyer德國之Klishograph，瑞士之Elgrama,Klischeoauto Mat，法國之Luxograph54等，皆相繼出現。
一九六〇	中國			旅美學人桂中樞先生，悉心研究，製成中文照相排字機，特回國展覽，但未推廣使用。
一九六一	中國			國產輪轉印報機問世。並仿製高斯機，甚爲優越。又能自造電動鑄字機。

二、平版印刷發展沿革

紀元	國別	年號	有關人名	印刷事蹟摘要
一七九六	奧		施納飛爾特	發明以石版印刷曲譜，數年始成。
一七九七—一七九八年	德國		亞勒士孫斐德(Alois Senefelder)	發明石版印刷術，並造木製之史坦格印刷機。
一八〇五	德國		米特拉教授(H.J. Mitterer)	將亞氏發明之「化學的新印刷方法」定名爲「石版印刷術」(Sithgraphy)。
一八一〇	德國		亞氏、米氏及衛謝普特(F. Weishaept)三人	協同完成鐵製之手搖式石版印刷機。
一八一七	德國		孫斐特	試以鋅板代石版石，開金屬爲平版版材之先聲。
一八三七	法國		安格魯門(G.Engelmann)	發明多色石版法，獲法國之專利，定名爲Chromography。
一八五二	奧國		辛谷(Siegel)	完成石版平台印刷機之製造。
一八六〇	日本		石版石	石印機等石印器材、初次傳入日本。
一八六五	德國		法人提西、度毛、泰及馬別歇爾	於米茲發明以金屬版材爲感光膜基層(Base)之珂羅版法(Collotype)。
一八六八	日本		日人下岡等	隨美籍建築圖師比眞，研究手搖石印機及製版法。
一八六九	法國		修朗(L.D. Huron)	發明使用減色之多色石版法，行三色石印。
一八七四—一八七五	日本		梅村翠山	從美國請到斯摩利克(OISmoric)及普拉特(C.G. Pollord)等石版雕刻師來日，發展石印及雕刻銅版事業。

一八七六	中國	光緒二年		寧波之花華聖經書房主持人柯爾達(Coulter)擬創石印於中國，然未完全實現，但由此開其端。其後土山灣之法人及華人邱子昂、首辦石印，但限於天主教宣教之印刷品。
一八八一	中國	光緒七年	粵人徐裕子	設同文書局，購備印刷機十二架，雇工五〇〇名，專事翻印古之善本，二四史，康熙字典等。
一八八二	德國		柯法爾	發明雙層平版。
一八八六	英國		詹士敦(L. Johnston)	發明使用鋅板之平版輪轉印刷機。
一八八八	捷克		修斯尼克教授(J. Husnik)	發明使用水銀法之平版。
一八八九	日本		小川眞一	赴美於 Albertotype 社，學珂瓏版返國開廠。
一八九〇	日本			日本參謀本部之地圖課石版部主任多湖、由德學成歸國，介紹金屬平版法。
一八九五	德國		巴爾達曼	發明金屬平版輪轉印刷機。
一八九九—一九〇〇	日本		村井兄弟商會	由美購入鋁平版輪轉機，以之印刷香煙之包裝盒，爲金屬平版印刷大量發展之始。
一九〇〇	英國		萬代克	發明使用陽圖，以重鉻酸鹽膠液爲感光液之金屬平版法，命名爲Vandyke process，美國於一年後亦有類似之發明。
一九〇三—一九〇四	美國		路貝爾(I.W. Rubel)	發明間接平版印刷(Offset printing)之原理與沙烏德(A. B. Sherwood)、啓洛(A. H. Kellog)合作製出橡皮印刷機(Obb set press)。
一九〇四—一九〇五	中國	光緒三十年		文明書局始辦彩色石印，雇用日本技師傳習學生。卅一年，商務印書館亦聘日本石印技師田瑞等八人來華，從事彩色石印。
一九〇八	中國	光緒卅四年		商務印書館首用鉛版印刷機，以鋅版代石版，使用輪轉原理，每小時能印一五〇〇張。民國以後，上海浦東英美菸公司印刷廠，購入多色鋁版印刷機，使用於香煙包裝紙之印刷。
一九〇九	美國		莫別、杜齊	發明雙層平凹版，實用成功，並獲專利。
一九一三—一九一四	日本		大阪之中島九三郎	仿美製之哈利斯平印機，自製其國產平印機。東京之濱田初次朗，以美國之Poter社平印機爲藍本，仿製其國產平印機。
一九一四—一九一八	日本			平版印刷盛行於日本，發展極快。

一九一五	中國			民國四年，商務印書館首次啓用美製之Hanis橡皮版，並聘美技師喬治、威伯(George Weber)指導一切。
一九二〇	中國	民國九年		商務印書館開始採用直接照相石印法。
一九二一	中國	民國十年	美人弘林格(L. E. Hen-linger)氏	將多色石版印刷術傳入中國。
一九二三	中國			商務印書館輸入George mann之雙色橡皮機。
一九一八	中國	民國七年		商務之日籍技師、木村朝男倡鐵皮印刷，翌年，由華人唐崇李主持。
一九〇二	中國			文明書局之趙鴻雪試驗珂羅版成功，一九〇七年商務有彩色珂羅版印刷，次一年黃子香復赴日學珂羅版。
一九五一—一九五二	日本			東京開始使用單位式高速多色平印。
一九六〇	中國			仿製對開平印機成功，爲首次國產。性能優良，價格低廉，大量行銷，且有出口。
一九六四	美國			美國太陽公司研究中心發明無壓力印刷即靜電印刷。
一九六五	美國			美國愛德公司研製中文電子字碼機成功。

三、凹版印刷發展沿革

依年代先後次序，將凹版之沿革，記述於後：

紀元	國別	年號	有關人名	印刷事蹟撮要
西元一四三〇年	德國			最初之雕刻銅版問世，但有明確記載者，則爲一四四六年之「基督笞刑圖」，今仍保存於柏林。
一四六〇	意大利		菲尼古拉(T,Finiguerra)	發明雕刻凹版印刷方法。
一四八〇	德國			乾點式(Dry Point)凹版法問世。
一五一三	德國		格雷福(W.Graf)	發明腐蝕式凹版。
一五一六	德國		阿耳布列希特、丟拉	最初製作之凹印藏音票問世。
一五九〇—一六一一	日本			日人在耶蘇會修業所學得銅版之雕刻及印刷。
一六〇六	荷蘭		林勃雷德(H.Van R. Rembrandt)	發明新的凹版腐蝕製版法。
一六四二	德國		韋恩、西根(L.Van Siegen)	發明mezzotint凹版。
一七二〇	英國		法人雷、布倫(J,K.Le Blon)	實驗三色mezzotint 凹版成功，並設廠印刷。
一七六八	意大利		雷普林斯(J.B.Le Prince)	發明aqwatint凹版。
一七八三	日本		司馬江漢	模仿荷蘭腐蝕法凹版成功。

一八〇六	法國	雷、派來(Le Paroi)	製作銅凹版成功。
一七九五—一八〇八	美國	柏金斯(J.Penkins)	於一七九五年開始銅凹版之研究，於一八〇八年完成。
一八二六	法國	尼柏斯(J.N.niepce)	發明應用照相法之凹版—heliography，並應用以印路易十二世之宰相肖像。
一八三七	美國	柏金斯	完成鋼凹版之特殊轉法之研究，由此可製凹版之複版。
一八三八	英、蘇	蘇聯之加克比(Jacobi)教授及英國之斯本沙(T.Spencer)	同時發表由凹刻雕版以電鍍法完成複製版之方法。
一八五二	英國	泰伯特(W.H.F.3Talbot)	發明使用鉻酸鹽與白明膠之光化學反應之照相凹版(Photo-graphic engraving)。
一八六四	英國	斯完(J.W.Swan)	將波阿弟旺之專利Carbon tissue印書法改良製成gelatin質之Photo-tissue，並取得專利。
一八六八—一八六九	日本	松田敦朝	奉官令將太政官會計局之金札，一八六九年民部省通商司之楮弊，爲替座三井組兌換證券等，以雕刻凹版印刷。
一八七四	日本		大藏省之紙幣頭，得能良介，將紙幣製造在其本國自印，器材技師，則由國外輸入。
一八七五	日本		意大利之銅版雕刻名匠埃第華德，居蘇尼來日，銅版雕刻技術大進。
一八七九	捷克	卡兒、克利齊	發明撒粉法凹版、印刷局向美輸入彩紋雕刻機，翌年中川昇試驗aquatint凹版成功。
一八八三	中國	王肇鋐	赴日學雕刻銅版，翌年著銅刻小記。
一八九〇	日本	文部省伊澤修二	將外國之撒粉法製造凹版法翻譯發表。
一八九一	英國	倫敦之Auto type社	首先介紹紅色系製版用 Carbon tissne
一八九三	德國		漢夫修騰格爾社製出褐色系之Carbon tjssue目的在使轉寫後易觀察腐蝕之進行度。

一八九五	英國		卡爾、克利齊	發明輪轉凹印。
一八九五	日本			印刷局輸入凹版速印。
一九〇三	英國		替奧特爾萊希	將卡爾，克利齊之輪轉照相凹印改良，並臻於實用。
一九〇四	英國		史萬等	發明腐蝕法平凹版，並取得專利。
一九〇五	中國	光緒卅一年		商務印書館聘日本技師田璃等，傳授華人以雕刻凹版技術。
一九〇八	中國			北平之財政部印刷局，聘美國技師哈赤(L. J. Hatch)來華，將凹版技術傳授陳錦濤等。
一九〇九	英國		卡爾、克利齊	發表三色照相凹版製版法。
一九一〇	德國		密爾夫斯博士	發表應用於新聞印刷之網點凹版。
一九一二	中國		沈逢君	赴日從細貝爲次郎學習意派雕刻，盡得其奧。
一九一四	日本			東京高等工藝學校試驗輪轉凹印成功。
一九一六	日本		濱田初次郎	製作頁紙式照相凹印機成功。
一九一七	英國		詹士敦(Johnstone)	利用銅版製成凹版後，捲定於圓凹上，使用於凹版輪轉機。
一九一七	中國			照相凹印品，首次流入，引起國人甚大興趣，謀求吸收新法。
一九二〇	日本			日本照相工藝社、製作輪轉凹印機成功。
一九二一	日本		大阪朝日新聞社	首次使用輪轉凹印機，印出「朝日畫頁」。
一九二三	中國		商務印書館	聘美籍技師富勒斯特(Frost)，來華指導新式雕刻凹版，並發展輪轉凹印。同年又聘德籍技師赫尼卡(F.Heinker)來華發展照相凹版。
一九二四	中國		上海英美公司	派人赴荷蘭學習彩色凹印，翌年携機來華，因五卅慘案，將機器售予商物印書館。

一九二八	日本	秀英社	獲瑞士浮列特，提波之原色版照相凹版，並首先應用於日本。
一九三三	日本		印刷局試用鍍鉻於版筒上，用以發展輪轉凹印，成效頗著。
一九三七	美國	阿砂、達爾金	發表多色新照相凹版法。
一九四九	日本		凸版印刷公司及大日本印刷公司，相繼採用達爾金多色新照相凹版法。
一九六〇	中國		製造平印凹印特殊印刷機成功。且產製多色凹印機及軟管多色印刷機。
一九六四	中國		仿製凹版彩藝印刷、製版，甚爲成功。以大全彩藝公司，所印製包裝材料的保麗紙博得社會好評，極爲風行。

本書重要參考書目

董作賓先生學術論著　董作賓著　世界書局出版
中國古代文化的認識　董作賓著　世界書局出版
毛公鼎　大陸雜誌社印行
中國文化史　柳詒徵著　正中書局出版
中國文化史導論　錢穆著　正中書局印行
飲冰室文集　梁啓超著　中華書局出版
中國文化發達史　中華書局印行
中華通史　章嶔著　商務印書館出版
中國史學史　部定大學用書　國立編譯館出版
中華五千年史　張其昀著　聯合出版中心出版
宋史研究集　中華叢書會出版
中央研究院集刊　商務印書館總經銷
國父全集　黨史會主編　國父百年誕辰紀念會印行
文獻通考　藝文書局出版
續文獻通考　藝文書局出版
夢溪筆談校證　宋沈括撰　世界書局出版
校正天工開物　明宋應星撰　世界書局出版

書林清話　清葉德輝撰　世界書局出版
藏書紀事詩五種　葉昌熾撰　世界書局出版
觀賞彙錄　世界書局出版
東西漢會要　宋徐天麟撰　世界書局出版
五代會要　王溥撰　世界書局出版
唐會要　王溥撰　世界書局出版
宋會要　世界書局出版
明會要　世界書局出版
古今圖書集成　陳夢雷編　文星書局出版
中國報學史　戈公振著　學生書局出版
中國報業小史　新聞天地社出版
新聞事業行政概論　呂光、潘賢模著　商務印書館出版
報學半年刊　第一、二、三卷各期　台北市編輯人協會編印
中華民國新聞年鑑　台北新聞記者公會編印
中國雕板源流考　孫毓修著　商務印書館出版
近代印刷術　賀聖鼐、賴彥予著　商務印書館出版
印刷術講座　第一、二、三、四集　日本印刷學會出版

印刷技術總覽	林啓昌譯	日本印刷學會出版
印刷工業研究	林啓昌編譯	國立藝專叢書
照相製版與平版印刷	楊　暉著	商務印書館總經銷
排印校對淺說	姚紹文著	
印刷學報		師大工教系出版
實用凸版印刷學	史梅岑著	中文印書局印行
印刷學	史梅岑著	幼獅書店印行
印刷文叢	史梅岑著	國立藝專美印科印行
廣播與電視學	邱　正譯	政工幹部學校譯印
廣告學	黎耀華譯	教育部出版
廣告學	王德馨著	三民書局出版
電腦和你	范光陵著	文星書局出版
印刷學誌創刊號		中國印刷學會編
印刷雜誌	第一、二、三期史梅岑等編	國立藝專印行
教育與文化雙週刊		教育部教育與文化社主編
大陸雜誌半月刊		大陸雜誌社印行
教育文摘月刊		國立教育資料館編印
中國一週雜誌		聯合出版中心印行
出版月刊第九期		商務印書館印行

中國印刷發展史 ／ 史梅岑著， -- 初版 -- 臺北
市 ：臺灣商務， 1966[民 55]
面 ； 公分
參考書目：面
ISBN 957-05-1628-3(平裝)

1. 印刷術 － 中國 － 歷史

477.092 88013925

中國印刷發展史

定價新臺幣 280 元

著 作 者 史 梅 岑
封面設計 謝 富 智

出 版 者
印 刷 所 臺灣商務印書館股份有限公司
臺北市 10036 重慶南路 1 段 37 號
電話：(02)23116118 · 23115538
傳眞：(02)23710274 · 23701091
讀者服務專線：080056196
E-mail：cptw@ms12.hinet.net
郵政劃撥：0000165 － 1 號
出版事業登記證：局版北市業字第 993 號

• 1966 年 4 月初版第一次印刷
• 2000 年 6 月初版第五次印刷

ISBN 957-05-1628-3（平裝） 56771001

廣 告 回 信
台灣北區郵政管理局登記證
第 6 5 4 0 號

100臺北市重慶南路一段37號

臺灣商務印書館 收

對摺寄回，謝謝！

讀者回函卡

感謝您對本館的支持，為加強對您的服務，請填妥此卡，免付郵資寄回，可隨時收到本館最新出版訊息，及享受各種優惠。

姓名：＿＿＿＿＿＿＿＿＿＿＿＿＿＿＿＿　性別：□男 □女

出生日期：＿＿＿年＿＿＿月＿＿＿日

職業：□學生 □公務（含軍警） □家管 □服務 □金融 □製造
□資訊 □大眾傳播 □自由業 □農漁牧 □退休 □其他

學歷：□高中以下（含高中） □大專 □研究所（含以上）

地址：＿＿＿＿＿＿＿＿＿＿＿＿＿＿＿＿＿＿＿＿＿＿＿＿

＿＿＿＿＿＿＿＿＿＿＿＿＿＿＿＿＿＿＿＿＿＿＿＿

電話：（H）＿＿＿＿＿＿＿＿＿＿（O）＿＿＿＿＿＿＿＿＿＿

購買書名：＿＿＿＿＿＿＿＿＿＿＿＿＿＿＿＿＿＿＿＿

您從何處得知本書？

□書店 □報紙廣告 □報紙專欄 □雜誌廣告 □DM廣告
□傳單 □親友介紹 □電視廣播 □其他

您對本書的意見？（A/滿意 B/尚可 C/需改進）

內容＿＿＿ 編輯＿＿＿ 校對＿＿＿ 翻譯＿＿＿

封面設計＿＿＿ 價格＿＿＿ 其他＿＿＿＿＿＿＿

您的建議：＿＿＿＿＿＿＿＿＿＿＿＿＿＿＿＿＿＿＿＿

＿＿＿＿＿＿＿＿＿＿＿＿＿＿＿＿＿＿＿＿

＿＿＿＿＿＿＿＿＿＿＿＿＿＿＿＿＿＿＿＿

臺灣商務印書館

台北市重慶南路一段三十七號　電話：（02）23116118・23115538
讀者服務專線：080056196　傳真：（02）23710274
郵撥：0000165-1號　E-mail：cptw@ms12.hinet.net